空气和废气监测

/活页式教材/

主　编◎陈玉玲

副主编◎南旭军　康学辉

重庆大学出版社

内容提要

本书在编写上从实际应用出发,按照高等职业教育"理论够用,注重实践"的要求,切实讲述空气和废气监测岗位所需知识,依据最新国家标准监测分析方法,重点对主要监测项目按实训的方式进行详细的介绍,突出实践性和应用性。

全书共 6 个模块 21 个单元,包括空气和废气监测基本知识、空气监测管理及质量控制、室外环境空气监测、室内环境空气监测、污染源监测、环境空气质量自动监测。为方便教学,书中附有课件、国家标准和视频等教学资源,读者可扫描书中二维码观看相应资源,随扫随学,激发学生自主学习,实现高效课堂。

本书可作为高职高专环境类相关专业学生的教材,也可作为从事环境监测、分析检验等相关工作人员的作业指导和参考用书。

图书在版编目(C I P)数据

空气和废气监测 / 陈玉玲主编. -- 重庆 : 重庆大学出版社,2024. 7. -- (高等职业教育理工类活页式系列教材). -- ISBN 978-7-5689-4336-9

Ⅰ. X831

中国国家版本馆 CIP 数据核字第 20242XN170 号

空气和废气监测

主 编 陈玉玲
副主编 南旭军 康学辉
策划编辑:范 琪

责任编辑:范 琪 版式设计:范 琪
责任校对:关德强 责任印制:张 策

*

重庆大学出版社出版发行
出版人:陈晓阳
社址:重庆市沙坪坝区大学城西路 21 号
邮编:401331
电话:(023) 88617190 88617185(中小学)
传真:(023) 88617186 88617166
网址:http://www.cqup.com.cn
邮箱:fxk@cqup.com.cn(营销中心)
全国新华书店经销
重庆正文印务有限公司印刷

*

开本:787mm×1092mm 1/16 印张:15.25 字数:364 千
2024 年 7 月第 1 版 2024 年 7 月第 1 次印刷
ISBN 978-7-5689-4336-9 定价:55.00 元

前　言

近年来,在国家的高度重视下,生态文明建设取得了积极进展,有关空气环境监测的一系列标准、规范等陆续发布或修订,空气环境监测在理论上、方法上和技术上发生了巨大变化,这种变化不仅波及生产实践和科学研究,同时还不可避免地影响到课程的教学改革。在高等职业教育蓬勃发展的今天,"校企合作、工学结合"人才培养模式已成为主流,"活页式""工作手册式"教材开发应运而生,为了适应与配合当下全新高职高专教育教学改革,我们编写了本教材。

"空气和废气监测"是环境监测技术专业的核心课程,具有很强的实践性。本书针对高职高专教育的特点和培养目标,广泛征求了一些环境监测单位专家的意见,突出空气监测专业人员素质和技能的培养;根据最新空气环境监测技术规范要求及监测工作者职业技能要求,重点介绍了常规及主要污染项目的监测分析方法。本书根据空气和废气监测的目的和任务,构建了以室内外环境空气及污染源监测技术为主,环境空气监测基本知识和管理及质量控制为辅,自动监测技术为拓展的六大模块,具有如下特点:①在内容遴选上,突出实用性和实践性,以职业能力为本位,以应用为目的,与空气监测职业资格标准或职业技能等级证书标准接轨;②在内容的组织结构上,按照"以全面素质为基础""以职业能力为本位"的教学理念,以空气和废气监测实际应用为主线,不强调理论知识的系统性、完整性,不追求教材的学科结构与严密的逻辑体系,以适应课程的综合化和模块化的需要;③在内容的表达、呈现上,适合学生的心理特点和认知习惯,语言简明通顺、浅显易懂、图文并茂,二维码链接国家标准、操作视频、习题等,方便及时更新。本书可作为高职高专环境类相关专业学生的教材,也可作为从事环境监测、分析检验等相关工作人员的作业指导和参考用书。

本书由甘肃林业职业技术学院陈玉玲任主编,甘肃林业职业技术学院南旭军、甘肃林业职业技术学院康学辉任副主编,甘肃林业职业技术学院铁梅、甘肃工业职业技术学院李鹏和甘肃省天水生态环境监测中心胡晓辉参与编写。全书共6个模块21个单元,编写分工如下:模块一由铁梅编写,模块二和模块四的单元三由南旭军编写,模块四的单元一和单元二由李鹏编写,模块三由陈玉玲编写,模块五由康学辉编写,模块六由胡晓辉编写。全书由陈玉玲负责统稿。

本书在编写过程中得到了甘肃省天水生态环境监测中心高级工程师胡晓辉的指导和帮助,在此一并表示衷心的感谢。

本书在编写过程中,参考了大量文献(包括电子版)和同类书刊中的一些资料,引用了相关规范、技术标准、仪器产品使用手册和说明书的部分内容。在此谨向有关作者和单位表示感谢!

由于作者水平所限,书中难免存在错误和不妥之处,敬请各位读者批评指正。

编　者
2024 年 5 月

目 录

模块一

空气和废气监测基本知识

单元一　空气污染与空气监测

➤ 问题导读

　　清洁的空气对生命来说比任何东西都要重要,每个人每时每刻都离不开周围的空气,每时每刻都在吸入和呼出空气(吸入 O_2,呼出 CO_2)。一个成年人每天通过鼻子呼吸 2 万多次,吸入的空气量达 $15 \sim 20$ m^3,其质量约为每天所需食物和饮水的 10 倍。如果人每天大量吸入的是被污染的空气,那将会对人体健康造成极大的危害。因此,控制空气污染,对空气污染进行分析与监测是很重要的。

一、空气及其组成

(一)空气

　　地球表面覆盖着一层厚厚的空气,其厚度为 $1\,000 \sim 1\,400$ km,通常称为大气层。它是地球上一切生命赖以生存的重要物质。与人类活动关系最密切的是靠近地球表面上空约 12 km 以内的对流层(地球大气层由下而上分为对流层、平流层、中间层、暖层及散逸层),这一层空气占整个空气质量的 95% 左右,特别是贴近地面 $1 \sim 2$ km 的空气,受人类活动及地形影响最大,对人类和生物生存起着极其重要的作用。因此,这层大气是人们进行空气监测及研究空气污染的主要对象。

　　贴近地面的大气,称为"大气"或"空气"。在自然科学中,"空气"和"大气"是同义词,二者并无实质性差别。习惯上,人们称室外空气为"大气",称室内空气为"空气";或将大区域、全球性范围内的空气称为"大气",车间、厂区等局部区域的空气称为"空气"。在国家环境标准中,多用"环境空气"的名称。本书沿用习惯称呼,不作具体区别。

(二)空气的组成

　　空气是人们每天都呼吸着的"生命气体"。其组成复杂,主要由氮气、氧气、稀有气体(氦、氖、氩、氪、氙、氡)、二氧化碳以及其他物质(如水蒸气、杂质等)组合而成。空气的成分不是固定的,随着高度的改变、气压的改变,空气的组成比例也会改变。就其成分来说,可分为恒定的、可变的和不定的三种组分。

1. 恒定组分

　　恒定组分主要由 N_2(78.09%)、O_2(20.94%)、Ar(0.93%)、He、Ne、Kr、Xe、Rn 等稀有气体组成,占空气总体积的 99.96% 以上。这一组分的比例在任何地方都可看成恒定的。

2. 可变组分

　　可变组分是指可变化的 CO_2 和 H_2O,一般情况下 CO_2 含量为 0.02% ~ 0.04%,H_2O 的含

量为 0~4%。这些组分在空气中的含量是随季节、气象条件的变化而变化的,也受人们生产和生活活动的影响。

含有上述恒定和可变组分的空气,可认为是洁净的空气。干燥空气不包括水蒸气,但在低层空气中水蒸气是重要的组成部分,它的浓度在较大范围内变化,可用湿度表示。水蒸气在空气中含量的多少取决于地理位置、空气温度和风向等。

3. 不定组分

不定组分在空气中的含量是不确定的,如尘埃、煤烟、粉尘、SO_x、NO_x、CO 及恶臭气体等。其来源有以下两个方面。

①自然因素所引起的,如由火山爆发、森林火灾、海啸、地震等自然因素导致的空气中尘埃及恶臭气体含量增加。一般来说,这些组分进入空气可造成局部暂时性污染。

②人为因素所造成的,如生产发展、人口增长、城市扩大、工业布局不合理以及战争等导致环境空气中产生大量烟尘、SO_x、NO_x 等。这是空气中不定组分最重要的来源,也是造成空气污染的主要根源。

二、空气污染与空气污染源

(一)空气污染及空气污染物

1. 空气污染及其危害

(1)空气污染

空气污染是指由于人类活动或自然过程引起某些物质进入环境空气中,呈现出足够的浓度,达到足够的时间,并因此危害了人类的舒适、健康和福利或环境的现象。换言之,只要是某一种物质其存在的量、性质及时间足够对人类或其他生物、财物产生影响,就可称其为空气污染物;而其存在造成的现象,就是空气污染。

(2)空气污染的危害

空气污染对人的危害可分为急性危害与慢性危害。急性危害是指高浓度污染物短时间内造成的危害。例如,1952 年伦敦烟雾事件,4 天内死亡近 4 000 人;1930 年比利时马斯河谷烟雾事件,死亡 60 人。慢性危害是指低浓度污染物长期作用于人体,会产生慢性远期效应,危害不易引起人们注意,很难鉴别。例如,日本四日市哮喘事件,1955 年以来持续不断的工业废气的排放,致空气中 SO_2 浓度超标 5~6 倍,加之烟雾中飘浮的多种有毒气体和重金属粉尘,重金属微粒与 SO_2 形成硫酸烟雾,导致 1961 年呼吸系统疾病开始在这一带发生,患者中慢性气管炎占 25%,支气管哮喘占 30%,哮喘支气管炎占 10%,肺气肿及其他呼吸道疾病占 5%。

空气污染是城市地区经济损失的一大原因。20 世纪 70 年代初,美国空气污染造成经济损失 250 亿美元/年;哥伦比亚炼铜厂 SO_2 的污染,使该厂周围树木死亡或严重受损。另外,空气污染还会腐蚀材料,使橡胶制品脆裂,损坏艺术品,使有色材料褪色等。

空气中的污染物还能改变气候,如 CO_2 等温室气体引起温室效应,细颗粒物降低能见度,

SO_2 等引起酸沉降,我国南方酸雨比较严重。

2. 空气污染物及其分类

引起空气污染的有害物质,称为空气污染物。空气污染物有多种类型,已发现其危害作用并被人们注意的污染物有 100 多种,其中大部分是有机物。通常按污染物的形成过程和存在状态及污染物性质进行分类。

(1)按形成过程分类

根据污染物的形成过程,空气污染物可分为一次污染物和二次污染物。

一次污染物是指由各种污染源直接排放到环境空气中,且未发生化学变化的有害污染物质。例如,燃煤燃油及化工生产过程排放的 SO_2、NO_x、CO、碳氢化合物、颗粒物;颗粒物中含有的重金属 Pb、As、Mn、Zn、Sb、Cd;强致癌物苯并[a]芘(BaP)及其多种有机物和无机物等。

二次污染物是指空气中的部分一次污染物相互作用或与空气中的正常组分发生一系列物理化学反应形成的新的污染物。例如,SO_2 被氧化生成 SO_3,SO_3 与 H_2O 反应生成 H_2SO_4,H_2SO_4 再与空气中的 NH_3 反应生成粒子$(NH_4)_2SO_4$ 等。常见的二次污染物有硫酸与硫酸盐气溶胶、硝酸与硝酸盐气溶胶、臭氧、醛类、过氧乙酰硝酸酯(PAN),以及一些活性中间产物如羟基(HO·)、过氧羟基(HO_2·)、过氧化氮基(NO_3·)及氧原子等。

二次污染物比一次污染物的毒性更强,危害更严重,特别是呈胶体状态的二次污染物,含有各种复杂的金属、重金属等有害物质,是雾霾污染的主要危害成分。

(2)按存在状态及污染物的性质分类

由于空气污染物的物理、化学性质不同,产生的工艺过程与环境各异,因此,污染物在空气中的存在状态和性质也不相同,大致可分为分子状态污染物和粒子状态污染物两类。

分子状态污染物是指气体污染物,通常以分子形式存在并进入空气,或常温下呈液体,但其挥发性强,受热时易以蒸气进入空气中,如 SO_2、CO、NO_2、HCN、苯等。

粒子状污染物是指分散在空气中的液体和固体颗粒,粒径多在 $0.01 \sim 100 \ \mu m$,是一个复杂的非均匀体系。通常根据颗粒物在重力作用下的沉降性能,又可分为降尘、总悬浮颗粒物(TSP)、颗粒物 PM_{10} 及细颗粒物 $PM_{2.5}$。

(二)空气污染源及其分类

污染源是指造成环境污染的发生源,一般把向环境空气中排放有害物质或能量的场所、设备、装置等称为空气污染源。空气污染源有自然污染源和人为污染源两种。后者是造成空气污染的主要来源。为了便于根据污染源的特点对污染物的排放进行监测控制,人们对污染源做了多种形式的分类。

1. 按人类活动功能划分

按人类活动功能划分,空气污染源主要有工业污染源、生活污染源、交通污染源及能源污染源。工业污染源是指人类的各种生产活动如钢铁、火力发电及各种工矿企业(特别是冶金企业)等污染源,在当前环境空气污染中,工业污染源是最主要的污染源(表1.1);生活污染源是指人们的各种生活活动如燃煤供暖的排放烟囱、做饭、农村烧炕等的排放源,尤其是在我国北方冬季,燃煤排放污染源对空气污染起很大的贡献;交通污染源是指机动车、船和飞机等,特别是城市中的汽车,量大而集中,对城市的空气污染很严重,是大城市空气的主要污染源之一;能源污染源是指煤炭、石油、天然气的生产加工和使用过程中的排放源。长期以来,我国能源污染主要是燃煤,近年来则逐渐转为燃煤和燃油并重的混合型污染。

表1.1 各类工业企业向空气中排放的主要污染物

部门	企业类别	排出主要污染物
电力	火力发电厂	烟尘、SO_2、NO_x、CO、苯并芘等
冶金	钢铁厂	烟尘、SO_2、CO、氧化铁尘、氧化锰尘、锰尘等
	有色金属冶炼厂	烟尘(Cu、Cd、Pb、Zn等重金属)、SO_2等
	焦化厂	烟尘、SO_2、CO、H_2S、酚、苯、萘、烃类等
化工	石油化工厂	SO_2、H_2S、NO_x、氰化物、氯化物、烃类等
	氮肥厂	烟尘、NO_x、CO、NH_3、硫酸气溶胶等
	磷肥厂	烟尘、氟化氢、硫酸气溶胶等
	氯碱厂	氯气、氯化氢、汞蒸气等
	化学纤维厂	烟尘、H_2S、NH_3、CS_2、甲醇、丙酮等
	硫酸厂	SO_2、NO_x、砷化物等
	合成橡胶厂	烯烃类、丙烯腈、二氯乙烷、二氯乙醚、乙硫醇、氯化甲烷等
	农药厂	砷化物、汞蒸气、氯气、农药等
	冰晶石厂	氯化氢等
机械	机械加工厂	烟尘等
	仪表厂	汞蒸气、氰化物等
轻工	灯泡厂	烟尘、汞蒸气等
	造纸厂	烟尘、硫醇、H_2S等
建材	水泥厂	水泥尘、烟尘等

2. 按污染源的存在形式划分

按污染源的存在形式,空气污染源可分为固定污染源和流动污染源。固定污染源是指位置或地点不变的污染源,主要是工业、家庭炉灶与取暖设备的烟囱;流动污染源是指地点和位置变动的污染源,主要是行驶的交通工具等。

3. 按污染源的空间分布划分

按污染源的空间分布,空气污染源可分为点源、线源和面源。点源是指独立的排放源,如燃煤发电厂的烟囱和城市的供暖锅炉烟囱;线源是指污染呈线条状,如行驶的汽车、火车和飞机;面源是指在一定区域范围内,以低矮密集的方式自地面或近地面的高度排放污染物,如大范围的工业生产区,石油化工区和城市周边有众多小炉灶的居民区或广大农村地区。

4.按污染源的排放规律划分

按污染源的排放规律,空气污染源可分为连续源、间断源和瞬时源。连续源是指连续排烟和排气,如工业生产过程的排放源;间断源是指时断时续的排放源,如供暖锅炉排烟;瞬时源的排放时间短,一般是指事故产生的排放源。

三、空气污染物时空分布特征

在环境空气中,污染物的含量及分布随着时间、空间的变化而明显改变。了解空气中污染物的时空分布特征,对获得正确反映空气污染实况的监测结果有重要意义。

(一)时间分布特征

由于污染源排放情况和气象条件随作业过程的特点及季节与昼夜的不同而不同,因此,在同一地点,不同时间,空气污染物浓度会有很大的变化。一般来说,污染源排放量与排放规律随季节变化或一天24 h周期变化,同一污染源对同一地点在不同时间所造成的地面空气污染浓度往往相差数倍至数十倍。

例如,SO_2等一次污染物因受逆温层及气温、气压等限制,清晨和黄昏浓度较高,中午较低;光化学烟雾等二次污染物因在阳光照射下才能形成,故中午浓度较高,清晨和夜晚浓度低。又如,风速大,大气不稳定,污染物稀释扩散速度快,则浓度就变小;反之,风速小,大气稳定或逆温,污染物稀释扩散慢,浓度变化也慢,在局部地区造成浓度较高的情况出现。

图1.1所示为我国北方某城市一年和一天内SO_2的浓度变化曲线。由年变化曲线可知,1、2、11、12月SO_2浓度高,因这期间属于采暖期;由日变化曲线可知,6:00—10:00和18:00—21:00都是供热高峰期。因此,这段时间内SO_2的浓度较高。

为了反映污染物随时间的变化提出了时间分辨率的概念,即根据不同的监测目的,要求在规定的时间内反映出污染物的浓度变化情况,如光化学烟雾对人体呼吸道的刺激反应,时间分辨率为10 min;空气污染物对人体的急性危害,时间分辨率为3 min。从污染源排出的某些恶臭气体,随风传播,在环境中变化很大,其阈值又低,监测这些气体时,要求分辨率和测定方法的灵敏度都要高。此外,为掌握污染物的短期浓度变化和长期效应,在空气监测中还要测定一次最大浓度和日平均、月平均、年平均浓度值,因污染物浓度随时间变化而变化,故测定任何一次平均浓度时,都要把该时段内发生的高、中、低几种浓度包括在内,否则就会得到不正确的结果。因此,采用连续自动监测系统,就能不受时间限制全天候进行采样监测。目前,我国大多数地、市级城市都已建立了空气自动监测系统,监测结果向民众发布。当然,由于各种需要,人工采样的手动监测仍然占据很重要的部分,其样品一般都要进行实验室分析。因此,根据污染物时间分布规律,合理安排采样时间和采样频率是采样中必须注意的重要问题之一,否则数据就失去了代表性和可比性。

（a）某城市SO₂浓度的时间变化曲线(年变化曲线)

（b）某城市SO₂浓度的时间变化曲线(日变化曲线)

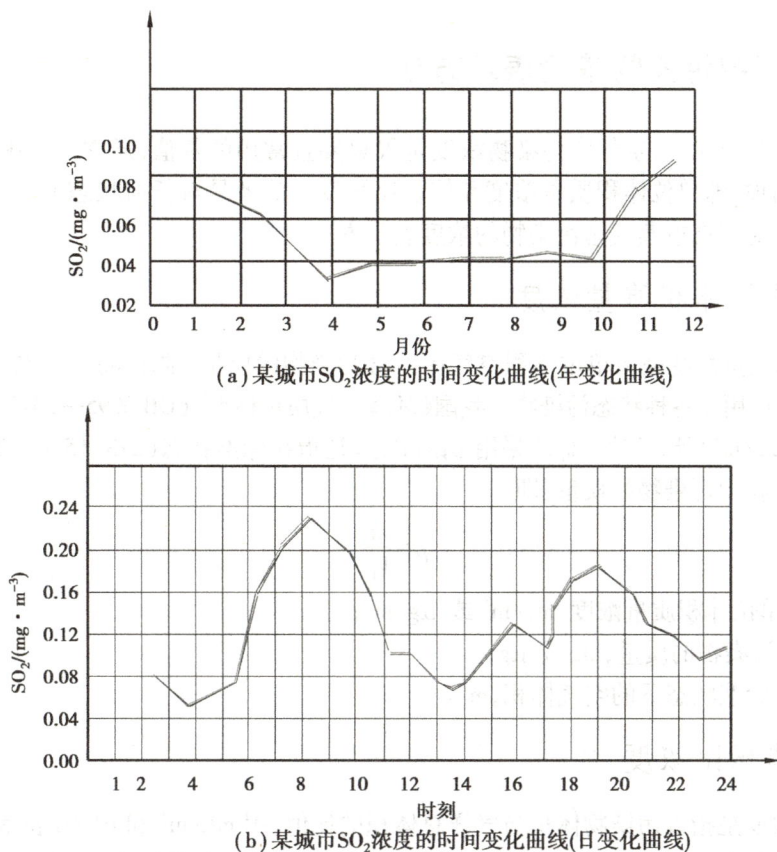

图1.1　某城市一年和一天内 SO_2 的浓度变化曲线

（二）空间分布特征

污染物总是随空气运动而迁移、扩散和稀释。各种污染物其迁移扩散速度又与污染物性质、气象条件和地理位置有关，同时在整个过程中，又会由于物理化学的变化而使污染物浓度发生变化。因此，在相同时间、不同地理位置上污染物的浓度分布也不同。

例如，一个独立的点源（如烟囱）排放的污染物，在不同距离上浓度差值较大；而面源如小工业炉窑、分散供热锅炉和千家万户的生活炉灶等，所造成的地面污染物浓度就一个地区或一个城市来说是比较均匀的。又如，分子状态污染物和质量轻的细颗粒物可高度分散在空气中，易被扩散和稀释，影响范围大；而质量较重的颗粒物、汞蒸气等扩散能力差，影响范围较小。

总的来讲，由于环境污染物有时空分布特性，因此在空气监测中除了注意选择适当时间外，还应选择合适的采样点，使结果更具代表性。这两方面的因素是决定采样时间、采样频率和选择采样点的主要依据，也是获得代表性监测数据的基础。关于采样时间、采样频率和采样点的选择将在本书模块三介绍。

四、空气中污染物浓度表示方法

在空气监测技术中,空气中污染物浓度是很重要且常用的量值,通常空气中污染物浓度表示方法有两种,即单位体积质量浓度和体积比浓度。前者是对任何状态的污染物都适用;后者则主要是对气态或蒸气态污染物的浓度表示方法。

(一)单位体积质量浓度

单位体积质量浓度是指单位体积空气中所含污染物的质量,常用 mg/m^3 或 $\mu g/m^3$ 表示。这种表示方法适用于各种状态污染物。我国《环境空气质量标准》(GB 3095—2012)中采用质量浓度,除 $CO(mg/m^3)$ 外,其他指标均采用 $\mu g/m^3$,这是指在标准状态(273.15 K,101.325 kPa)下单位空气体积中污染物的质量,即

$$\rho = \frac{m}{V_0} \tag{1.1}$$

式中　ρ——单位体积质量浓度,mg/m^3 或 $\mu g/m^3$;

　　　m——污染物的质量,mg 或 μg;

　　　V_0——标准状态下的空气体积,m^3。

(二)体积比浓度

体积比浓度是指以污染物体积与气样总体积的比值,用 mL/m^3 和 $\mu L/L$ 表示。这种表示方法只适用于气态污染物,常用 100 万体积大气中含污染物的体积数表示,即

$$C_V = \frac{V_1}{V_0} \tag{1.2}$$

式中　C_V——体积比浓度,10^{-6} 或 $1/10^6$;

　　　V_1——标准状态下的被测污染物体积,mL 或 μL;

　　　V_0——标准状态下的采样总体积,m^3 或 L。

(三)两者的换算

对于气体状态的污染物来说,上述两种表示方法可相互转换。其换算公式为

$$C_V = \frac{22.4}{M} \times \rho \tag{1.3}$$

式中　C_V—— 标准状态下以 10^{-6} 或 $1/10^6$ 表示的分子状态污染物浓度;

　　　ρ——以 mg/m^3 表示的分子状态污染物浓度;

　　　M——分子状态物质的摩尔质量,g/mol;

　　　22.4——标准状态下气体的摩尔体积,L/mol。

五、空气污染监测方案

空气污染监测是指对存在于空气中的污染物质进行定点、连续或定时的采样和测量。首

先要根据监测目的进行调查研究,收集必要的基础资料;然后经过综合分析,确定监测项目,设计布点网络,选定采样频率、采样方法和监测技术,建立质量保证程序和措施,提出监测结果报告要求及进度计划等。

一般来说,若为了研究一个地区或全国环境空气质量的长期变化趋势,则应在相应地区设立常规监测网,开展空气质量监测。如果是为了在城市开展空气质量日报和预报,保证监测数据的代表性和时效性,就必须通过空气质量自动监测系统对主要项目及参数进行监测,而要进行污染源调查研究及污染源排放浓度的达标情况,则需要进行污染源的监测。

(一)空气污染监测目的

各地情况和要求不同,空气污染监测的具体目的也不完全一样。大体包括以下五个方面。

①判断空气质量是否符合国家制定的环境空气质量标准,并为编写空气环境质量状况评价报告提供数据。

②为研究空气质量变化规律和发展趋势,确定空气污染扩散模式和开展空气污染的预测预报工作提供依据。

③判断污染源造成的污染影响,为提出控制和防治对策提供依据。

④为政府部门执行有关环境保护法规,开展空气环境质量管理、环境科学研究提供依据。

⑤收集和积累空气污染监测数据,结合流行性疾病的调查等,为制定和修改空气质量标准提供资料。

(二)空气污染监测分类

依据不同的目的,空气污染监测可分为环境空气监测、室内空气监测和污染源监测三类。环境空气监测和室内空气监测是对影响空气质量的各项污染参数的测定;污染源监测则是对排放源各参数的测定以及排放污染物浓度的测定。

(三)空气监测的基本程序

空气监测就是空气环境信息的捕获—传递—解析—综合—控制的过程,在对空气监测信息进行解析综合的基础上,揭示监测数据的内涵,进而提出控制对策建议,并依法实施监督,从而达到直接有效地为空气环境管理和空气环境监督服务。其一般工作程序主要包括以下内容。

1.受领任务

空气监测的任务主要来自环境保护主管部门的指令,单位、组织或个人的委托和申请,以及监测机构的安排三个方面。空气环境监测是一项政府行为或具有法律效力的技术性、执法性活动,所以必须要有确切的任务来源依据。

2.明确目的

根据任务下达者的要求和需求,确定针对性的监测工作具体目的。

3．现场调查

根据监测目的，进行现场调查研究，摸清主要空气污染源的来源、性质及排放规律，污染受体的性质及污染源的相对位置以及地形、气象等环境条件和历史情况等。

4．方案设计

根据现场调查情况和有关技术规范要求，认真做好监测方案设计。具体内容包括：根据监测目的，在现场调查、收集相关资料的基础上，经过综合分析确定监测项目，明确布点、采样和分析方法，确立采样时间和采样频率，建立质量保证程序和措施，提出监测报告要求及监测进度计划、经费等。

5．采集样品

按照设计方案和规定的操作程序，实施样品采集，对某些需现场处置的样品，应按规定进行处置包装，并如实记录采样实况和现场实况。

6．运送保存

按照规范方法需求，将采集的样品和记录及时安全地送往实验室，办好交接手续。

7．分析测试

按照规定的程序和规定的分析方法，对样品进行分析，如实记录检测信息。

8．数据处理

对测定数据进行处理和统计检验，并整理入库（数据库）。

9．综合评价

依据有关规定和标准进行综合分析，并结合现场调查资料对监测结果作出合理解释，编写监测报告，并按规定程序报出。

（四）空气监测的基本要求

空气监测是环境监测的一部分，是环境保护技术的主要组成部分。它既为了解环境空气质量状况、评价环境空气质量提供信息，也为制订空气环境管理措施，建立各项空气环境保护法令、法规、条例提供决策依据。因此，空气监测工作一定要保证监测结果的准确可靠，能科学地反映实际。具体应具备以下要求。

1．代表性

代表性是指在有代表性的时间、地点并按有关要求采集有效样品，使采集的样品能反映总体的真实状况。

2．完整性

完整性强调工作总体规划切实完成，即保证按预期计划取得有系统性和连续性的有效样品，而且无缺漏地获得这些样品的监测结果及有关信息。

3.可比性

可比性不仅要求各实验室之间对同一样品的监测结果相互可比,也要求每个实验室对同一个样品的监测结果应该达到相关项目之间的数据可比,相同项目没有特殊情况时,历年同期的数据也是可比的。

4.准确性

准确性是指测定值与真值的符合程度。

5.精密性

精密性表现为测定值有良好的重复性和再现性。

六、空气监测分析方法体系

正确选择监测分析方法,是获得准确结果的关键因素之一。选择分析方法应遵循的原则是:灵敏度能满足定量要求;方法成熟、准确;操作简便,易于普及;抗干扰能力强。根据上述原则,为使空气监测数据具有可比性,在大量实践的基础上,我国对空气中的不同污染物质编制了相应的分析方法。这些方法有以下三个层次,它们相互补充,构成完整的空气监测分析方法体系。

(一)国家标准分析方法

我国已编制60多项包括采样在内的标准分析方法,这是一些比较经典、准确度较高的方法,是环境污染纠纷法定的仲裁方法,也是用于评价其他分析方法的基准方法。

(二)统一分析方法

有些项目的监测方法尚不够成熟,但这些项目又急需测定,因此经过研究作为统一方法予以推广,在使用中积累经验,不断完善,为上升为国家标准方法创造条件。

(三)等效方法

与一类、二类方法的灵敏度、准确度具有可比性的分析方法,称为等效方法。这类方法可能采用新的技术,应鼓励有条件的单位先用起来,以推动监测技术的进步。但是,新方法必须经过方法验证和对比实验,证明其与标准方法或统一方法是等效的才能使用。

七、空气监测项目

空气污染监测项目应根据监测目的来确定,通常选择危害大,出现频度高,涉及范围广,已有成熟监测方法,而且有标准可比照的污染物进行监测。例如,进行空气质量监测,主要从现行《环境空气质量标准》(GB 3095—2012)规定的项目中选取(表1.2);另外,我国《环境空气质量监测规范(试行)》(国家环境保护总局 2007年第4号)和《环境空气质量监测点位布设技术规范(试行)》(HJ 664—2013)中,也对空气监测项目有相应规定(表1.3、表1.4)。

表1.2 环境空气质量标准规定项目

基本项目	其他项目
二氧化硫(SO_2)、二氧化氮(NO_2)、一氧化碳(CO)、臭氧(O_3)、颗粒物(PM_{10}、$PM_{2.5}$)	总悬浮颗粒物(TSP)、氮氧化物(NO_x)、铅(Pb)、苯并a芘(BaP)

表1.3 国家环境空气质量监测网监测项目

必测项目	选测项目
二氧化硫(SO_2)、二氧化氮(NO_2)、可吸入颗粒物(PM_{10})、一氧化碳(CO)、臭氧(O_3)	总悬浮颗粒物(TSP)、铅(Pb)、氟化物、苯并[a]芘(BaP)、有毒有害有机物

表1.4 环境空气质量评价区域点、背景点监测项目

监测类型	监测项目
基本项目	二氧化硫(SO_2)、二氧化氮(NO_2)、一氧化碳(CO)、臭氧(O_3)、可吸入颗粒物(PM_{10})、细颗粒物($PM_{2.5}$)
湿沉降	降雨量、pH、电导率、氯离子、硝酸根离子、硫酸根离子、钙离子、镁离子、钾离子、钠离子、铵离子等
有机物	挥发性有机物 VOCs、持久性有机物 POPs 等
温室气体	二氧化碳(CO_2)、甲烷(CH_4)、氧化亚氮(N_2O)、六氟化硫(SF_6)、氢氟碳化物(HFCs)、全氟化碳(PFCs)
颗粒物主要物理化学特性	颗粒物数浓度谱分布、$PM_{2.5}$ 或 PM_{10} 中的有机碳、元素碳、硫酸盐、硝酸盐、氯盐、钾盐、钙盐、钠盐、镁盐、铵盐等

➤ 同步练习

一、填空题

1. 按照污染物的形成过程,空气污染物可分为_____和_____。

2. 测得空气中的 SO_2 浓度为 $3.4×10^{-6}$,其质量浓度为_____ mg/m^3。

3. _____方法、_____方法和_____方法相互补充,构成完整的空气监测分析方法体系。

二、选择题

1. 下列污染物中不属于二次污染物的是( )。

A. 硫酸盐　　　　　B. 硝酸盐　　　　　C. 过氧乙酰硝酸酯　　　　　D. 一氧化氮

2. 下列( )是二次污染物。

A. 过氧乙酰硝酸酯　　B. 二氧化硫　　　　C. 一氧化碳　　　　　D. 一氧化氮

3.国家环境空气质量监测网监测项目必测项目不包括(　　)。

A.二氧化硫　　　　　B.铅　　　　　　　C.二氧化氮　　　　　　　　D.一氧化碳

4.空气监测的要求就是监测结果要具有"五性",以下选项不属于"五性"的是(　　)。

A.代表性　　　　　　B.准确性　　　　　C.可靠性　　　　　　　　　D.精密性

三、判断题

1.硫酸盐类气溶胶是空气中存在最普遍的一次污染物。　　　　　　　　(　　)

2.空气中污染物浓度表示方法有单位体积质量浓度和质量比浓度两种。　(　　)

3.气溶胶状态污染物是分散在空气中的微小的固体颗粒,粒径多在$0.01 \sim 100~\mu m$,是一个复杂的非均匀体系。　　　　　　　　　　　　　　　　　　　　　　　　(　　)

四、简答题

1.什么叫空气污染?常见的空气污染物有哪些?

2.按污染物存在的状态,空气污染物可分为哪些类型?举例说明。

3.什么是一次污染物和二次污染物?举例说明。

4.国家环境空气质量监测网必测项目有哪些?

五、计算题

1.某监测站对SO_2、NO_2等项目进行定期的连续监测,其监测结果分别为$0.25~mg/m^3$、$0.05~mg/m^3$,计算其用体积比表示的浓度。

2.测定采样点空气中的NO_2时,用装有$5~mL$吸收液的筛板式吸收管采样,采样流量为$0.30~L/min$,采样时间为$1~h$,采样后用分光光度法测定并计算得知全部吸收液中含NO_2 $2.0~\mu g$。已知采样点温度为$5~℃$,空气压力为$100~kPa$,求气样中NO_2的含量。

单元二　空气环境标准

➤ 问题导读

空气环境标准是指为保护人群健康和社会财产安全,促进生态良性循环,对空气环境中有害成分水平及其排放源规定的限量阈值和技术规范。

空气环境标准是进行空气环境监测的基本依据,可根据其性质和功能分为空气环境质量标准、污染物排放标准、方法标准、基础标准、标准物质标准及仪器设备标准六大类。

一、空气环境质量标准

空气环境质量标准是指在一定的时间和空间范围内,对空气环境质量的要求所作的规定。我国已颁布实施的空气环境质量标准有《环境空气质量标准》(GB 3095—2012)、《室内空气质量标准》(GB/T 18883—2022)、《民用建筑工程室内环境污染控制标准》(GB 50325—2020)、《公共场所卫生指标及限值要求》(GB 37488—2019)等。

（一）《环境空气质量标准》（GB 3095—2012）

2012 年 2 月原国家环境保护部、原国家质量监督检验检疫总局联合发布了第三次修订的《环境空气质量标准》（GB 3095—2012），标准规定了环境空气功能区分类、标准分级、污染物项目、平均时间及浓度限值、监测方法、数据统计的有效性规定及实施与监督等内容，适用于全国范围的环境空气质量评价。2016 年 1 月 1 日起在全国范围内实施（修改单自 2018 年 9 月 1 日起实施）。

GB 3095—2012

标准中规定污染物浓度限值（表 1.5、表 1.6）的一级、二级分别适用于环境空气质量功能区的一类区、二类区。一类区为自然保护区、风景名胜区和其他需要特殊保护的区域，执行一级标准；二类区为居住区、商业交通居民混合区、文化区、工业区和农村地区，执行二级标准。各污染物分析方法见表 1.7。

表 1.5　环境空气污染物基本项目浓度限值

序号	污染物项目	平均时间	浓度限值		单位
			一级	二级	
1	二氧化硫（SO_2）	年平均	20	60	$\mu g/m^3$
		24 h 平均	50	150	
		1 h 平均	150	500	
2	二氧化氮（NO_2）	年平均	40	40	
		24 h 平均	80	80	
		1 h 平均	200	200	
3	一氧化碳（CO）	24 h 平均	4	4	mg/m^3
		1 h 平均	10	10	
4	臭氧（O_3）	日最大 8 h 平均	100	160	$\mu g/m^3$
		1 h 平均	160	200	
5	颗粒物（粒径小于等于 10 μm）	年平均	40	70	
		24 h 平均	50	150	
6	颗粒物（粒径小于等于 2.5 μm）	年平均	15	35	
		24 h 平均	35	75	

表 1.6　环境空气污染物其他项目浓度限值

序号	污染物项目	平均时间	浓度限值		单位
			一级	二级	
1	总悬浮颗粒物（TSP）	年平均	80	200	$\mu g/m^3$
		24 h 平均	120	300	

续表

序号	污染物项目	平均时间	浓度限值		单位
			一级	二级	
2	氮氧化物（NO$_x$）	年平均	50	50	μg/m³
		24 h 平均	100	100	
		1 h 平均	250	250	
3	铅（Pb）	年平均	0.5	0.5	
		季平均	1	1	
4	苯并[a]芘（BaP）	年平均	0.001	0.001	
		24 h 平均	0.002 5	0.002 5	

表 1.7　各项污染物分析方法

序号	污染物项目	手工分析方法		自动分析方法
		分析方法	标准编号	
1	二氧化硫（SO$_2$）	环境空气 二氧化硫的测定 甲醛吸收-副玫瑰苯胺分光光度法	HJ 482—2009	紫外荧光法、差分吸收光谱分析法
		环境空气 二氧化硫的测定 四氯汞盐吸收-副玫瑰苯胺分光光度法	HJ 483—2009	
2	二氧化氮（NO$_2$）	环境空气 氮氧化物（一氧化氮和二氧化氮）的测定 盐酸萘乙二胺分光光度法	HJ 479—2009	化学发光法、差分吸收光谱分析法
3	一氧化碳（CO）	空气质量 一氧化碳的测定 非分散红外法	GB 9801—1988	气体滤波相关红外吸收法、非分散红外吸收法
4	臭氧（O$_3$）	环境空气 臭氧的测定 靛蓝二磺酸钠分光光度法	HJ 504—2009	紫外荧光法、差分吸收光谱分析法
		环境空气 臭氧的测定 紫外光度法	HJ 590—2010	
5	颗粒物（粒径小于等于 10 μm）	环境空气 PM$_{10}$ 和 PM$_{2.5}$ 的测定 重量法	HJ 618—2011	微量振荡天平法、β 射线法
6	颗粒物（粒径小于等于 2.5 μm）	环境空气 PM$_{10}$ 和 PM$_{2.5}$ 的测定 重量法	HJ 618—2011	微量振荡天平法、β 射线法
7	总悬浮颗粒物（TSP）	环境空气 总悬浮颗粒物的测定 重量法	GB/T 15432—1995	—

续表

序号	污染物项目	手工分析方法		自动分析方法
		分析方法	标准编号	
8	氮氧化物（NO$_x$）	环境空气 氮氧化物（一氧化氮和二氧化氮）的测定 盐酸萘乙二胺分光光度法	HJ 479—2009	化学发光法、差分吸收光谱分析法
9	铅（Pb）	环境空气 铅的测定 石墨炉原子吸收分光光度法（暂行）	HJ 539—2015	—
		环境空气 铅的测定 火焰原子吸收分光光度法	GB/T 15264—1994	—
10	苯并[a]芘（BaP）	空气质量 飘尘中苯并[a]芘的测定 乙酰化滤纸层析荧光分光光度法	GB 8971—1988	
		环境空气 苯并[a]芘的测定 高效液相色谱法	HJ 956—2018	

（二）《室内空气质量标准》（GB/T 18883—2022）

为了保障人体健康和改善居住环境,2022 年 7 月国家市场监督管理总局和国家标准化管理委员会联合发布了第一次修订的《室内空气质量标准》（GB/T 18883—2022）,于 2023 年 2 月 1 日正式实施。

标准规定了 22 项室内空气质量的物理性、化学性、生物性和放射性指标及要求,并描述了各指标的测定方法。各项指标要求见表 1.8,测定方法见表 1.9。

表 1.8　室内空气质量标准

序号	指标分类	指标	计量单位	要求	备注
1	物理性	温度	℃	22 ~ 28	夏季
				16 ~ 24	冬季
2		相对湿度	%	40 ~ 80	夏季
				30 ~ 60	冬季
3		风速	m/s	≤0.3	夏季
				≤0.2	冬季
4		新风量	m³/(h·人)	≥30	—

续表

序号	指标分类	指标	计量单位	要求	备注
5	化学性	臭氧(O_3)	mg/m^3	≤0.16	1 h 平均
6		二氧化氮(NO_2)	mg/m^3	≤0.20	1 h 平均
7		二氧化硫(SO_2)	mg/m^3	≤0.50	1 h 平均
8		二氧化碳(CO_2)	%[1]	≤0.10	1 h 平均
9	化学性	一氧化碳(CO)	mg/m^3	≤10	1 h 平均
10		氨(NH_3)	mg/m^3	≤0.20	1 h 平均
11		甲醛(HCHO)	mg/m^3	≤0.08	1 h 平均
12		苯(C_6H_6)	mg/m^3	≤0.03	1 h 平均
13		甲苯(C_7H_8)	mg/m^3	≤0.20	1 h 平均
14		二甲苯(C_8H_{10})	mg/m^3	≤0.20	1 h 平均
15		总挥发性有机化合物(TVOC)	mg/m^3	≤0.60	8 h 平均
16		三氯乙烯(C_2HCl_3)	mg/m^3	≤0.006	8 h 平均
17		四氯乙烯(C_2Cl_4)	mg/m^3	≤0.12	8 h 平均
18		苯并[a]芘(BaP)[2]	ng/m^3	≤1.0	24 h 平均
19		可吸入颗粒物(PM_{10})	mg/m^3	≤0.10	24 h 平均
20		细颗粒物(PM_{10})	mg/m^3	≤0.05	24 h 平均
21	生物性	细菌总数	CFU/m^3	≤1 500	—
22	放射性	氡(^{222}Rn)	Bq/m^3	≤300	年平均[3](参考水平[4])

注:①体积分数。
②指可吸入颗粒物中的苯并[a]芘。
③至少采样 3 个月(包括冬季)。
④表示室内可接受的最大年平均氡浓度,并非安全与危险的严格界限。当室内氡浓度超过该参考水平时,宜采取行动降低室内氡浓度。当室内氡浓度低于该参考水平时,也可以采取防护措施降低室内氡浓度,体现辐射防护最优化原则。

表 1.9　室内空气中各类质量指标的测定方法

序号	指标分类	具体指标	测定方法	方法来源	推荐采样方法参数
1	物理性	温度	玻璃液体温度计法	GB/T 18204.1 —2013	—
			数显式温度计法		
2		相对湿度	电阻电容法	GB/T 18204.1 —2013	—
			干湿球法		
			氯化锂露点法		
3		风速	电风速计法	GB/T 18204.1 —2013	—
4		新风量	示踪气体法	GB/T 18204.1 —2013	—
			风管法		
5	化学性	臭氧	靛蓝二磺酸钠分光光度法	GB/T 18204.2 —2014	连续采样时间至少 45 min,采样流量 0.4 L/min
			紫外光度法	HJ 590—2010	监测时间至少 45 min,监测间隔 10～15 min,结果以时间加权平均值表示
6		二氧化氮	改进的 Saltzman 法	GB/T 12372 —1990	连续采样时间至少 45 min,采样流量 0.4 L/min
			Saltzman 法	GB/T 15435 —1995	
			化学发光法	HJ/T 167 —2004	监测时间至少 45 min,监测间隔 10～15 min,结果以时间加权平均值表示
7		二氧化硫	甲醛溶液吸收−盐酸副玫瑰苯胺分光光度法	GB/T 16128 —1995	连续采样时间至少 45 min,采样流量 0.5 L/min
8		二氧化碳	不分光红外分析法	GB/T 18204.2 —2014	监测时间至少 45 min,监测间隔 10～15 min,结果以时间加权平均值表示

序号	指标分类	具体指标	测定方法	方法来源	推荐采样方法参数
9	化学性	一氧化碳	不分光红外分析法	GB/T 18204.2—2014	监测时间至少 45 min，监测间隔 10～15 min，结果以时间加权平均值表示
10		氨	靛酚蓝分光光度法	GB/T 18204.2—2014	连续采样时间至少 45 min，采样流量 0.4 L/min
			纳氏试剂分光光度法	HJ 533—2009	连续采样时间至少 45 min，采样流量 1 L/min
			离子选择电极法	GB/T 14669—1993	连续采样时间至少 45 min，采样流量 0.5 L/min
11		甲醛	AHMT 分光光度法	GB/T 16129—1995	连续采样时间至少 45 min，采样流量 0.4 L/min
			酚试剂分光光度法	GB/T 18204.2—2014	连续采样时间至少 45 min，采样流量 0.2 L/min
			高效液相色谱法	GB/T 18883—2022 附录 B	—
12		苯	固体吸附-热解吸-气相色谱法	GB/T 18883—2022 附录 C	—
			活性炭吸附-二硫化碳解吸-气相色谱法		
			便携式气相色谱法		
13		甲苯	固体吸附-热解吸-气相色谱法	GB/T 18883—2022 附录 C	—
			活性炭吸附-二硫化碳解吸-气相色谱法		
			便携式气相色谱法		
14		二甲苯	固体吸附-热解吸-气相色谱法	GB/T 18883—2022 附录 C	—
			活性炭吸附-二硫化碳解吸-气相色谱法		
			便携式气相色谱法		

续表

序号	指标分类	具体指标	测定方法	方法来源	推荐采样方法参数
15	化学性	总挥发性有机化合物	固体吸附-热解吸-气相色谱质谱法	GB/T 18883—2022 附录 D	—
16		三氯乙烯	固体吸附-热解吸-气相色谱质谱法	GB/T 18883—2022 附录 D	—
17		四氯乙烯	固体吸附-热解吸-气相色谱质谱法	GB/T 18883—2022 附录 D	—
18		苯并[a]芘	高效液相色谱法	GB/T 18883—2022 附录 E	—
19		可吸入颗粒物	撞击式-称量法	GB/T 18883—2022 附录 F	—
20		细颗粒物	撞击式-称量法	GB/T 18883—2022 附录 F	—
21	生物性	细菌总数	撞击法	GB/T 18883—2022 附录 G	—
22	放射性	氡(^{222}Rn)	固体核径迹测量方法 连续测量法 活性炭盒法	GB/T 18883—2022 附录 H	—

（三）《民用建筑工程室内环境污染控制标准》（GB 50325—2020）

为了预防和控制民用建筑工程中建筑材料和装饰装修材料产生的室内环境污染,保障公众健康,维护公共利益,做到技术先进、经济合理,2020 年 1 月中华人民共和国住房和城乡建设部、国家市场监督管理总局联合发布了《民用建筑工程室内环境污染控制标准》（GB 50325—2020）。

标准中将民用建筑工程分为两类：I 类民用建筑应包括住宅、居住功能公寓、医院病房、老年人照料房屋设施、幼儿园、学校教室、学生宿舍等；II 类民用建筑应包括办公楼、商店、旅馆、文化娱乐场所、书店、图书馆、展览馆、体育馆、公共交通等候室、餐厅等。同时,标准强制规定民用建筑工程竣工验收进行室内环境污染物浓度检测,其限量应符合表 1.10 的规定。

表 1.10 民用建筑工程室内环境污染物浓度限量

污染物	I 类民用建筑工程	II 类民用建筑工程
氡/(Bq·m⁻³)	≤150	≤150
甲醛/(mg·m⁻³)	≤0.07	≤0.08
氨/(mg·m⁻³)	≤0.15	≤0.20
苯/(mg·m⁻³)	≤0.06	≤0.09
甲苯/(mg·m⁻³)	≤0.15	≤0.20
二甲苯/(mg·m⁻³)	≤0.20	≤0.20
TVOC/(mg·m⁻³)	≤0.45	≤0.50

注:①污染物浓度测量值,除氡外均指室内污染物浓度测量值扣除室外上风向空气中污染物浓度测量值(本底值)后的测量值。
②污染物浓度测量值的极限值判定,采用全数值比较法。

上述民用建筑的分类指单体建筑,若一个建筑物中出现不同功能分区的情况,如许多住宅楼(I类)的下层作为商店设计使用(II类)的情况,或办公楼(II类)的上层作为住宅设计使用(I类)的等,其室内环境污染控制应有所区别,即按照实际使用功能提出不同要求,因此,其执行的标准也应相应变化。

二、空气污染物排放标准

空气污染物排放标准是为了实现空气环境质量标准目标,结合技术经济条件和环境特点,对排入环境的污染物或有害因素的控制所做的规定。它是实现空气环境质量标准的主要保证,也是对污染进行强制性控制的主要手段。我国已颁布实施的空气污染物排放标准有《大气污染物综合排放标准》(GB 16297—1996)、《锅炉大气污染物排放标准》(GB 13271—2014)、《水泥工业大气污染物排放标准》(GB 4915—2013)、《火电厂大气污染物排放标准》(GB 13223—2011)等。

(一)《大气污染物综合排放标准》(GB 16297—1996)

1996 年 4 月,原国家环境保护局发布了《大气污染物综合排放标准》(GB 16297—1996),自 1997 年 7 月 1 日起实施。标准规定了 33 种大气污染物的排放限值,同时规定了标准执行的各种要求。另外,在我国现有的国家大气污染物排放标准体系中,按照综合性排放标准与行业性排放标准不交叉执行的原则,应优先执行行业性排放标准。这 33 种大气污染物是二氧化硫、氮氧化物、颗粒物、氯化氢、铬酸雾、硫酸雾、氟化物、氯气、铅及其化合物、汞及其化合物、镉及其化合物、铍及其化合物、镍及其化合物、锡及其化合物、苯、甲苯、二甲苯、酚类、甲醛、乙醛、丙烯腈、丙烯醛、氰化氢、甲醇、苯胺类、氯苯类、硝基苯类、氯乙烯、苯并[a]芘、光气、沥青烟、石棉尘、非甲烷总烃。

(二)《锅炉大气污染物排放标准》(GB 13271—2014)

2014 年 5 月,原国家环境保护部、原国家质量监督检验检疫总局联合发布了第三次修订的《锅炉大气污染物排放标准》(GB 13271—2014),标准规定了锅炉大气污染物浓度排放限值、监测和监控要求。

标准规定,10 t/h 以上在用蒸汽锅炉和 7 MW 以上在用热水锅炉自 2015 年 10 月 1 日起、10 t/h 及以下在用蒸汽锅炉和 7 MW 及以下在用热水锅炉自 2016 年 7 月 1 日起执行表 1.11 规定的大气污染物排放限值;新建锅炉自 2014 年 7 月 1 日起执行表 1.12 规定的大气污染物排放限值;重点地区锅炉执行表 1.13 规定的大气污染物排放限值。不同时段建设的锅炉,若采用混合方式排放烟气,且选择的监控位置只能监测混合烟气中的大气污染物浓度,应执行各个时段限值中最严格的排放限值。

表 1.11　在用锅炉大气污染物排放浓度限值　　　　　单位:mg·m⁻³

污染物项目	限值			污染物排放监控位置
	燃煤锅炉	燃油锅炉	燃气锅炉	
颗粒物	80	60	30	烟囱或烟道
二氧化硫	400 550①	300	100	
氮氧化物	400	400	400	
汞及其化合物	0.05	—	—	
烟气黑度(林格曼黑度,级)	≤1			烟囱排放口

注:①位于广西壮族自治区、重庆市、四川省和贵州省的燃煤锅炉执行该限值。

表 1.12　新建锅炉大气污染物排放浓度限值　　　　　单位:mg·m⁻³

污染物项目	限值			污染物排放监控位置
	燃煤锅炉	燃油锅炉	燃气锅炉	
颗粒物	50	30	20	烟囱或烟道
二氧化硫	300	200	50	
氮氧化物	300	250	200	
汞及其化合物	0.05	—	—	
烟气黑度(林格曼黑度,级)	≤1			烟囱排放口

表 1.13　大气污染物特别排放限值　　　　　单位:mg·m⁻³

污染物项目	限值			污染物排放监控位置
	燃煤锅炉	燃油锅炉	燃气锅炉	
颗粒物	30	30	20	烟囱或烟道
二氧化硫	200	100	50	
氮氧化物	200	200	150	
汞及其化合物	0.05	—	—	
烟气黑度(林格曼黑度,级)	≤1			烟囱排放口

GB 13271—2014

➤ **同步练习**

一、填空题

1.《环境空气质量标准》(GB 3095—2012)中,二氧化硫1 h平均二级浓度限值是_____ $\mu g/m^3$;二氧化氮24 h平均二级浓度限值是_____ $\mu g/m^3$;一氧化碳1 h平均二级浓度限值是_____ mg/m^3;$PM_{2.5}$ 24 h平均二级浓度限值是_____ $\mu g/m^3$;PM_{10}年平均二级浓度限值是_____ $\mu g/m^3$。

2.《室内空气质量标准》(GB/T 18883—2022)中,氡的要求范围为_____ Bq/m^3;细菌总数的要求范围为_____ CFU/m^3。

二、选择题

1.下列不属于环境空气二类功能区的是( )。

A.居民混合区　　　B.工业区　　　C.农村区域　　　D.自然保护区

2.《大气污染物综合排放标准》(GB 16297—1996)规定了( )种大气污染物的排放限值。

A.35　　　B.33　　　C.19　　　D.21

3.我国已颁布实施的空气环境质量标准不包括( )。

A.《环境空气质量标准》(GB 3095—2012)

B.《室内空气质量标准》(GB 18883—2022)

C.《室内环境空气质量监测技术规范》(HJ/T 167—2004)

D.《民用建筑工程室内环境污染控制标准》(GB 50325—2020)

三、判断题

1.《环境空气质量标准》(GB 3095—2012)中TSP的年平均有效性规定是每年至少有60个日平均浓度值,每月至少有5个日平均浓度值。　　　　( )

2.《环境空气质量标准》(GB 3095—2012)中,TSP、BaP、Pb的24 h平均的数据有效性规定是每日应有24 h的采样时间。　　　　( )

3.根据《环境空气质量标准》(GB 3095—2012),在监测仪器校准、停电和设备故障以及其他不可抗拒的因素导致不能获得连续监测数据时,应采取有效措施及时恢复。　　( )

四、简答题

1.《环境空气质量标准》(GB 3095—2012)中规定的基本项目有哪些?

2.某地(非重点区)拟建一容量为0.35~116 MW的燃气热水锅炉,试问应按什么标准执行? 分别述之。

3.简述空气环境质量标准与空气污染物排放标准的区别与联系。

4.区别《室内空气质量标准》(GB 18883—2022)与《民用建筑工程室内环境污染控制标准》(GB 50325—2020)。

五、计算题

根据《环境空气质量标准》(GB 3095—2012)的二级标准,求出SO_2、NO_2、CO三种污染物24 h平均浓度限值的体积分数。

模块二

空气监测管理及质量控制

单元一　监测实验室基础

> ## 问题导读

实验室是获得监测结果的关键部门。要使监测质量达到规定水平,必须有合格的实验室和合格的分析操作人员。具体来说,包括仪器的正确使用和定期校正;玻璃仪器的选用和校正;化学试剂和溶剂的选用;溶液的配制和标定;试剂的提纯;实验室的清洁度和安全工作;分析人员的操作技术水平和分离操作技术等。

一、实验用水

水是最常用的溶剂。配制试剂、标准物质、洗涤均需大量的水。它对分析质量有着广泛和根本的影响。不同用途需要不同质量的水。

(一)蒸馏水

蒸馏水的质量因蒸馏器的材料与结构而异,水中常含有可溶性气体和挥发性物质。下面分别介绍几种不同蒸馏器及其所得蒸馏水的质量。

1. 金属蒸馏器

金属蒸馏器内壁为纯铜、黄铜、青铜,也有镀纯锡的。用这种蒸馏器所获得的蒸馏水含有微量金属杂质,如含 Cu^{2+} 的质量分数为$(10\sim200)\times10^{-6}$,只适用于清洗容器和配制一般试液。

2. 玻璃蒸馏器

玻璃蒸馏器由含低碱高硅硼酸盐的"硬质玻璃"制成,二氧化硅约占80%。经蒸馏所得的水中含痕量金属,如每升含 5×10^{-9} 的 Cu^{2+},还可能有微量玻璃溶出物,如硼、砷等。适用于配制一般定量分析试液,不宜用于配制分析重金属或痕量非金属试液。

3. 石英蒸馏器

石英蒸馏器含二氧化硅99.9%以上。所得蒸馏水仅含痕量金属杂质,不含玻璃溶出物。特别适用于配制对痕量非金属进行分析的试液。

4. 亚沸蒸馏器

亚沸蒸馏器是由石英制成的自动补液蒸馏装置。其热源功率很小,使水在沸点以下缓慢蒸发,故不存在雾滴污染问题。所得蒸馏水几乎不含金属杂质(超痕量)。适用于配制除可溶性气体和挥发性物质以外的各种物质的痕量分析用试液。亚沸蒸馏器常作为最终的纯水器与其他纯水装置(如离子交换纯水器等)联用。

（二）去离子水

去离子水是用阳离子交换树脂和阴离子交换树脂以一定形式组合进行水处理。去离子水含金属杂质极少，适于配制痕量金属分析用的试液，因它含有微量树脂浸出物和树脂崩解微粒，故不适于配制有机分析试液。通常用自来水作为原水时，由于自来水含有一定余氯，能氧化破坏树脂使之很难再生。因此，进入交换器前必须充分曝气。自然曝气夏季约需 1 天，冬季需 3 天以上，如急用可煮沸、搅拌、充气，并冷却后使用。湖水、河水和塘水作为原水，应仿照自来水先作沉淀、过滤等净化处理。含有大量矿物质、硬度很高的井水，应先经蒸馏或电渗析等去除大量无机盐，以延长树脂使用周期。

（三）特殊要求的纯水

在分析某些指标时，对分析过程中所用的纯水中这些指标的含量应越低越好。这就提出某些特殊要求的纯水以及制取方法，如无氯水、无氨水、无二氧化碳水以及不含有机物的蒸馏水等。

二、试剂与试液

实验室中，所用试剂、试液应根据实际需要，合理选用相应规格的试剂，按规定浓度和需要量正确配制。试剂和配好的试液需按规定要求妥善保存，注意空气、温度、光、杂质等影响。另外，要注意保存时间，一般浓溶液稳定性较好，稀溶液稳定性较差。通常较稳定的试剂，其 $10^{-3}\,\mathrm{mol/L}$ 溶液可储存 1 个月以上，$10^{-4}\,\mathrm{mol/L}$ 溶液只能储存 1 周，而 $10^{-5}\,\mathrm{mol/L}$ 溶液需当日配制，故许多试液常配成浓的储存液，临用时稀释成所需浓度。配制溶液均需注明配制日期和配制人员，以备查核追溯。出于各种原因，有时需对试剂进行提纯和精制，以保证分析质量。

一般化学试剂分为三级，其规格见表 2.1。

表 2.1　化学试剂的规格

级别	名称	代号	标志颜色
一级品	保证试剂、优级纯	GR	绿色
二级品	分析试剂、分析纯	AR	红色
三级品	化学纯	CP	蓝色

一级试剂用于精密的分析工作，在环境分析中用于配制标准溶液；二级试剂常用于配制定量分析中的普通试液。如无注明，环境监测所用试剂均应为二级或二级以上；三级试剂只能用于配制半定量、定性分析中试液和清洁液等。

三、实验室管理及岗位责任

监测质量的保证是以一系列完善的管理制度为基础的。严格执行科学的管理制度是评定一个实验室的重要依据。

（一）对监测分析人员的要求

环境监测分析人员应经过培训、考试合格,方能承担监测分析工作。对承担的监测项目,要做到理解原理、操作正确、严守规程、准确无误。填报监测分析结果时,书写清晰、记录完整、校对严格、实事求是。要做好实验室清理工作,现场环境整洁,工作交接清楚,安全检查到位。更要树立高尚的科研和实验道德,热爱本职工作,钻研科学技术,培养科学作风,谦虚谨慎,遵守劳动纪律,搞好团结协作。

（二）实验室安全制度

实验室内需设各种必备的安全设施(通风橱、防尘罩、排气管道及消防灭火器材等),并应定期检查,保证随时可供使用。使用电、气、水、火时,应按有关使用规则进行操作,保证安全。

实验室内各种仪器、器皿应有规定的放置处所,不得任意堆放,以免错拿错用,造成事故。

进入实验室,应严格遵守实验室规章制度,尤其是使用易燃、易爆和剧毒试剂时,必须遵照有关规定进行操作。实验室内不得吸烟、会客、喧哗、吃零食或私用电器等。

下班时,要有专人负责检查实验室的门、窗、水、电、煤气等,切实关好,不得疏忽大意。

实验室的消防器材应定期检查,妥善保管,不得随意挪用。一旦实验室发生意外事故时,应迅速切断电源、火源,立即采取有效措施,随时处理,并上报有关领导。

（三）药品使用管理制度

实验室使用的化学试剂应有专人负责保管,分类存放,定期检查使用和管理情况。

易燃、易爆物品应存放在阴凉通风的地方,并有相应安全保障措施。易燃、易爆试剂要随用随领,不得在实验室内大量积存。保存在实验室内的少量易燃品和危险品,应严格控制、加强管理。

剧毒试剂应有专人负责管理,加双锁存放,批准使用,两人共同称量,登记用量。取用化学试剂的器皿(如药匙、量杯等)必须分开,每种试剂用一件器皿,至少洗净后再用,不得混用。

使用氰化物时,切实注意安全,不在酸性条件下使用,并严防溅洒沾污。氰化物废液必须经处理再倒入下水道,并用大量流水冲洗。其他剧毒试液也应注意经适当转化处理后再行清洗排放。

使用有机溶剂和挥发性强的试剂的操作应在通风良好的地方或在通风橱内进行。任何情况下,都不允许用明火直接加热有机溶剂。

稀释浓酸试剂时,应按规定要求操作和储存。

（四）样品管理制度

1. 对样品的管理

由于环境样品的特殊性,因此要求样品的采集、运送和保存等环节都必须严格遵守有关规定,以保证其真实性和代表性。

2. 样品容器的处理

样品容器除一般情况外的特殊处理,应由实验室负责进行。对需在现场进行处理的样品,应注明处理方法和注意事项,所需试剂和仪器应准备好,同时提供给采样人员。对采样有特殊要求时,应对采样人员进行培训。样品容器的材质要符合监测分析的要求,容器应密塞,不渗不漏。

3. 样品的登记、验收和保存

采好的样品应及时贴好样品标签,填写好采样记录。将样品连同样品登记表、送样单在规定的时间内送交指定的实验室。填写样品标签和采样记录需使用防水墨汁。严寒季节圆珠笔不宜使用时,可用铅笔填写。

如需对采集的样品进行分装,分样的容器应和样品容器材质相同,并填写同样的样品标签,注明"分样"字样。同时,对"空白"和"副样"也都要分别注明。

实验室应有专人负责样品的登记、验收。其内容如下:样品名称和编号;样品采集点的详细地址和现场特征;样品的采集方式,是定时样、不定时样还是混合样;监测分析项目;样品保存所用的保存剂的名称、浓度和用量;样品的包装、保管状况;采样日期和时间;采样人、送样人及登记验收人签名。

样品验收过程中,如发现编号错乱、标签缺损、字迹不清、监测项目不明、规格不符、数量不足以及采样不合要求者,可拒收并建议补采样品。如无法补采或重采,应经有关领导批准方可收样,完成测试后,应在报告中注明。

样品应按规定方法妥善保存,并在规定时间内安排测试,不得无故拖延。

采样记录、样品登记表、送样单和现场测试的原始记录应完整、齐全、清晰,并与实验室测试记录汇总保存。

➤ 同步练习

简答题

1. 实验室监测分析人员有何要求?
2. 简述样品的管理制度。
3. 实验室用水有哪些级别? 有哪些衡量指标?
4. 简述试剂的分级分类。
5. 论述监测实验室基础条件对监测结果的重要性。

单元二 监测数据的结果表达和统计检验

> ## 问题导读

空气监测所得到的物理、化学和生物学数据，是描述和评价空气环境质量的基本依据。由于监测系统的条件限制以及操作人员的技术水平，因此测试值与真值之间常存在差异；根据监测数据的结果表达和统计检验，才能使监测结果满足"五性"要求，科学准确地评价空气环境质量。

一、误差

（一）误差与真值

1. 真值（x_t）

在某一时刻和某一位置或状态下，某量的效应体现出客观值或实际值称为真值。真值包括：

（1）理论真值

例如，三角形内角之和等于 $180°$。

（2）约定真值

由国际计量大会定义的国际单位制，包括基本单位、辅助单位和导出单位。由国际单位制所定义的真值，称为约定真值。

（3）标准器（包括标准物质）的相对真值

高一级标准器的误差为低一级标准器或普通仪器误差的 $1/5$（或 $1/20 \sim 1/3$）时，则可认为前者是后者的相对真值。

2. 误差

由于被测量的数据形式通常不能以有限位数表示，同时由于认识能力的不足和科学技术水平的限制，因此，测量值与真值不一致，这种矛盾在数值上的表现即为误差。任何测量结果都有误差，误差存在于一切测量全过程之中。

（二）误差的来源

误差常常不是独立的，而是多方面原因联合作用的结果。误差的来源包括以下方面。

1. 标准误差

测试总是相对进行的，对于基准物、参考物质、标准器等而言，它们本身体现出来的量值就有误差，存在不确定性。

2. 装置误差

装置误差是检测系统本身固有的各种因素影响而产生的误差。传感器、元器件与材料性能、制造与装配的技术水平等都直接影响检测系统的准确性和稳定性产生的误差。

3. 环境误差

环境误差是指由环境因素对测量影响而产生的误差。例如,工作环境、仪器的使用条件等引起测量的误差。

4. 人员误差

人员误差是指由测试人员感觉器官的差异、敏感性和固有习惯等产生的误差。

5. 方法误差

方法误差是指由检测系统采用的测量原理与方法本身所产生的误差。它是制约测量准确性的主要原因。

(三)误差的分类

误差按其性质和产生原因,可分为系统误差、随机误差和过失误差三类。

1. 系统误差

系统误差又称可测误差、恒定误差或偏倚,是指测量值的总体均值与真值之间的差别。它是由测量过程中某些恒定因素造成的,在一定条件下具有重现性,并不因增加测量次数而减少系统误差。它的产生可以是方法、仪器、试剂、恒定的操作人员和恒定的环境所造成的。例如,称量一种吸湿性的物质,称量误差便总是正值。系统误差的出现是有规律的,有因可循的,便应该掌握它,尽量设法消除其影响。在不能消除时,应设法估计其值,以便校正。

2. 随机误差

随机误差又称偶然误差或不可测误差,是由测定过程中各种随机因素的共同作用所造成的。在相同条件下,多次重复测定同一量时,误差的绝对值变化或大或小,符号变化或正或负。从表面上看,这种误差的产生纯属偶然。实际上产生误差的原因,大多数时候和系统误差一样,也是可以知道的,只不过变化复杂,波动性很大。这说明随机误差是在各项测量中的随机变量,单个地看是无规律性的。正是由于这个因素,它们的总和有可能正负相抵,而且随着测量次数的增加,其平均值趋于零。因此,多次测量的平均值的随机误差要比单个测量的随机误差小。随机误差可用概率统计的方法来处理。采用"多次测定取平均值"的方法,可减免随机误差。

3. 过失误差

过失误差又称粗差,是测量过程中犯了不应有的错误造成的。它明显地歪曲测量结果,因而一经发现必须及时改正。

（四）误差的表示方法

误差的表示方法可分为分绝对误差和相对误差。

1.绝对误差

绝对误差是测量值(x,单一测量值或多次测量的均值)与真值(x_t)之差,即

$$绝对误差 = x - x_t \tag{2.1}$$

误差越小,表示测量值与真值越接近,准确度也越高;误差越大,则测量值的准确度也越低。上述误差指的是绝对误差,它具有与测量值或真值相同的单位,也只有在和测量值一起考虑时才有价值。

2.相对误差

相对误差是指绝对误差与真值之比(常以百分数表示),即

$$相对误差 = \frac{绝对误差}{x_t} \times 100\% \tag{2.2}$$

当不知真值或标准参考值,而绝对误差又很小时,可用多次平行测定结果的算术平均值代替真值。

由于相对误差能反映误差在真值中所占的比例,因此,经常用相对误差来表示测定结果的准确度。例如,测定烟气中 NO_2 浓度,如果烟气中 NO_2 浓度为 6.0 mg/m³,绝对误差 0.05 mg/m³,则相对误差只有 0.83%,可认为测量结果是令人满意的。但是,如果烟气中 NO_2 浓度为 0.06 mg/m³,绝对误差还是 0.05 mg/m³,那么这个测量误差值就不能允许了,因此时相对误差达到83%。

二、数据处理和统计方法

（一）有效数字的修约及计算

1.测量数据的有效数字

有效数字用于表示测量数字的有效意义。它是指测量中实际能测得的数字,由有效数字构成的数值,其倒数第二位以上的数字应是可靠的(确定的),只有末位数是可疑的(不确定的),对有效数字的位数不能任意增删。

①由有效数字构成的测定值必然是近似值。因此,测定值的运算应按近似计算规则进行。

②数字"0",当它用于指小数点的位置,而与测量的准确度无关时,不是有效数字;当它用于表示与测量准确程度有关的数值大小时,即为有效数字。这与"0"在数值中的位置有关。

③一个分析结果的有效数字的位数,主要取决于原始数据的正确记录和数值的正确计算。在记录测量值时,要同时考虑计量器具的精密度和准确度,以及测量仪器本身的读数误差。对检定合格的计量器具,有效位数可记录到最小分度值,最多保留一位不确定数字(估

计值）。

以实验室最常用的计量器具为例。用天平（最小分度值为 0.1 mg）进行称量时，有效数字可记录到小数点后第四位，如 1.223 5 g，此时有效数字为五位；称取 0.945 2 g，则有效数字为四位。

用玻璃量器量取体积的有效数字位数是根据量器的容量允许差和读数误差来确定的。例如，单标线 A 级 50 mL 容量瓶，准确容积为 50.00 mL；用分度移液管或滴定管，其读数的有效数字可达到其最小分度后一位，保留一位不确定数字。

分光光度计最小分度值为 0.005。因此，吸光度一般可记到小数点后第三位，有效数字位数最多只有三位。

带有计算机处理系统的分析仪器，往往根据计算机自身的设定，打印或显示结果，可以有很多位数，但这并不增加仪器的精度和可读的有效位数。

在一系列操作中，使用多种计量仪器时，有效数字以最少的一种计量仪器的位数表示。

④表示精密度的有效数字根据分析方法和待测物的浓度不同，一般只取一位或两位有效数字。

⑤分析结果有效数字所能达到的位数不能超过方法最低检出浓度的有效位数所能达到的位数。例如，一个方法的最低检出浓度为 0.02 mg/L，则分析结果报 0.088 mg/L 就不合理，应报 0.09 mg/L。

⑥以一元线性回归方程计算时，校准曲线斜率 b 的有效位数应与自变量 x_i 的有效数字位数相等，或最多比 x_i 多保留一位。截距 a 的最后一位数则和因变量 y_i 数值的最后一位取齐，或最多比 y_i 多保留一位数。

⑦在数值计算中，当有效数字位数确定之后，其余数字应按修约规则一律舍去。

⑧在数值计算中，某些倍数、分数、不连续物理量的数值，以及不经测量而完全根据理论计算或定义得到的数值，其有效数字的位数可视为无限。这类数值在计算中按需要几位就定几位。

2. 数值修约规则

各种测量、计算的数据需要修约时，应遵循下列规则："四舍六入五考虑，五后非零则进一，五后皆零视奇偶，五前为偶应舍去，五前为奇则进一。"

（1）加法和减法

几个近似值相加减时，其和或差的有效数字决定于绝对误差最大的数值，即最后结果的有效数字自左起不超过参加计算的近似值中第一个出现的可疑数字。在小数的加减计算中，结果所保留的小数点后的位数与各近似值中小数点后位数最少者相同。在实际运算过程中，保留的位数比各数值中小数点后位数最少者多保留一位小数，而计算结果则按数值修约规则处理。当两个很接近的近似数值相减时，其差的有效数字位数会有很多损失，应尽量把计算程序组织好以尽量避免损失。

例如：

$$508.4-438.68+13.046-6.054\ 8=76.711\ 2\approx76.7$$

因"508.4"小数点位数最少，则计算结果的有效数字位数与其保留相同。

（2）乘法和除法

近似值相乘除时,所得积与商的有效数字位数决定于相对误差最大的近似值,即最后结果的有效数字位数要与各近似值中有效数字位数量少者相同。在实际运算中,可先将各近似值修约至比有效数字位数最少者多保留一位,最后将计算结果按上述规则处理。

例如：

$$0.001\,0\times70.0\div35.00\times63.580=0.127\,16\approx0.13$$

其中,"0.001 0"只有两位有效数字,是所有数值中有效数字位数最少的。因此,计算结果的有效数字位数与其保留相同。

对第一位是 8 或 9 的近似值,在乘除计算中,有效数字的位数可多计一位。

例如：

$$0.008\,0\times70.0\div35.00\times63.580=1.072\,8\approx1.02$$

其中,"0.008 0"可视为三位有效数字。

（3）乘方和开方

近似值乘方或开方时,原近似值有几位有效数字,计算结果就可保留几位有效数字。

例如：

$$7.53^2=56.700\,9\approx56.7$$

$$\sqrt{7.39}=2.718\,455\approx2.72$$

（4）对数和反对数

近似值的对数计算中,所取对数的小数点后的位数（不包括首数）应与其数的有效数字位数相同。

例如：求 pH 值为 4.57 溶液的 $[H^+]$,则

$$pH=-lg[H^+]=4.57$$

则

$$[H^+]=10^{-pH}=10^{-4.57}=2.7\times10^{-5}(mol/L)$$

（5）平均值

求 4 个或 4 个以上准确度接近的数值的平均值时,其有效位数可增加一位。

（二）基本概念

1. 算术平均数（值）

算术平均数简称均数,代表一组变量的平均水平或集中趋势,其定义为

$$样本均数\ \bar{x}=\frac{\sum x_i}{n} \tag{2.3}$$

$$总体均数\ \mu=\frac{\sum x_i}{n}\qquad n\to\infty \tag{2.4}$$

2. 偏差

偏差是指单个测量值与多次测量平均值之间的偏离。偏差用绝对偏差、相对偏差、平均

偏差、相对平均偏差、标准偏差、相对标准偏差等表示。使用频率较高的是相对偏差、标准偏差和相对标准偏差,即

$$绝对偏差 \ d_i = x_i - \bar{x} \tag{2.5}$$

$$相对偏差 \ R_{d_i}(\%) = \frac{d_i}{\bar{x}} \times 100\% \tag{2.6}$$

$$平均偏差 \ \bar{d} = \frac{1}{n} \sum_{i=1}^{n} |d_i| = \frac{1}{n}(|d_1| + |d_2| + \cdots + |d_n|) \tag{2.7}$$

$$相对平均偏差 \ R_{\bar{d}}(\%) = \frac{\bar{d}}{\bar{x}} \times 100\% \tag{2.8}$$

标准偏差 s 是由各次测量值的绝对偏差平方后求得,能较正确地反映数据分散程度的大小,较为常用,即

$$s = \sqrt{\frac{1}{n-1} \sum_{i=1}^{n} (x_i - \bar{x})^2} = \sqrt{\frac{1}{n-1}\left[\sum_{i=1}^{n} x_i^2 - \frac{1}{n}\left(\sum_{i=1}^{n} x_i \right)^2 \right]} \tag{2.9}$$

相对标准偏差 C_v 又称变异系数,是标准偏差在均值中所占的百分数,用于表示不同水平测量值的精密度更为合理,即

$$C_v = \frac{s}{\bar{x}} \times 100\% \tag{2.10}$$

3. 正态分布

相同条件下对同一样品测定中的随机误差,均遵从正态分布(图2.1)。正态概率密度函数为

$$\varphi(x) = \frac{1}{\sigma \sqrt{2\pi}} \exp\left[-\frac{(x-\mu)^2}{2\sigma^2} \right] \tag{2.11}$$

式中 x——由此分布中抽出的随机样本值;

μ——总体均值,是曲线最高点的横坐标,曲线对 μ 对称;

σ——总体标准偏差,反映了数据的离散程度。

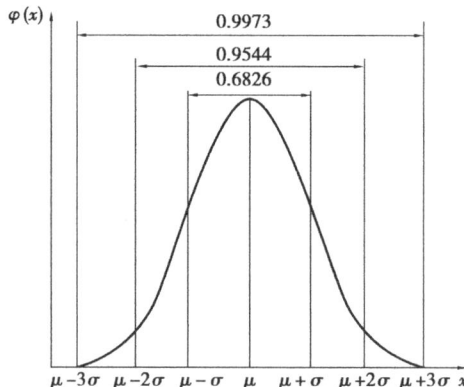

图2.1   正态分布图

由统计学可知,样本落在下列区间内的概率见表2.2。

表2.2　正态分布总体的样本落在下列区间内的概率

区间	落在区间内的概率/%	区间	落在区间内的概率/%
$\mu \pm 1.000\sigma$	68.26	$\mu \pm 2.000\sigma$	95.44
$\mu \pm 1.645\sigma$	90.00	$\mu \pm 2.576\sigma$	99.00
$\mu \pm 1.960\sigma$	95.00	$\mu \pm 3.000\sigma$	99.73

正态分布曲线说明如下。

①小误差出现的概率大于大误差,即误差的概率与误差的大小有关。

②大小相等,符号相反的正负误差数目近于相等,故曲线对称。

③出现大误差的概率很小。

④算术平均数是可靠的。

实际工作中,有些数据本身不呈正态分布,但将数据通过数学转换后可显示正态分布。最常用的转换方式是将数据取对数。若监测数据的对数呈正态分布,称为对数正态分布。例如,当SO_2转变成颗粒物浓度较低时,数据经实验证明一般呈对数正态分布。

(三)可疑数据的取舍

在质量控制中,同一样本的一组数据中,如果出现了一个比较大的或比较小的数值,与正常数据不是来自同一分布总体,会明显歪曲试验结果,称为离群数据;可能会歪曲试验结果,但尚未经检验断定其是离群数据的测量数据,称为可疑数据。

在数据处理时,必须剔除离群数据以使测定结果更符合客观实际。正确数据总有一定的分散性,如果人为地删去一些误差较大但并非离群的测量数据,由此得到精密度很高的测量结果并不符合客观实际。因此,对可疑数据的取舍必须遵循一定的原则,通常应采用统计方法判别,即离群数据的统计检验。检验方法很多,这里介绍常用的格鲁布斯(Grubbs)检验法。此方法适用于检验多组测量值均值的一致性和剔除多组测量值中的离群均值,也可用于检验一组测量值一致性和剔除一组测量值中的离群值,方法如下。

①有l组测定值,每组n个测定值的均值分别为$\bar{x}_1, \bar{x}_2, \cdots, \bar{x}_i, \cdots, \bar{x}_l$。其中,最大均值记为$\bar{x}_{max}$,最小均值记为$\bar{x}_{min}$。

②由l个均值计算总均值$\bar{\bar{x}}$和标准偏差$s_{\bar{x}}$为

$$\bar{\bar{x}} = \frac{1}{l}\sum_{i=1}^{l}\bar{x}_i \tag{2.12}$$

$$s_{\bar{x}} = \sqrt{\frac{1}{l-1}\sum_{i=1}^{l}(\bar{x}_i - \bar{\bar{x}})^2} \tag{2.13}$$

③计算统计量T:

当最大值$\bar{x}_{max}$为可疑值时

$$T = \frac{\bar{x}_{max} - \bar{\bar{x}}}{s_{\bar{x}}} \tag{2.14}$$

当最小值$\bar{x}_{min}$为可疑值时

$$T = \frac{\bar{\bar{x}} - \bar{x}_{\min}}{s_{\bar{x}}} \qquad (2.15)$$

④根据测定值组数和给定的显著性水平 α，从表2.3中查得临界值 T_α。

表2.3   格鲁布斯检验临界值 T_α 表

l	显著性水平		l	显著性水平	
	0.05	0.01		0.05	0.01
3	1.153	1.155	15	2.409	2.705
4	1.463	1.492	16	2.443	2.747
5	1.672	1.749	17	2.475	2.785
6	1.822	1.944	18	2.501	2.821
7	1.938	2.097	19	2.532	2.854
8	2.032	2.221	20	2.557	2.884
9	2.110	2.323	21	2.580	2.912
10	2.176	2.410	22	2.603	2.939
11	2.234	2.485	23	2.624	2.963
12	2.285	2.550	24	2.644	2.987
13	2.331	2.607	25	2.663	3.009
14	2.371	2.659	26	2.681	3.029

⑤判断。

若 $T \leqslant T_{0.05}$，则可疑均值为正常均值。

若 $T_{0.05} \leqslant T \leqslant T_{0.01}$，则可疑均值为偏离均值。

若 $T > T_{0.01}$，则可疑均值为离群均值，应予以剔除，即剔除含有该均值的一组数据。

例2.1   10个实验室分析同一样品，各实验室5次测定的平均值按大小顺序为4.41、4.49、4.50、4.51、4.64、4.75、4.81、4.95、5.01、5.39，问检验最大均值5.39是否为离群均值。

解
$$\bar{\bar{x}} = \frac{1}{10} \sum_{i=1}^{10} \bar{x}_i = 4.746$$

$$s_{\bar{x}} = \sqrt{\frac{1}{10-1} \sum_{i=1}^{10} (\bar{x}_i - \bar{\bar{x}})^2} = 0.305$$

检验 $\bar{x}_{\max} = 5.39$，其统计量为

$$T = \frac{\bar{x}_{\max} - \bar{\bar{x}}}{s_{\bar{x}}} = \frac{5.39 - 4.746}{0.305} = 2.11$$

当 $l = 10$，给定显著性水平 $\alpha = 0.05$ 时，查表2.3得临界值 $T_{0.05} = 2.176$。

因 $T = 2.11 < T_{0.05} = 2.176$，故5.39为正常均值，即均值为5.39的一组测定值为正常数据。

(四)监测结果的表述与统计检验

对某一试样某一指标的测定，监测结果的数值表达方式一般有以下六种。

1. 算术平均数($\bar{x}$)代表集中趋势

在克服系统误差之后,当测定次数足够多($n \to \infty$ 时),其总体均值与真实值很接近。通常测定中,测定次数总是有限的,用有限测定值的平均值只能近似真实值,算术平均数是代表集中趋势表达监测结果最常用的形式。

2. 用算术平均数和标准偏差表示测定结果的精密度($\bar{x} \pm s$)

算术平均数代表集中趋势,标准偏差表示离散程度。算术平均数代表性的大小与标准偏差的大小有关,即标准偏差大,算术平均数代表性小,反之亦然。

3. 用算术平均数、标准偏差和相对标准偏差($\bar{x} \pm s, C_v$)表示结果

标准偏差大小还与所测平均数水平或测量单位有关。不同水平或单位的测定结果之间,其标准偏差是无法进行比较的,而变异系数是相对值,故可在一定范围内用来比较不同水平或单位测定结果之间的变异程度。

4. 几何平均值(x_g)

若一组数据呈偏态分布,此时可用几何平均值来表示该组数据,即

$$x_g = \sqrt[n]{x_1 \cdot x_2 \cdot x_3 \cdot \cdots \cdot x_n} = (x_1 \cdot x_2 \cdot x_3 \cdot \cdots \cdot x_n)^{\frac{1}{n}} \qquad (2.16)$$

5. 平均值的置信区间(置信界限)

由统计学可推导出有限次测定的平均值与总体平均值 μ 的关系为

$$\mu = \bar{x} \pm t \frac{s}{\sqrt{n}} \qquad (2.17)$$

式中 s——标准偏差;

n——测定次数;

t——在选定的某一置信度下的概率系数。

在选定的置信水平下,可期望真值在以测定平均值为中心的某一范围出现。这个范围称为平均值的置信区间(置信界限),它说明了平均值和真实值之间的关系及平均值的可靠性。平均值不是真实值,但可使真实值落在一定的区间内,并在一定范围内可靠。

各种置信水平和自由度下的 t 值列于表2.4 中。当自由度($f = n-1$)逐渐增大时,t 值随之减小。

表2.4 t 值

自由度 f	p(双侧概率)				
	0.200	0.100	0.050	0.020	0.010
1	3.078	6.314	12.706	31.821	63.657
2	1.886	2.920	4.303	6.965	9.925
3	1.638	2.353	3.182	4.541	5.841
4	1.533	2.132	2.776	3.747	4.604
5	1.848	2.015	2.571	3.365	4.032

续表

自由度 f	p（双侧概率）				
	0.200	0.100	0.050	0.020	0.010
6	1.440	1.943	2.447	3.143	3.707
7	1.415	1.895	2.365	2.998	3.499
8	1.397	1.860	2.306	2.896	3.355
9	1.383	1.833	2.262	2.821	3.250
10	1.372	1.812	2.228	2.764	3.169
11	1.363	1.796	2.201	2.718	3.106
12	1.356	1.782	2.179	2.681	3.055
13	1.350	1.771	2.160	2.650	3.012
14	1.345	1.761	2.145	2.624	2.977
15	1.341	1.753	2.131	2.602	2.947
16	1.337	1.746	2.120	2.583	2.921
17	1.333	1.740	2.110	2.567	2.898
18	1.330	1.734	2.101	2.552	2.878
19	1.328	1.729	2.093	2.539	2.861
20	1.325	1.725	2.086	2.528	2.845
21	1.323	1.721	2.080	2.518	2.831
22	1.321	1.717	2.074	2.508	2.819
23	1.319	1.714	2.069	2.500	2.807
24	1.318	1.711	2.064	2.492	2.797
25	1.316	1.708	2.060	2.485	2.787
26	1.315	1.706	2.056	2.479	2.779
27	1.314	1.703	2.052	2.473	2.771
28	1.313	1.701	2.048	2.467	2.763
29	1.311	1.699	2.045	2.462	2.756
30	1.310	1.697	2.042	2.457	2.750
40	1.303	1.684	2.021	2.421	2.704
60	1.296	1.671	2.000	2.391	2.662
120	1.289	1.658	1.980	2.364	2.617
∞	1.282	1.645	1.960	2.326	2.576
自由度 f	0.100	0.050	0.025	0.010	0.005
	p（单侧概率）				

平均值的置信界限决定于标准偏差 s，测定次数 n 以及置信度。测定的精密度越高(s 越小)，次数越多(n 越大)，则置信界限 $\pm\dfrac{ts}{\sqrt{n}}$ 越小，即平均值越准确。置信水平不是一个单纯的数学问题，置信度过大反而无实用价值。通常采用 90% ~95% 置信度(0.10~0.05)。

例2.2　测定某样品中颗粒物($PM_{2.5}$)浓度得到下列数据：$n=4$，$\bar{x}=15.30$ μg/m³，$s=0.10$，求置信度分别为 90% 和 95% 时的置信区间。

解　因 $n=4$，则
$$f=n-1=3$$

当置信度为 90% 时，查表得 $t=2.353$，则
$$\mu=\bar{x}\pm t\frac{s}{\sqrt{n}}=15.30\pm\frac{2.353\times0.10}{\sqrt{4}}=15.30\pm0.12(\text{μg/m}^3)$$

说明真实浓度有 90% 的可能为 15.18~15.42 μg/m³。

当置信度为 95% 时，查表2.4得 $t=3.182$，则
$$\mu=\bar{x}\pm t\frac{s}{\sqrt{n}}=15.30\pm\frac{3.182\times0.10}{\sqrt{4}}=15.30\pm0.16(\text{μg/m}^3)$$

说明真实浓度有 95% 的可能为 15.14~15.46 μg/m³。

6. 监测结果的统计检验

在空气环境监测中，对所研究的对象往往是不完全了解，甚至是完全不了解。例如，测定值的总体均值是否等于真值；某种方法经过改进，其精密度是否有变化等。这就需要统计检验。目前，以 t 检验法应用最为广泛。其判断的通则如下：

当 $t<t_{0.05(n)}$，即 $p>0.05$，差别无显著意义；

当 $t_{0.05(n)}\leqslant t<t_{0.01(n)}$，即 $0.01<p\leqslant0.05$，差别有显著意义；

当 $t\geqslant t_{0.01(n)}$，即 $p\leqslant0.01$，差别有非常显著意义。

(1)样本均数与总体均数差别的显著性检验

例2.3　某标准物质中的铁，已知铁的保证值为 1.06%，对其 10 次测定的平均值为 1.054%，标准偏差为 0.009。检验测定结果与保证值之间有无显著性差异。

解　根据题设
$$\mu=1.06\%,\quad \bar{x}=1.054\%,\quad n=10,\quad s=0.009\%$$
则
$$f=10-1=9$$
得
$$s_{\bar{x}}=\frac{s}{\sqrt{n}}$$

$$t=\frac{\bar{x}-\mu}{s_{\bar{x}}}=\frac{1.054\%-1.06\%}{0.009\%/\sqrt{10}}=-2.11$$
$$|t|=2.11$$

查表2.4得，$t_{0.05(9)}=2.262$，则
$$|t|=2.11<2.262=t_{0.05(9)}\qquad p>0.05$$
即差别无显著意义，测定正常。

（2）两种测定方法的显著性检验

例 2.4　为比较用甲醛吸收-盐酸副玫瑰苯胺分光光度法和四氯汞盐吸收-副玫瑰苯胺分光光度法测定二氧化硫含量,由 6 个合格实验室对同一气样进行测定,其结果见表 2.5。问两种测二氧化硫方法的可比性如何?

表 2.5　两种测二氧化硫方法结果

方法	1	2	3	4	5	6	$\sum$
甲醛吸收法	4.07	3.94	4.21	4.02	3.98	4.08	
四氯汞盐吸收法	4.00	4.04	4.10	3.90	4.04	4.21	
差数 x	0.07	−0.10	0.11	0.12	−0.06	−0.13	0.01
x^2	0.0049	0.0100	0.0121	0.0144	0.0036	0.0169	0.0619

解
$$\bar{x} = \frac{0.01}{6} = 0.017$$

$$s = \sqrt{\frac{\sum x_i^2 - \frac{\left(\sum x_i\right)^2}{n}}{n-1}} = \sqrt{\frac{0.061\,9 - \frac{0.01^2}{6}}{6-1}} = 0.111$$

$$s_{\bar{x}} = \frac{s}{\sqrt{n}} = \frac{0.111}{\sqrt{6}} = 0.045\,3$$

$$t = \frac{|\bar{x}-0|}{s_{\bar{x}}} = \frac{0.001\,7}{0.045\,3} = 0.037\,5$$

查表 2.4 得,$t_{0.05(6)} = 2.447$,则
$$t = 0.037\,5 < 2.447 = t_{0.05(6)} \qquad p > 0.05$$

差别无显著意义,即两种分析方法的可比性很好。

（五）直线回归和相关分析

在空气环境监测分析中,通常需要做工作曲线(或标准曲线)。例如,比色分析和原子吸收光度法中作吸光度与浓度关系的工作曲线。这些工作曲线通常都是一条直线。一般的做法是把实验点描在坐标纸上,横坐标表示被测物质的浓度,纵坐标表示测量仪表的读数(如吸光度),然后根据坐标纸上的这些实验点的走向,用直尺画出一条直线,即工作曲线,作为定量分析的依据。

但是,在实际工作中,实验点全部落在一条直线上的情况是少见的,此时需借助回归处理,求出工作曲线方程。研究变量与变量间关系的统计方法,称为回归分析和相关分析。前者主要是找出用于描述变量间关系的定量表达式,以便应用这种关系从一些变量所取的值去估测另一变量所取的值;后者则用于度量变量间关系密切程度,即当自变量变化时,因变量大体上按照某种规律变化。

1. 直线回归方程

在简单的线性回归中,设 x 为已知的自变量(如标液中待测物质的含量),y 为实验中测

得的因变量(如吸光度),两者的关系为

$$b = \bar{y} - a\bar{x} \tag{2.18}$$

式中　b——截距;

　　a——斜率(或称 y 对 x 的回归系数)。

根据最小二乘法原理,可求得 a 为

$$a = \frac{n\sum xy - \sum x \sum y}{n\sum x^2 - (\sum x)^2} \tag{2.19}$$

式中　n——测定次数;

　　$\bar{x}$、$\bar{y}$——变量 x 和 y 的算术平均数。

求得 a、b 后,即可获得最佳直线方程的工作曲线。

例 2.5　绘制分光光度法测定甲醛的标准曲线,测定结果见表 2.6。求直线回归方程。

表 2.6　甲醛测定结果

甲醛含量 x/μg	0.10	0.20	0.40	0.60	0.80	1.00	1.50	2.00
校准吸光度 y	0.020	0.052	0.120	0.188	0.257	0.314	0.489	0.659

解　将结果经计算见表 2.7。

表 2.7　测定甲醛曲线

n	x_i	y_i	X_i^2	x_iy_i
1	0.10	0.020	0.01	0.002 0
2	0.20	0.052	0.04	0.010 4
3	0.40	0.120	0.16	0.048 0
4	0.60	0.188	0.36	0.112 8
5	0.80	0.257	0.64	0.205 6
6	1.00	0.314	1.00	0.314 0
7	1.50	0.489	2.25	0.733 5
8	2.00	0.659	4.00	1.318 0
$\sum$	6.6	2.099	8.46	2.744 3

由式(2.19)得回归直线方程的斜率 a 为 0.34,同时计算得 b 为 -0.01,则回归直线方程的表达式为

$$y = 0.34x - 0.01$$

2. 相关系数

采用回归处理的目的是正确地绘制工作曲线,但在实际工作中,仅有此要求还是不够的,有时还需探索变量 x 与 y 之间有无线性关系以及线性关系的密切程度如何。

相关系数 r 是用来表示两个变量(y 及 x)之间有无固有的数学关系以及这种关系的密切

程度如何的参数,其值为-1~1。相关系数可计算为

$$r = \frac{\sum (x_i - \bar{x})(y_i - \bar{y})}{\sqrt{\sum (x_i - \bar{x})^2 \sum (y_i - \bar{y})^2}}$$　　　　(2.20)

x 与 y 的相关关系有以下三种情况。

①若 x 增大,y 也相应增大,称 x 与 y 呈正相关。此时,有 $0<r<1$。若 $r=1$,称为完全正相关。监测分析中希望 r 值越接近 1 越好。

②若 x 增大,y 相应减小,称 x 与 y 呈负相关。此时,$-1<r<0$。当 $r=-1$ 时,称为完全负相关。

③若 y 与 x 的变化无关,称 x 与 y 不相关。此时,$r=0$。

环境监测工作中的标准曲线,应力求相关系数 $|r| \geq 0.999$;否则,应找出原因,加以纠正,并重新进行测定和绘制。

(六)空气污染监测常用的统计指标

1.检出率

检出率指污染物的检出数占样品总数的百分比,即

$$\eta_i = \frac{n_i}{N_i} \times 100\%$$　　　　(2.21)

式中　η_i——污染物 i 的检出率,%;

　　　n_i——检出污染物 i 的样品个数;

　　　N_i——测定污染物 i 所采用的样品总数。

2.超标率

超标率是指某一种污染物浓度超过污染物排放标准或环境空气质量标准的检出样品数占污染物检出样品总数的百分比,即

$$\zeta_i = \frac{\lambda}{n_i} \times 100\%$$　　　　(2.22)

式中　ζ_i——污染物 i 的超标率,%;

　　　λ_i——污染物 i 的超标样品个数。

3.超标倍数

环境中某种污染物的实际浓度与该污染物的环境标准浓度的比值,即为超标倍数。它可表明该污染物对环境污染的程度。

➤ 同步练习

一、简答题

监测误差产生的原因有哪些?怎样减少?

二、计算题

1. 滴定管的一次读数误差是 0.01 mL,如果滴定时用去标准溶液 2.50 mL,则相对误差为多少? 如果滴定时用去标准溶液为 25.10 mL,相对误差又为多少? 分析两次测定的相对误差,能说明什么问题?

2. 计算:12.305+1.258+0.520×0.258-10.5。

3. 将 14.650、14.250 0、143 426、14.263 1、14.250 1 修约为三位有效数字,值各是多少?

4. 有一组测量数值从小到大顺序排列为 14.65、14.90、14.90、14.92、14.95、14.96、15.00、15.01、15.01、15.02。若置信度为 95%,试检验最小值和最大值是否为离群值?

5. 用分光度法测定空气中氨标准系溶液,测定结果见表 2.8。

表2.8　氨的测定结果

序号	1	2	3	4	5	6	7	8	9
含氨量/μg	0.000	0.200	0.500	1.00	2.00	3.00	4.00	5.00	6.00
吸光度	0.002	0.010	0.030	0.065	0.130	0.202	0.284	0.355	0.412

取 10 mL 吸收液,在相同条件下测得吸光度为 0.064,用回归直线方程法计算吸收液中氨的含量,并用相关系数检验其相关性。

单元三　实验室质量保证

➤ 问题导读

空气监测的质量保证,从大的方面可分为采样系统和测定系统两部分。实验室质量控制是测定系统中的重要部分,目的在于把监测分析的误差控制在允许的限度内,使分析数据合理、可靠,保证测量结果有一定的精密度和准确度。实验室质量控制方法很多,通常分为实验室内质量控制和实验室间质量控制。实验室质量控制必须建立在完善的实验室基础工作之上,下面讨论的前提是假定实验室的各种条件和分析人员是符合一定要求的。

一、基本概念

(一)准确度

准确度是用一个特定的分析程序所获得的分析结果(单次测定值和重复测定值的均值)与假定的或公认的真值之间符合程度的度量。它是反映分析方法或测量系统存在的系统误差和随机误差两者的综合指标,并决定其分析结果的可靠性。准确度用绝对误差和相对误差表示。

评价准确度的方法有两种:第一种是用某一方法分析标准物质,据其结果确定准确度;第二种是"加标回收"法,即在样品中加入标准物质,测定其回收率,以确定准确度,多次回收实验还可发现方法的系统误差,这是目前常用而方便的方法。

(二)精密度

精密度是指用同一方法重复分析一个样品所得测定值之间的接近程度。它反映分析方法或测量系统所存在随机误差的大小。极差、平均偏差、相对平均偏差、标准偏差及相对标准偏差都可用来表示精密度大小。较常用的是标准偏差。

在讨论精密度时,通常涉及以下术语。

1. 平行性

平行性是指在同一实验室中,当分析人员、分析设备和分析时间都相同时,用同一分析方法对同一样品进行双份或多份平行样测定时结果之间的符合程度。

2. 重复性

重复性是指在同一实验室内,当分析人员、分析设备和分析时间三因素中至少有一项不同时,用同一分析方法对同一样品测定两次或两次以上时其结果之间的符合程度。

3. 再现性

再现性是指在不同实验室(分析人员、分析设备,甚至分析时间都不相同),用同一分析方法对同一样品进行多次测定结果之间的符合程度。

在空气监测中,作为一个推荐方法或制订统一的分析方法,除进行重复性测定所表示的精密度外,还应考虑再现性测定所表示的精密度。通常室内精密度是指平行性和重复性的总和;而室间精密度(即再现性)通常用分析标准溶液的方法来确定。

(三)灵敏度

分析方法的灵敏度是指该方法对单位浓度或单位量的待测物质的变化所起的响应量变化的程度。它可用仪器的响应量或其他指示量与对应的待测物质的浓度或量之比来描述。因此,常用标准曲线的斜率来度量灵敏度。斜率越大,说明方法灵敏度越高。

在原子吸收分光光度法中,国际理论与应用化学联合会(International Union of Pure and Applied Chemistry,IUPAC)建议将以浓度表示的"1%吸收灵敏度"称为特征浓度,而将以绝对量表示的"1%吸收灵敏度"称为特征量。特征浓度或特征量越小,方法的灵敏度越高。

(四)检测限

某一分析方法在给定的可靠程度内可从样品中检测待测物质的最小浓度或最小量。所谓检测,是指定性检测,即断定样品中确定存在有浓度高于空白的待测物质。检测上限是指校准曲线直线部分的最高限点(弯曲点)相应的浓度值。由于空气污染监测涉及的组分绝大多数是痕量和超痕量,因此人们对方法的检出下限尤为重视。

检测限有以下三种规定。

①分光光度法中,规定以扣除空白值后,吸光度为0.01相对应的浓度值为检测限。

②气相色谱法中,规定检测器产生的响应信号为噪声值 2 倍时的量为检测限。最小检测浓度是指最小检测量与进样量(体积)之比。

③离子选择性电极法规定某一方法的标准曲线的直线部分外延的延长线与通过空白电位且平行于浓度轴的直线相交时,其交点所对应的浓度值即为检测限。

(五)测定限

测定限分测定下限和测定上限。测定下限是指在测定误差能满足预定要求的前提下,用特定方法能准确地定量测定待测物质的最小浓度或量;测定上限是指在限定误差能满足预定要求的前提下,用特定方法能准确地定量测定待测物质的最大浓度或量。

最佳测定范围也称有效测定范围,是指在限定误差能满足预定要求的前提下,特定方法的测定下限至测定上限之间的浓度范围。

方法适用范围是指某一特定方法检测下限至检测上限之间的浓度范围。显然,最佳测定范围应小于方法适用范围。

二、实验室内质量控制

实验室内部质量控制是实验室自我控制质量的常规程序。它能反映分析质量稳定性状况,能及时发现分析中的随机误差和新出现的系统误差,随时采取相应的校正措施,执行者为实验室自身的工作人员,不涉及实验室外的其他人。

(一)空白试验

空白试验又称空白测定,是指用蒸馏水代替试样的测定,其所加试剂和操作步骤与实验测定完全相同。试样分析时,仪器的响应值(如吸光度、峰高等)不仅是试样中待测物质的分析响应值,还包括所有其他因素,如试剂中杂质、环境及操作进程的沾污等的响应值,这些因素是经常变化的。为了了解它们对试样测定的综合影响,在每次测定时,均作空白试验。空白试验应与试样测定同时进行,空白试验所得的响应值,称为空白试验值。

(二)平行双样

根据试样单次分析结果,无法判断其离散程度,进行平行双样测定,有助于减小随机误差。"精密度"是"准确度"的前提,对试样作平行双样测定,是对测定进行最低限度的精密度检查。一批试样中部分平行双样的测定结果,有助于估计同批测定的精密度。

原则上,试样都应作平行双样测定。当一批试样数量较多时,可随机抽取 10% ~ 20% 的试样进行平行双样测定;当同批试样数较少时,应适当增大平行双样测定率,每批(5 个以上)中平行双样以不少于 5 个为宜。

分析人员在分取样品平行测定时,对同一样品同时分取两份,也可由质控员将所有待测试样(包括平行双样)重新排列编号形成密码样,交分析人员测定,最后报出测定结果,由质控员将密码对号按下列要求检查是否合格。

①平行双样测定结果的相对偏差应不大于标准方法或统一方法所列相对标准偏差的

2.83 倍。

②对未列相对标准偏差的方法,当样品的均匀性和稳定性较好,也可参阅表 2.9 的规定。

表 2.9   平行双样相对偏差

分析结果所在数量级/(g·mL^{-1})	10^{-4}	10^{-5}	10^{-6}	10^{-7}	10^{-8}	10^{-9}	10^{-10}
相对偏差最大允许值/%	1	2.5	5	10	20	30	50

(三)加标回收

加标回收法,即在样品中加入标准物质,通过测定其回收率以确定测定方法准确度的方法。多次回收实验还可发现方法的系统误差。

用加标回收率在一定程度上能反映测定结果的准确度,但有局限性。这是因为样品中某些干扰因素对测定结果具有恒定的正偏差或负偏差,并均已在样品测定中得到反映,而对加标结果就不再显示其偏差。也就是说,加标回收可能是良好的。此外,加入的标准与样品中待测物在价态或形态上的差异、加标量的多少和样品中原有浓度的大小等,均影响加标回收结果。因此,当加标回收率令人满意时,不能肯定测定准确度无问题;但当其超出所要求的范围时,则可肯定测定准确度有问题。

在一批试样中,随机抽取 10% ~20% 的试样进行加标回收测定;当同批试样较少时,应适当加大测定率,每批同类型试样中,加标试样不应少于两个。分析人员在分取样品的同时另分取一份,并加入适量的标样。也可由质控员对抽取的试样加入自备的质控标样,形成密码加标样(包括编号和加标量),交分析人员测定,最后报出测定结果,由质控员对号计算后,按相关要求检查是否合格(对每一个测得的回收率分别进行检查,对均匀性较好的样品,不应超出标准方法或统一方法所列的回收率范围)。

采用加标回收法时,应注意加标量不能过大,一般为试样含量的 0.5~2 倍,且加标后的总含量应不超过测定上限;加标物的浓度宜较高,加标物的体积应很小,一般以不超过原始试样体积的 1% 为好,用以简化计算方法。如测平行加标样,则加标样与原始样应预先随机配对编号。

(四)方法对照

方法对照是指采用不同的分析方法对同一试样进行分析对照的质量保证措施。在分析质量控制中,由于加标回收实验中的系统误差可能在计算时正好互相抵消,而标准参考物的基质又常与试样基质相差很大。因此,在一些重要的分析中,方法对照常被采用。由于是用不同方法对同一试样进行分析,如有系统误差就无从抵消。因此,同一基质也必然不存在差异,用方法对照来核查分析结果的准确度,就远比使用加标回收实验或应用标准参考物进行对照分析更为优越。此外,方法对照也可用于检验新建方法的准确度。

应用方法对照来核查分析结果的准确度虽然很优越,但因要提供较多的仪器设备,消耗更多的人力、物力,难以在常规的分析质量控制中普遍推广采用。目前,它主要应用对实验室内可疑结果的复查判断、实验室不同分析结果的仲裁、多家参与协作的标样定值,以及分析方法的改进和新分析方法的确立等项工作中。

（五）质量控制图的应用

内部质量控制是实验室分析人员对分析质量进行自我控制的过程。对经常性的分析项目常用质量控制图（简称质控图）来控制质量。

质量控制图的基本原理是：每一个方法都存在着变异，都受到时间和空间的影响，即使在理想的条件下获得的一组分析结果，也会存在一定的随机误差。但是，当某一个结果超出了随机误差的允许范围时，运用数理统计的方法，可判断这个结果是异常的、不可信的。质量控制图可起到这种监测的仲裁作用。因此，实验室内质量控制图是监测常规分析过程中可能出现误差，控制分析数据在一定的精密度范围内，保证常规分析数据质量的有效方法。

质量控制图一般采用直角坐标系，横坐标代表抽样次数或样品序号，纵坐标代表作为质量控制指标的统计值。质量控制图的基本组成如图2.2所示。

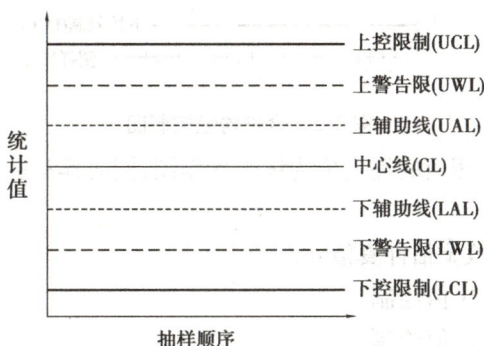

图2.2 质量控制图的基本组成

其中：

预期值——中心线。

最佳范围——上下辅助线之间的区域。

目标值——上下警告限之间的区域。

实测值的可接受范围——上下控制限之间的区域。

质量控制图的类型有多种，如均值控制图（$\bar{x}$ 图）、均值-极差控制图（$\bar{x}$-R 图）、移动均值-差值控制图、多样控制图、累积和控制图等。但是，目前最常用的是均值控制图，下面介绍均值控制图的编制与使用。

1. 均值控制图（$\bar{x}$ 图）的编制

为编制质量控制图，需要准备一份质量控制样品。控制样品的浓度和组成尽量与环境样品相近，并且性质稳定而均匀。编制时，要求在一定期间内，分批地用与分析环境样品相同的分析方法分析此控制样品20次以上（不可将20个重复实验同时进行，或一天分析两次或两次以上），其分析数据符合正常的统计分布，然后计算总体均值$\bar{\bar{x}}$、标准偏差等统计值，以此绘制质量控制图（图2.3），即

$$\bar{x} = \frac{x_i + x_i'}{2}$$

$$\bar{\bar{x}} = \frac{\sum \bar{x}_i}{n}$$

$$s = \sqrt{\frac{\sum \bar{x}_i^2 - \frac{1}{n}\left(\sum \bar{x}_i\right)^2}{n-1}}$$

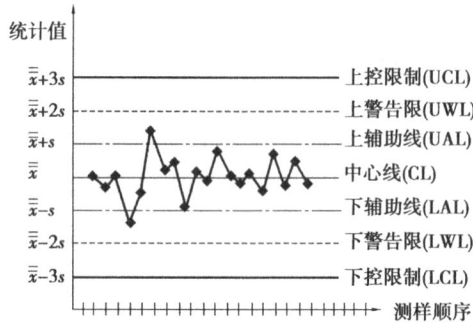

图 2.3　合格均值控制图

以测定顺序为横坐标,相应的测定值为纵坐标作图,同时作有关控制线。

其中:

中心线——以总体均数 $\bar{\bar{x}}$ 估计真值 μ。

上下警告限——按 $\bar{\bar{x}} \pm 2s$ 值绘制。

上下控制限——按 $\bar{\bar{x}} \pm 3s$ 值绘制。

上下辅助线——按 $\bar{\bar{x}} \pm s$ 值绘制。

在绘制控制图时,落在 $\bar{\bar{x}} \pm s$ 的点数应约占总点数的 68%。若是小于 50%,则分布不合适,此图不可靠。若连续 7 点位于中心线同一侧,表示数据失控,此图不适用。

质量控制图绘好后,应标明绘制控制图的有关内容和条件,如测定项目、分析方法、溶液控制、温度、操作人员及绘制日期等。

2.均值控制图的使用方法

质量控制图主要用来检验常规监测分析数据是否处于控制状态。在常规监测分析中,根据日常工作中该项目的分析频率和分析人员的技术水平,每间隔适当时间,取两份平行的控制样品与环境样品同时测定。对操作技术较低和测定频率低的项目,每次都应同时测定控制样品,将控制样品的测定结果依次点在控制图上,然后根据下列规则,检验分析测定过程是否处于控制状态。

①若此点在上下警告限之间区域,则测定过程处于控制状态,环境样品分析结果有效。

②如果此点超出上述区域,但仍处于上下控制限之间的区域内,则表明分析质量开始变差,可能存在"失控"倾向,应进行初步检查,并采取相应的校正措施,此时环境样品的结果仍然有效。

③若此点落在上下控制限以外,则表示测定过程已经失控,应立即查明原因并予以纠正,该批环境样品的分析结果无效,必须待方法校正后重新测定。

④若遇有 7 个点连续下降或上升时,则表示测定过程有失控倾向,应立即查明原因,予以

纠正。

⑤即使测定过程处于控制状态,还可根据相邻几点的分布趋势来推测分析质量可能发生的问题。

当控制样品测定次数累积更多之后,应利用这些结果和原始结果一起重新计算总体均值、标准偏差,再校正原来的控制图。

三、实验室间质量控制

实验室间质量控制的目的是检查各实验室是否存在系统误差,找出误差来源,提高监测水平。这一工作通常由某一系统的中心实验室、上级机关或权威单位负责。

(一)实验室质量考核

由负责单位根据所要考核项目的具体情况,制订具体实施方案。

1.考核方案的内容

考核方案的内容包括:质量考核测定项目,质量考核分析方法,质量考核参加单位,质量考核统一程序,质量考核结果评定。

2.考核内容

分析标准样品或统一样品、测定加标样品、测定空白平行、核查检测下限、测定标准系列、检查相关系数和计算回归方程,进行截距检验等。通过质量考核,最后由负责单位综合实验室的数据进行统计处理后作出评价予以公布。各实验室可从中发现所有存在问题并及时纠正。

工作中,标准样品或统一样品应逐级向下分发,一级标准由国家环境监测总站将国家计量总局确认的标准物质分发给各省、自治区、直辖市的环境监测中心,作为环境监测质量保证的基准使用。

二级标准由各省、自治区、直辖市的环境监测中心按规定配制并检验证明其浓度参考值、均匀度和稳定性,并经国家环境监测总站确认后,方可分发给各实验室作为质量考核的基准使用。

如果标准样品系列不够完备而有特定用途时,各省、自治区、直辖市在具备合格实验室和合格分析人员条件下,可自行配所需的统一样品,分发给所属网、站,供质量保证活动使用。各级标准样品或统一样品均应在规定要求的条件下保存,若有下列情况之一即应报废:超过稳定期,失去保存条件,开封使用后无法或没有及时恢复原封装而不能继续保存者。

为了减少系统误差,使数据具有可比性,在进行质量控制时,应使用统一的分析方法,首先应从国家(或部门)规定的"标准方法"之中选定。当根据具体情况需选用"标准方法"以外的其他分析方法时,必须有该法与相应"标准方法"对几份样品进行比较实验,按规定判定无显著性差异后,方可选用。

（二）实验室误差

在实验室间起支配作用的误差常为系统误差。为检查实验室间是否存在系统误差,它的大小和方向以及对分析结果的可比性是否有显著影响,可不定期地对有关实验室进行误差测验,以发现问题及时纠正。

测验的方法是将两个浓度不同(分别为 x_i,y_i 两者相差±5%),但很类似的样品同时分发给各实验室,分别对其作单次测定。同时,在规定日期内上报测定结果 x_i 和 y_i。计算每一浓度的均值 $\bar{x}$ 和 $\bar{y}$,在方格坐标纸上画出 x_i、$\bar{x}$ 的垂直线和 y_i、$\bar{y}$ 值的水平线。将各实验室测定结果(x,y)点在图中。通过零点和 $\bar{x}$、$\bar{y}$ 值交点画一直线。其结果如图 2.4 所示。此图称为双样图,可根据图形判断实验室存在的误差。

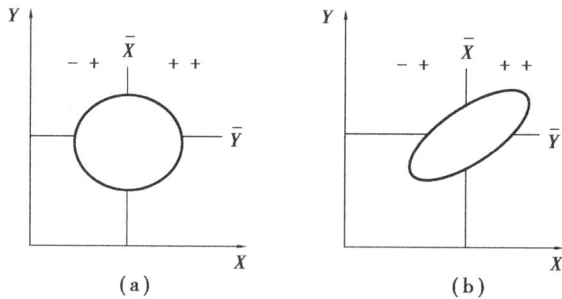

图2.4　双样图

根据随机误差的特点,在各点应分别高于或低于平均值,且随机出现。因此,如各实验室间不存在系统误差,则各点应随机分布在 4 个象限,即大致成一个代表两均值的直线交点为中心的圆形,如图 2.4(a)所示。如各实验室间存在系统误差,则实验室测定值双双偏高或双双偏低,即测定点分布在++或--象限内,形成一个与纵轴方向约成 45°倾斜的椭圆形,如图 2.4(b)所示。根据此椭圆形的长轴与短轴之差及其位置,可估计实验室间系统误差的大小和方向;根据各点的分散程度来估计各实验室间的精密度和准确度。

如将数据进一步作误差分析,可更具体了解各实验室间的误差性质。处理的方法有标准差分析和方差分析。

（三）标准分析方法和分析方法标准化

1.标准分析方法

一个项目的测定往往有多种可供选择的分析方法。这些方法的灵敏度不同,对仪器和操作的要求不同;同时,因方法的原理不同,故干扰因素也不同,甚至其结果的表示含义也不尽相同。当采用不同方法测定同一项目时,就会产生结果不可比的问题。因此,有必要进行分析方法标准化活动。

标准分析方法又称分析方法标准,是技术标准中的一种,是权威机构对某项分析所作的统一规定的技术准则和各方面共同遵守的技术依据。它必须满足以下条件。

①按照规定的程序编制。

②按照规定的格式编写。

③方法的成熟性得到公认,通过协作试验,确定了方法的误差范围。

④由权威机构审批和发布。

编制和推行标准分析方法的目的是保证分析结果的重复性、再现性和准确性,不但要求同一实验室的分析人员分析同一样品的结果要一致,而且要求不同实验室的分析人员分析同一样品的结果也要一致。

2.分析方法标准化

标准是标准化活动的结果。标准化工作是一项具有高度政策性、经济性、技术性、严密性及连续性的工作,开展这项工作必须建立严密的组织机构。由于这些机构所从事工作的特殊性,要求它们的职能和权限必须受到标准化条例的约束。

国外标准化工作一般程序如下。

①由一个专家委员会根据需要选择方法,确定准确度、精密度和检测限指标。

②专家委员会指定一个任务组(通常由有关的中央实验室负责)。任务组负责设计实验方案,编写详细的实验程序,制备和分发实验样品和标准物质。

③任务组负责抽选6~10个参加实验室,其任务是熟悉任务组提供的实验步骤和样品,并按任务要求进行测定,将测定结果写出报告,交给任务组。

④任务组整理各实验室报告,如果各项指标均达到设计要求,则上报权威机构出版公布;如达不到预定指标,需修正实验方案,重做实验,直到达到预定指标为止。

(四)监测实验室间的协作试验

协作试验是指为了一个特定的目的和按照预定的程序所进行的合作研究活动。协作试验可用于分析方法标准化、标准物质浓度定值、实验室间分析结果争议的仲裁和分析人员技术评定等工作。

分析方法标准化协作试验的目的是确定拟作为标准的分析方法在实际应用的条件下可达到的精密度和准确度,制订实际应用中分析误差的允许界限,以作为方法选择、质量控制和分析结果仲裁的依据。

进行协作试验预先要制订一个合理的试验方案,参加协作试验的实验室要在地区和技术上有代表性,并具备参加协作试验的基本条件,如分析人员、分析设备等。进行协作试验的样品基体应有代表性,在整个试验期间必须均匀稳定,且由于精密度往往与样品中被测物质浓度水平有关,一般至少要包括高、中、低三种浓度。另外,在分析时间和测定次数以及质量控制都应有相应的规定。

➤ 同步练习

一、简答题

1.什么是准确度? 什么是精密度? 在实验室质量控制中有何作用?

2.简述灵敏度、检测限和测定限的区别。

3.简述监测质量控制图在空气监测工作中的作用。

4.何谓质量控制图？它起什么作用？

二、计算题

测定某空气样品中二氧化氮的含量，累积测定20个平行样，其结果见表2.10。试作该样品的均值控制图，并说明在质量控制时如何使用此图。

表2.10 NO_2 的含量

序号	$\bar{x}_i/(\text{mg} \cdot \text{m}^{-3})$	序号	$\bar{x}_i/(\text{mg} \cdot \text{m}^{-3})$	序号	$\bar{x}_i/(\text{mg} \cdot \text{m}^{-3})$
1	0.251	8	0.290	15	0.262
2	0.250	9	0.262	16	0.270
3	0.250	10	0.234	17	0.225
4	0.263	11	0.229	18	0.250
5	0.235	12	0.250	19	0.256
6	0.240	13	0.263	20	0.250
7	0.260	14	0.300		

单元四   标准气体的配制

➤ 问题导读

在空气监测中，标准气体如同标准溶液、标准物质一样，具有十分重要的意义。它是检验监测方法、评价采样效率、绘制标准曲线、校准分析仪器及进行监测质量控制的重要依据。

一、概述

(一)标准物质与标准气体

标准物质是浓度均匀、性能稳定和量值准确的测量标准，具有复现、保存和传递量值的基本作用。在物理、化学、生物与工程测量等领域中，标准物质可用于校准测量仪器和测量过程，评价测量方法的准确度和检测实验室的检测能力，确定材料或产品的特性量值，以及进行量值仲裁等。

标准气体又称校准气体、校正气体，是指气态的标准物质，包括高纯度标准气体和混合标准气体。混合标准气体是由已知含量的一种或多种组分的气体混合到另一种不与其发生反应的背景气体中而制成的。配气主要是指配制混合标准气体。

国外对标准气体研究较早，已取得了很大成就，配制了多种标准气体。我国对标准气体的研究始于20世纪70年代初，主要对一氧化碳、甲烷、二氧化碳、氢气、氧气、丙烷等进行了大量研究。

（二）标准气体的特性

标准气体具备以下特性。

1. 稳定性

稳定性是指在规定的时间间隔和环境条件下，标准气体的特性量值保持在规定的范围内的特性。标准气体的稳定性表现在气体对气瓶和阀门不产生吸附和反应，气体组分之间不发生化学反应。

2. 均匀性

均匀性是指在不同温度和压力下，标准气体各组分的特性量值在规定的范围内，气体组分不分层、无液化。

3. 准确性

准确性是指标准气体具有准确计量的标准值，其量值可以溯源。

（三）标准气体的使用

使用标准气体应做到以下五点。

①选择减压器和输气管路时，一定要注意材料和气体的相容性。例如，在做微量氧、氮标准气体时，管路不能选择塑料管和橡胶管路，而要选择金属管路；做腐蚀性气体时，选择未经处理的金属管路会对组分产生吸附。

②在合适的温度下存放气瓶，对易液化气体，要注意储存温度和使用温度，避免在低温下易液化气体成分液化。

③取样前，对压力调节器和管路系统充分清洗，确保取样样品和气瓶中的组分浓度一致。

④标准气体取样完成后，要关闭气瓶阀，避免空气反扩散到气瓶中。

⑤注意标准气体的有效期和最低允许使用压力。

（四）标准气体的配制

由于自然因素的复杂性、污染源的多样性以及气体保存上存在的困难，标准气体在自然条件下很难取得，因此，必须人工配制，其制取方法因物质的性质不同而异。对挥发性较强的液态物质，可利用其挥发作用制取；不能用挥发法制取的，可使用化学反应法制取，但这样制取的气体常含有杂质，要用适当的方法加以净化。

制取的浓度较大的标准气通常收集到钢瓶、玻璃容器或塑料袋等容器中保存，称为原料气。使用时，要进行稀释制取。一般商品标准气都会稀释成多种浓度出售，称为稀释气。

标准气体的配制技术主要包括静态配气技术和动态配气技术两大类。

二、静态配气法

静态配气法是把一定量的原料气（气态或蒸气态）与已知体积的稀释气体加入已知容积

的容器中,混匀制得。根据加入的原料气和稀释气的量及容器容积,可计算出标准气的浓度。所用原料气可以是纯气,也可以是已知浓度的混合气,其纯度需用适宜的分析方法测定。

静态配气方法具有所用设备简单、操作容易等优点,对活泼性较差且用量不大的标准气,用该方法配制较简便。但是,对有些化学性质较活泼的气体,因其长时间与容器壁接触可能发生化学反应,加上容器壁本身也有吸附作用,静态配气方法会造成配制气体浓度不准确,或其浓度随放置时间而变化,特别是配制度低浓度标准气,常引起较大的误差。

静态配气法常用的方法有注射器配气法、配气瓶配气法、塑料袋配气法及高压钢瓶配气法等。

(一)注射器配气法

用100 mL注射器吸取原料气,再经数次稀释制得标准气体,所配气体的浓度可通过稀释倍数来计算。配气用的注射器必须气密性好,死体积小,刻度准确配气前放一小片聚四氟乙烯薄片,以备搅拌用。注射器配气法的操作步骤如下。

①要检查注射器是否漏气。

②用小注射器取一定量浓气或用微量注射器抽取一定微升的液体。

③将注射指针插入大注射器的进气口中,在大注射器抽稀释气的同时,将小注射器中的气体或微量注射器中的液体注入大注射器中,并稀释至一定体积。

④摇匀待用。如需进一步稀释,可将大注射器内的气体打出一部分,再用纯净稀释气稀释至所需浓度。

例如,用100 mL注射器取10 mL纯度99.99%的CO气体,用净化空气稀释至100 mL,摇动注射器中的聚四氟乙烯薄片,使之混合均匀后,排出90 mL,剩余10 mL混合气再用净化空气稀释至100 mL,如此连续稀释6次,最后获得CO浓度为1 mg/m³的标准气。

注射器配气法简便易行,配制某些标准气体时浓度也很准确。需要少量标准气体时,用注射器配气法更为方便。但是,由于注射器内壁吸附、死体积大和液体挥发不全等因素影响,注射器配气法配制的气体浓度误差较大。因此,用挥发性液体配气时,要经过验证合格后才能用注射器配气。

(二)配气瓶配气法

1.常压配气

常压配气所配制的标准气压与空气压相等。

(1)气体稀释配气法

取20 L玻璃瓶或聚乙烯塑料瓶,洗净、烘干,精确标定容积后,将瓶内抽成负压,用净化空气冲洗几次,再排净抽成负压,加入一定量的原料气,充入净化空气至空气压力,充分摇动混匀。其配气瓶装置如图2.5所示。其中,图2.5(a)是用气体定量管取已知纯度原料气的方法。定量管体积应先精确标定好。取气时,将气体定量管与钢瓶气嘴相连,打开钢瓶阀门,用原料气冲洗定量管并放空,再关闭钢瓶阀门和气体定量管两端活塞。按如图2.5(b)所示的方法,将气体定量管接到抽成负压的配气瓶长管端,另一端与净化空气连通,打开活塞,用净化空气将定量管中气体全部充入配气瓶中,待瓶内压力与空气压力相等时,停止充气。

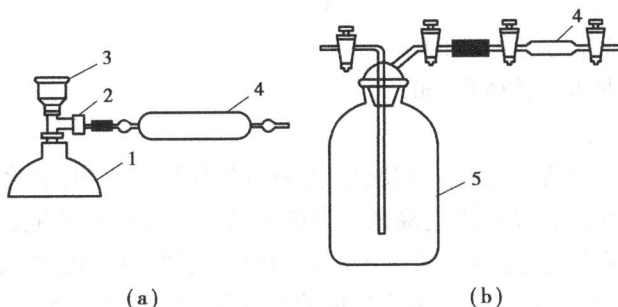

图 2.5　配气瓶装置

1—钢瓶;2—钢瓶嘴;3—阀门;4—定量管;5—配气瓶

所配制标准气的浓度可计算为

$$\rho_N = \frac{b \times V_i \times M}{V_{mol} \times V} \times 10^3 \tag{2.23}$$

式中　ρ_N——配得标准气体的浓度,mg/m³;

b——原料气的纯度,%;

V_i——加入原料气的体积,即气体定量管容积,mL;

V——配气瓶容积,L;

M——标准气体分子量,g/mol;

V_{mol}——气体摩尔体积,L/mol。

（2）挥发性液体配气法

当用易挥发的液体配气时,应取一支带细长毛细管的薄壁玻璃小安瓿瓶,洗净、烘干、冷却后称重 W_1,再稍加热,立即将安瓿瓶毛细管尖端插入易挥发液体中,则随着安瓿瓶冷却,易挥发液体被吸入安瓿瓶,取出并迅速在火焰上熔封毛细管口,冷却后称重 W_2。两次称重之差为装入安瓿瓶的易挥发液体的量。将安瓿瓶放入配气瓶内(图 2.6),抽成负压,摇动打破安瓿瓶,则液体挥发,再向配气瓶内充净化空气至空气压力,混匀。

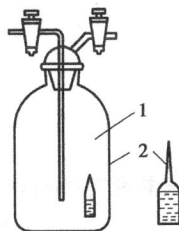

图 2.6　挥发性液体配气装置

1—配气瓶;2—安瓿瓶

所配标准气浓度可计算为

$$\rho = \frac{(W_1 - W_2) \times b}{V} \times 10^6 \tag{2.24}$$

式中　ρ——配得标准气体的浓度,mg/m³;

W_1、W_2——空安瓿瓶重和吸入易挥发液体后的安瓿瓶重,g;

b——易挥发液体纯度,%;

V_i——加入原料气的体积,即气体定量管容积,mL;

V——配气瓶容积,L。

如果已知易挥发性液体密度,可直接用注射器取定量液体注入抽成真空的配气瓶中,待液体挥发后,再充入净化空气至空气压力,混匀。计算所配气体浓度 ρ 为

$$\rho = \frac{\rho \times V_i \times b}{V} \times 10^6 \qquad\qquad (2.25)$$

式中 ρ——易挥发液体的密度,g/mL;

$\quad\quad V_i$——所取易挥发液体体积,mL。

其他符号含义同式(2.24)。

使用配气瓶进行常压配气的主要问题是:在标准气使用过程中,净化空气将由进气口进入瓶中,使原气体被稀释而导致浓度降低。当进入的空气与原气体能迅速混合时,则用掉10%标准气后,剩余标准气的浓度约降低5%,故常压配气取气量不能太大。为减小标准气在使用过程中的浓度变化,可将几个同浓度气体的配气瓶串联使用。例如,将5个同容积配气瓶串联使用时,当取气量为一个配气瓶容积的3倍时,标准气浓度改变5%,故可使取气量增加。

2. 正压配气

所配标准气略高于一个空气压。其配气装置如图2.7所示。配气瓶由耐压玻璃制成,预先校准容积。配气时,将瓶中气体抽出,用净化空气冲洗3次,充入近于空气压力的净化空气,再用注射器注入所需体积的原料气,继续向配气瓶内充入净化空气达到一定压力(如绝对压力133 kPa),放置1 h后即可使用。

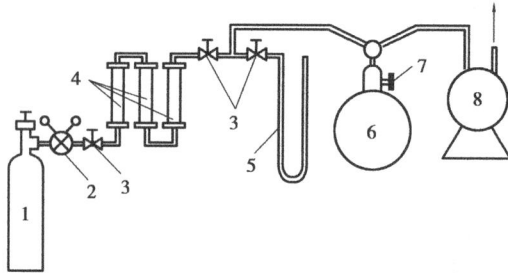

图2.7 正压配气装置

1—稀释气钢瓶;2—减压阀;3—针阀;4—气体净化管(内装分子筛、硅胶和活性炭、烧碱石棉);

5—U 形压力计;6—配气瓶;7—原料气注入口;8—真空泵

所配标准气浓度可计算为

$$\rho = \frac{P_0 \times b \times V_i \times M}{(P_0 + P') \times V_{mol} \times V} \times 10^3 \qquad\qquad (2.26)$$

式中 ρ——所配标准气浓度,mg/m^3;

$\quad\quad V_i$——加入原料气的体积,mL;

$\quad\quad b$——原料气纯度,%;

$\quad\quad P_0$——空气压力,kPa;

$\quad\quad P'$——U 形管汞压差计读数,kPa;

$\quad\quad V$——配气瓶容积,L;

$\quad\quad M$——标准气体分子量,g/mol;

$\quad\quad V_{mol}$——气体摩尔体积,L/mol。

（三）塑料袋配气法

该方法以塑料袋为容器,用气体定量管准确量取一定量的原料气,通过三通活塞用注射器吸取适量稀释气充入塑料袋,反复挤压塑料袋混匀气体。根据加入原料气和稀释气的量,计算袋内标准气体的浓度。

用塑料袋配气时,要特别防止袋壁吸附气体、袋壁与气体反应和渗漏等现象。一般的塑料袋对多数气体都有明显的吸附作用,不能用来配气。通常选用聚四氟乙烯袋、聚酯树脂塑料袋和聚乙烯膜铝箔夹层袋配气。

（四）高压钢瓶配气法

该方法用钢瓶作容器配制具有较高压力的标准气体。按配气计量方法不同,可分为压力配气法、流量配气法、体积配气法及重量配气法。其中,以重量配气法最准确,被广泛应用。该方法应用高负载荷精密天平称量装入钢瓶中的气体组分质量,依据各组分的质量比计算所配标准气的浓度。配气工作在专用的配气系统装置上进行。

三、动态配气法

动态配气法是指将已知浓度的原料气与稀释气以恒定不变的比例持续送入气体混合器进行混合,从而可连续不断地配制并供给一定浓度的标准气,两股气流的流量比即稀释倍数,根据稀释倍数计算出标准气的浓度。

动态配气法不但能提供大量标准气,而且可通过调节原料气和稀释气的流量比获得所需浓度的标准气,尤其适用于配制低浓度的标准气。但是,这种方法所用仪器设备较静态配气法复杂,不适合配制高浓度的标准气。因此,动态配气法多用于标准气体用量较大或通标准气体时间较长的实验工作。

下面介绍几种常用动态配气法。

（一）连续稀释法

图2.8为以高压钢瓶为气源的连续配气装置。将原料气以恒定小流量送入混合器,被较大量的净化空气稀释,用流量计准确测量两种气体的流量,计算所配标准气的浓度为

$$\rho = \rho_0 \times \frac{Q_0}{Q + Q_0} \tag{2.27}$$

式中　ρ、ρ_0——所配标准气和原料气浓度,mg/m^3;

　　Q、Q_0——分稀释气和原料气流量,mL/min。

配气装置中的气体混合器如图2.9所示。

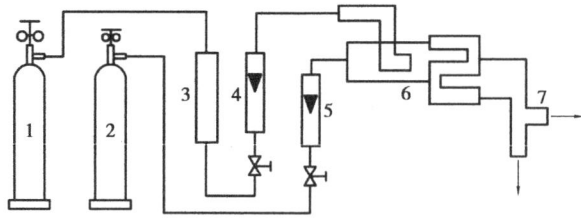

图2.8　钢瓶气源连续稀释配气装置

1—空气钢瓶;2—原料气钢瓶;3—净化器;4,5—流量计;6—混合器;7—取气口

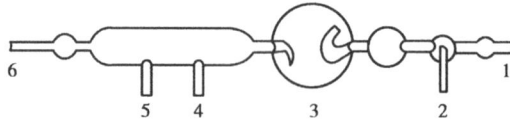

图2.9　气体混合器

1—稀释气体入口;2—原料气入口;3—混合室;4,5—混合气出口;6—放空口

(二)负压喷射法

负压喷射法配气原理如图2.10所示。当稀释气流 F 以 $Q(\mathrm{L/min})$ 的速度进入固定喷管 A,再从狭窄的喷口处向外放空时,造成毛细管 B 的左端压力 P' 低于 P_0,此时 B 管处于负压状态。容器 D 内压力为空气压,装有已知浓度 ρ_0 的原料气,它通过毛细管 R 与 B 管相连。由于 B 管两端有压力差,原料以 $Q_0(\mathrm{mL/min})$ 速度从容器 D 经毛细管 R 从 B 管左端喷出,混合于稀释气流中,经充分混合,配成一定浓度的标准气。其浓度可计算为

$$\rho = \frac{Q_0 \times \rho_0}{Q} \times 10^3 \tag{2.28}$$

式中,各符号含义同式(2.27)。

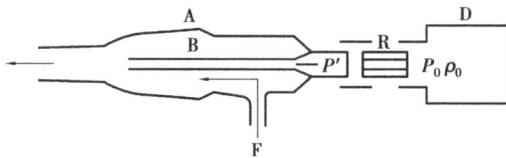

图2.10　负压喷射法配气原理

(三)渗透管法

渗透管法主要利用液体分子能渗透塑料膜的原理来配制恒定低浓度标准气。

1.渗透管法

渗透管是20世纪60年代中期出现的一种标准气源。它主要由装原料液的小容器和渗透膜组成。小容器由耐腐、耐压的惰性材料(如硬质玻璃、不锈钢、硬质塑料等)制作。渗透膜用聚四氟乙烯或聚氟乙烯塑料制成帽状,套在小容器的颈部,其厚度小于 1 mm,化学性质稳定。渗透管长度一般不超过 10 cm,质量不超过 10 g。渗透管法的基本原理是:渗透管内的液体分子汽化后,通过渗透膜渗透并进入稀释气流中,根据渗透量和稀释气的流量计算混合气

的组分浓度。

渗透管法配气装置如图 2.11 所示。

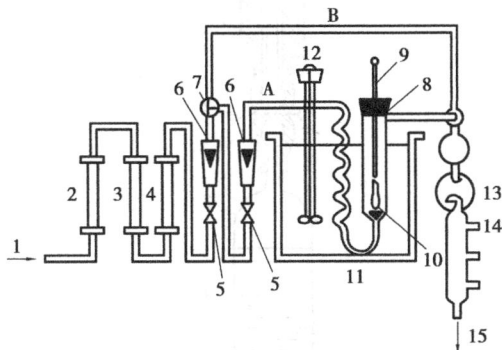

图 2.11　渗透管法配气装置

1—稀释气入口;2—硅胶管;3—活性炭管;4—分子筛管;5—流量调节阀;6—流量计;7—分流阀;
8—气体发生瓶;9—精密温度计;10—渗透管;11—恒温水浴;12—搅拌器;
13—气体混合室;14—标准气体出口;15—放空口

渗透管法对配制低浓度的标准气是一种较精确的方法。凡是易挥发的液体和能被冷冻或压缩成液态的气体都可用该方法配制标准气,还可将互不反应的不同组分的渗透管放在同一气体发生器中配制多组分混合标准气。

2.渗透率的测定

用渗透管配制标准气体主要建立在测定渗透率的基础上。图 2.12 为 SO_2 渗透管的结构。它的塑料帽上部薄壁部分是渗透面,瓶内气体分子在其蒸气压力作用下,通过渗透面向外渗透,单位时间内的渗透量,称为渗透率,用 q 表示。由于渗透出来的气体分子立即扩散开来,并被稀释气带走,故浓度很小,分压可认为是零。其渗透率可表示为

$$q = -D \times A \times \frac{P}{l} \tag{2.29}$$

式中　D——气体分子渗透系数;

　　　A——渗透面面积;

　　　P——原料液饱和蒸气压;

　　　l——渗透膜厚度。

负号表示气体分压从管内到管外是减小的。

对特定渗透管而言,D、A、l 均为固定值,故渗透率仅与原料液的饱和蒸气压有关。当温度一定时,原料液的饱和蒸气压也是一定的。因此,渗透率不变。改变原料液温度,即改变饱和蒸气压,或改变稀释气体的流量,可配制不同浓度的标准气。

用渗透管配制标准气体,必须测定原料液的渗透率。其测定方法有重量法和化学分析法等。

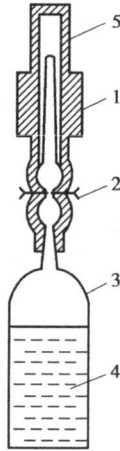

图 2.12   SO₂ 渗透管图的结构

1—聚四氟乙烯塑料帽;2—加固环;3—玻璃小安瓿瓶;4—SO₂ 液体;5—薄壁渗透面

(1)重量法

将渗透管放在小干燥瓶中,瓶底装有干燥剂(硅胶、氯化钙等)和吸收剂(酸性气体用 NaOH,碱性气体用硼酸)。渗透管与干燥剂和吸收剂之间用带孔隔板分开,并在干燥瓶中插一根精密温度计。将装有渗透管的干燥瓶放在恒温水浴中,温度控制在 (25 ± 0.1)℃ 或 (30 ± 0.1)℃,经过一定时间间隔,用精密天平快速称量渗透管的质量,两次称量之差为渗透量。其渗透率可计算为

$$q = \frac{W_1 - W_2}{t_1 - t_2} \times 10^3 \qquad (2.30)$$

式中 q——渗透率,$\mu g/min$;

W_1、W_2——时间 t_1 和 t_2 时的渗透管质量,mg。

测定一系列渗透量,分别计算渗透率,取其平均值,作为该渗透管在测定温度下的渗透率。

(2)化学分析法

将渗透管放在如图 2.11 所示配气装置的气体发生瓶中,关闭气路 B,只用气路 A。让净化干燥空气经预热后以一定流速吹入气体发生瓶,将渗透出来的气体带出。待渗透管渗透率达到稳定后,在气体发生瓶出口处接一内装吸收液的气体吸收管,吸收渗透出来的气体,同时记录通气时间(取决于渗透管的渗透率大小和分析方法的灵敏度),然后用化学法测定吸收液中渗透出的气体含量,由测定结果及通气时间计算渗透率。

重量法测定周期长,需要长时间连续恒温、称重,每次称重都要取出渗透管,费时费力。但是,测定渗透率的结果准确。化学法方便、快速,不必每次都将渗透管取出称重,但因采样效率和分析方法的影响,测定准确度比重量法差。一般来说,化学法及其他方法的测定值只作为重量法测定结果的一个参考。

3. 浓度计算

测得渗透管的渗透率后,用如图 2.11 所示配气装置配制所需浓度的标准气体,其浓度可

计算为

$$\rho = \frac{q}{Q_1 + Q_2} \tag{2.31}$$

式中 ρ——标准气体的浓度，mg/m^3；

q——渗透率，$\mu g/min$；

Q_1、Q_2——A 气路和 B 气路中气体流量，L/min。

（四）气体扩散法

气体扩散法的原理是：基于气体分子从液相中扩散至气相中，再被稀释气流带走，通过控制扩散速度和调节稀释气流量方法，配制不同浓度的标准气体。

图 2.13 为用三聚甲醛（熔点 61~62.5 ℃，解聚温度 114.5 ℃）作原料，制备甲醛标准气体的扩散管。它由毛细管和圆柱形贮料池组成。两部分用精密磨口连接。将三聚甲醛晶体粉末装入贮料池，于 80 ℃水浴上加热，使之熔化为液体后取出，放在平台上冷却、凝固，形成平面扩散层。将扩散管置于如图 2.14 所示配气装置的气体发生瓶内，在恒温[如(35±1)℃]条件下，三聚甲醛升华出来的蒸气以一定的扩散率通过扩散管的毛细管上口处，被具有一定流量的净化空气载带，进入温度达 160 ℃的催化分解柱（内装涂有浓磷酸的玻璃珠），在此三聚甲醛全部分解成甲醛分子单体，再用另一路净化空气稀释成不同浓度的甲醛标准气体，根据三聚甲醛扩散率（用重量法或化学法测定）及载带空气、稀释空气的流量，计算甲醛标准气体的浓度。

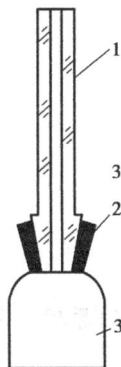

图 2.13 甲醛扩散管

1—扩散毛细管；2—磨口连接；
3—贮料池（内装三聚甲醛）

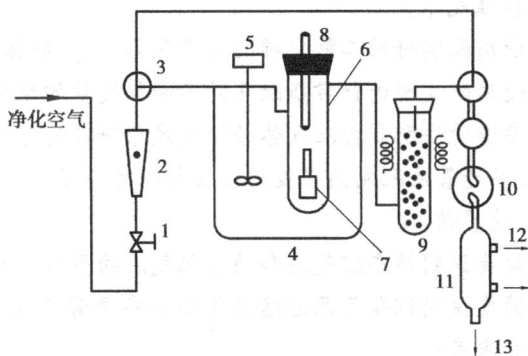

图 2.14 甲醛标准气体配气装置

1—流量调节阀；2—流量计；3—分流阀；
4—恒温水浴；5—搅拌器；6—气体发生瓶；7—甲醛扩散管；
8—精密温度计；9—热催化分解柱；10—气体混合球；
11—多支管；12—标准气体出口；13—放空

（五）电解法

电解法常用于制备二氧化碳标准气体。其方法原理是：在电解池中放入草酸溶液，插入两根铂丝电极，电极间施加恒流电源，则 $C_2O_4^{2-}$ 在阳极上被氧化生成 CO_2，当电流效率为 100% 时，控制一定的电解电流，便能产生一定量的二氧化碳气体，用一定流量稀释气体将

CO_2 带出,就能得到所需浓度的二氧化碳标准气体。其浓度可用法拉第电解定律计算出来。

➤　同步练习

一、填空题

1. 标准气体的配制方法包括_____法和_____法。

2. 静态配气法是把一定量的_____或_____的原料加入已知容积的容器中,再充入稀释气体,混匀制得。

3. 静态配气法的常用方法有_____、_____、_____及高压钢瓶配气法。

4. 动态配气法是指将已知浓度的原料气与稀释气以_____比例持续送入气体混合器进行混合。

5. 二氧化碳标准气体常用_____法制备。

二、判断题

1. 静态配气法是低浓度标准气体配制常用的方法。　　　　　　　　　　（　　）

2. 注射器配气法不受气体量的限制。　　　　　　　　　　　　　　　　（　　）

3. 静态配气法对用量不大的标准气体配制较简便。　　　　　　　　　　（　　）

4. 常压配气时,将瓶中气体抽出,再用净化空气冲洗3次。　　　　　　（　　）

5. 动态配气适用于标准气体较大的实验工作。　　　　　　　　　　　　（　　）

6. 气体扩散的原理是液相扩散的气相中,通过控制扩散量和调节稀释气体流量配制不同浓度的标准气体。　　　　　　　　　　　　　　　　　　　　　　　　　　（　　）

7. 使用配制好的二氧化碳的标准气体时,所取体积为 100 mL。　　　　（　　）

8. 使用配气瓶进行常压配气时不受取气量的限制。　　　　　　　　　　（　　）

9. 渗透管法配制标准气体必须测定原料液的渗透率。　　　　　　　　　（　　）

10. 渗透管法配制高浓度的标准气体时不受气体的挥发等因素的影响。　（　　）

三、简答题

1. 简要说明静态配气法和动态配气法的原理。它们各有什么优缺点?

2. 简要说明钢瓶气源连续配气法和渗透管连续配气法进行动态配气的原理。怎样计算所配气的浓度?

3. 简述标准气体在空气与废气监测中的作用。

4. 简述渗透管法配气的原理。

四、计算题

用容积为 20 L 的配气瓶进行常压配气,如果 SO_2 原料气的纯度为 50%(V/V),欲配制 50 mL/m^3 的 SO_2 标准气体,需要加入多少毫升原料气?

模块三

室外环境空气监测

单元一　空气样品的采集

➤ 问题导读

环境空气监测所得结果是否正确,首先要看监测方法是否正确,监测人员的操作水平高低,与此同时还要看被检测试样是否具有代表性。试样的代表性主要取决于监测点的密度和监测时段。由于空气污染物具有很大的时空分布不均匀性,因此,监测点位越多,监测信息量越大,获得的数据更接近于实际情况,这样才能准确地反映空气中污染物的实际状况。进行空气环境监测布点设计,就是力求用最少的点位,获得最有代表性、能说明环境质量状况的监测数据。

已有的大量监测数据表明,对不同位置的采样点、同一采样点的不同高度,所测得的污染物浓度均有很大差别。因此,在环境空气监测中,首先要正确地选择和布置采样点,按一定的时间和频率进行采样,保证获取具有代表性的测试样品。

一、采样点位布设

(一)采样点布设原则与要求

1.布点原则

采样点位应根据监测任务的目的和要求布设,必要时进行现场踏勘后确定。所选点位应具有较好的代表性,监测数据能客观反映一定空间范围内空气质量水平或空气中所测污染物浓度水平。基本原则如下。

(1)代表性

所选点位应具有较好的代表性,能客观反映一定空间范围内的环境空气质量水平和变化规律,客观评价城市、区域环境空气状况,污染源对环境空气质量影响,满足为公众提供环境空气状况健康指引的需求。

(2)可比性

同类型监测点设置条件尽可能一致,使各个监测点获取的数据具有可比性。

(3)整体性

环境空气质量评价城市点应考虑城市自然地理、气象等综合环境因素,以及工业布局、人口分布等社会经济特点,在布局上应反映城市主要功能区和主要大气污染源的空气质量现状及变化趋势,从整体出发合理布局,监测点之间相互协调。

(4)前瞻性

应结合城乡建设规划考虑监测点的布设,使确定的监测点能兼顾未来城乡空间格局变化趋势。

（5）稳定性

监测点位置一经确定，原则上不应变更，以保证监测资料的连续性和可比性。

2.布点要求

监测任务不同，其布点要求也不相同。《环境空气质量监测点位布设技术规范（试行）》（HJ 664—2013）对空气环境监测的环境空气质量评价城市点、环境空气质量评价区域点和背景点、污染监控点、路边交通点都规定了相应的布点要求，这里不再详述。

3.监测点周围环境和采样口位置要求

（1）监测点周围环境要求

①应采取措施保证监测点附近 1 km 内的土地使用状况相对稳定。

②采样口周围、监测光束附近或开放光程监测仪器发射光源到监测光束接收端之间不能有阻碍环境空气流通的高大建筑物、树木或其他障碍物。从采样口或监测光束到附近最高障碍物之间的水平距离，应为该障碍物与采样口或监测光束高度差的 2 倍以上，或从采样口至障碍物顶部与地平线夹角应小于 30°。

③采样口周围水平面应保证 270° 以上的捕集空间，如果采样口一边靠近建筑物，采样口周围水平面应有 180° 以上的自由空间。

④监测点周围环境状况相对稳定，所在地质条件需长期稳定和足够坚实，所在地点应避免受山洪、雪崩、山林火灾及泥石流等局地灾害影响，安全和防火措施有保障。

⑤监测点附近无强大的电磁干扰，周围有稳定可靠的电力供应和避雷设备，通信线路容易安装和检修。

⑥区域点和背景点周边向外的大视野需 360° 开阔，1～10 km 方圆距离内应没有明显的视野阻断。

⑦监测点位设置在机关单位及其他公共场所时，保证通畅、便利的出入通道及条件。在出现突发状况时，相关人员可及时赶到现场进行处理。

⑧各采样点的设置条件应尽可能一致或标准化。

（2）采样口位置要求

①对于手工采样，采样口离地面的高度在 1.5～15 m；对于自动监测，采样口或监测光束离地面的高度应为 3～20 m；对于路边交通点，采样口离地面的高度应为 2～5 m。

②在保证监测点具有空间代表性的前提下，若所选监测点位周围半径 300～500 m 范围内建筑物平均高度在 25 m 以上，无法满足上述高度要求设置时，采样口高度可在 20～30 m 选取。

③在建筑物上安装监测仪器时，采样口离建筑物墙壁、屋顶等支承物表面的距离应大于 1 m。

④使用开放光程监测仪器进行监测时，在监测光束能完全通过的情况下，允许监测光束从日平均机动车流量少于 10 000 辆的道路上空、对监测结果影响不大的小污染源和少量未达到间隔距离要求的树木或建筑物上空穿过。穿过的合计距离，不能超过监测光束总光程长度的 10%。

⑤颗粒物样品采集设置多个采样口时，为防止干扰，与其他采样口之间的直线距离应大于 1 m；若使用大流量总悬浮颗粒物（TSP）采样装置进行并行监测，其他采样口与颗粒物采样

口的直线距离应大于 2 m。

⑥对环境空气质量评价城市点,采样口周围 50 m 范围内无明显固定污染源,为避免车辆尾气等直接对监测结果产生干扰,采样口与道路之间最小间隔距离按表 3.1 要求确定。

表 3.1　仪器采样口与交通道路之间最小间隔距离

道路日平均机动车流量 (日平均车辆数)	采样口与交通道路边缘之间最小距离/m	
	PM_{10}、$PM_{2.5}$	SO_2、NO_2、CO、O_3
≤3 000	25	10
3 000~6 000	30	20
6 000~15 000	45	30
15 000~40 000	80	60
>40 000	150	100

⑦开放光程监测仪器的监测光程长度的测绘误差应在±3 m 内(当监测光程长度小于 200 m时,光程长度的测绘误差应小于实际光程的±1.5%)。

⑧开放光程监测仪器发射端到接收端之间的监测光束仰角应不超过 15°。

(二)采样点布设数目的要求

采样点布设数目是与经济投资和精度要求相对应的一个效益函数。应根据监测范围的大小、污染物的空间分布特征、人口分布及密度、气象、地形以及经济条件等因素综合考虑确定。

世界卫生组织(World Health Organization,WHO)和世界气象组织(World Meteorological Organization,WMO)提出按城市人口多少设置地面自动监测站(点)的数目。我国《环境空气质量监测规范(试行)》(国家环境保护总局 2007 年第 4 号)推荐的各城市区域内国家环境空气质量评价点的设置数量应符合表 3.2 的要求。而我国原国家环保部颁发的《环境空气质量监测点位布设技术规范(试行)》(HJ 664—2013)对不同监测目的有不同的布点数目要求,环境空气质量评价城市点是以人口和面积为基础确定监测点位数,见表 3.3;其他监测点位数均由相关环境保护行政主管部门根据具体情况设置。

表 3.2　国家环境空气质量评价点设置数量要求

建成区城市人口/万人	建成区面积/km²	监测点数
<10	<20	1
10~50	20~50	2
50~100	50~100	4
100~200	100~150	6
200~300	150~200	8
>300	>200	按每 25~30 km² 建成区面积设 1 个监测点,并且不少于 8 个点

表3.3　环境空气质量评价城市点设置数量要求

建成区城市人口/万人	建成区面积/km²	最少监测点数
<25	<20	1
25 ~ 50	20 ~ 50	2
50 ~ 100	50 ~ 100	4
100 ~ 200	100 ~ 200	6
200 ~ 300	200 ~ 400	8
>300	>400	按每50 ~ 60 km²建成区面积设1个监测点,并且不少于10个点

二、采样时间和采样频率

(一)采样时间

采样时间也称采样时段,是指每次采样从开始到结束所经历的时间。根据采样时间的长短可将其分为以下两种。

1. 短期采样

在较短的时间内采样,包括间断采样(如0.5 h、1 h等)和24 h连续采样。间断采样一般为人工采样。由于需要将样品带回实验室分析,为使结果有较好的代表性,每隔一段时间采样并测定一次,用多次测定的平均值作为代表值。它通常用于特定目的的采样,如事故性采样或做普查用采样等。24 h连续采样是监测污染物日平均浓度的采样方式,适用于环境空气中SO_2、NO_2、PM_{10}、TSP、BaP、氟化物、铅的采样。可用人工采样,也可通过自动空气监测系统采样。

2. 长期采样

在较长的时间内采样,如1个月或1年,因为采样时间长,所得到的数据不仅反映污染物浓度随时间的变化规律,而且能得到任何一个时段内的平均值,是一种最佳的采样方法。这种方法一般要求仪器能连续自动采样。目前,我国县级以上城市都设有空气自动监测点,采用连续自动监测仪器对环境空气质量进行连续的样品采集、处理和分析,为城市空气质量预报提供数据。

(二)采样频率

采样频率是指在一个时段内的采样次数。连续自动采样应全年运行,手工采样由污染物的空间分布规律和监测目的决定。

我国《环境空气质量手工监测技术规范》(HJ 194—2017)规定,空气污染物监测项目的采样时间和采样频次,应依据《环境空气质量标准》(GB 3095—2012)中各污染物监测数据统计的有效性规定来确定,见表3.4。

表3.4　污染物浓度数据有效性的最低要求

污染物项目	平均时间	数据有效性规定
SO_2、NO_2、PM_{10}、$PM_{2.5}$、NO_x	年平均	每年至少有324个日平均浓度值 每月至少有27个日平均浓度值(二月至少有25个日平均浓度值)
SO_2、NO_2、CO、PM_{10}、$PM_{2.5}$、NO_x	24 h平均	每日至少有20个h平均浓度值或采样时间
O_3	8 h平均	每8 h至少有6 h平均浓度值
SO_2、NO_2、CO、O_3、NO_x	1 h平均	每小时至少有45 min的采样时间
TSP、BaP、Pb	年平均	每年至少有分布均匀的60个日平均浓度值 每月至少有分布均匀的5个日平均浓度值
Pb	季平均	每季至少有分布均匀的15个日平均浓度值 每月至少有分布均匀的5个日平均浓度值
TSP、BaP、Pb	24 h平均	每日应有24 h的采样时间

对表中未出现的其他污染物,可参照该表执行,或根据监测目的、污染物浓度水平及监测分析方法的检出限等因素确定。

获取环境空气污染物小时平均浓度时,如果污染物浓度过高,或使用直接采样法采集瞬时样品,应在1 h内等时间间隔采集3~4个样品。

污染物被动采样时间及采样频率根据监测点位周围环境空气中污染物的浓度水平、分析方法的检出限及监测目的确定。监测结果可代表一段时间内待测环境空气中污染物的时间加权平均浓度或浓度变化趋势。通常硫酸盐化速率及氟化物(长期)采样时间为7~30 d;但要获得月平均浓度,样品的采样时间应不少于15 d。降尘采样时间为(30±2)d。

三、采样仪器和采样方法

采样仪器和采样方法的选择依据有以下四个方面。

①污染物在空气中的存在状态。

②污染物浓度的高低。

③污染物的物理和化学性质。

④分析方法的灵敏度。

根据被测污染物在空气和废气中存在的状态和浓度水平以及所用的分析方法,下面按气态、颗粒态和两种状态共存的污染物,分别介绍其采样方法及使用的仪器。

（一）气态污染物的采样方法

1. 直接采样法

当空气中被测组分浓度较高,或所用的分析方法灵敏度很高时,可选用直接采取少量气体样品的采样法。用该方法测得的结果是瞬时或者短时间内的平均浓度,而且还可比较快地得到分析结果。

常用采样器有注射器、采气袋、采气管及真空瓶等。

（1）注射器采样

用 100 mL 的注射器直接连接一个三通活塞(图 3.1)。采样时,先用现场空气或废气抽洗注射器 3～5 次,然后抽样,密封进样口,将注射器进气口朝下,垂直放置,使注射器的内压略大于空气压。要注意样品存放时间不宜太长,一般要求当天分析完。此外,所用的注射器要作磨口密封性的检查,有时需要对注射器的刻度进行校准。

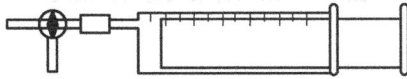

图 3.1　玻璃注射器

（2）塑料袋采样

常用的塑料袋有聚乙烯袋、聚氯乙烯袋和聚四氟乙烯袋等。用金属衬里(铝箔等)的袋子采样,能防止样品的渗透。为了检验对样品的吸附或渗透,事先要对塑料袋进行样品稳定性实验。稳定性较差的,用已知浓度的待测物在与样品相同的条件下保存,计算出吸附损失后,对分析结果进行校正。

使用前,要作气密性检查。充足气后,密封进气口,将其置于水中,不应冒气泡。使用时,用现场气样冲洗 3～5 次后,再充进样气,夹封袋口,带回实验室分析。

（3）真空瓶采样

用耐压的玻璃瓶或不锈钢瓶,采样前抽至真空。要进行严格的漏气检查和清洗(按说明书进行操作)。采样时打开瓶塞,被测空气自行充进瓶中(图 3.2)。

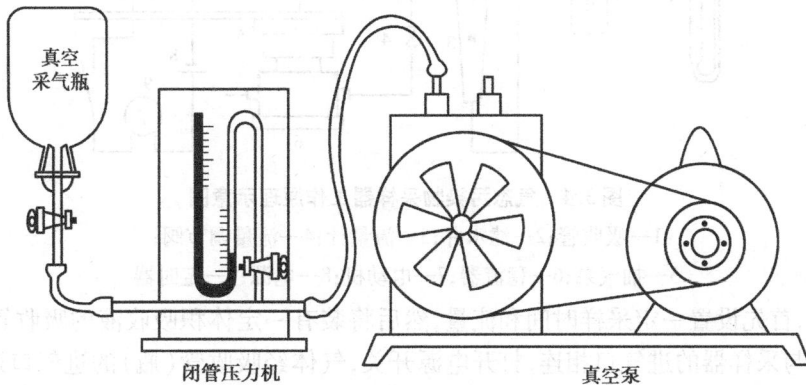

真空采气瓶

闭管压力机　　　　　　真空泵

图 3.2　真空采气瓶的抽真空装置

（4）采气管采样

以置换法充进被测空气的采样管，采样管的两端都有活塞。在现场用二联球打气，使通过采气管的被测气体量为管体积的6～10倍，充分置换掉原有的空气，然后封闭两端管口（图3.3）。采样体积即为采气管的容积。

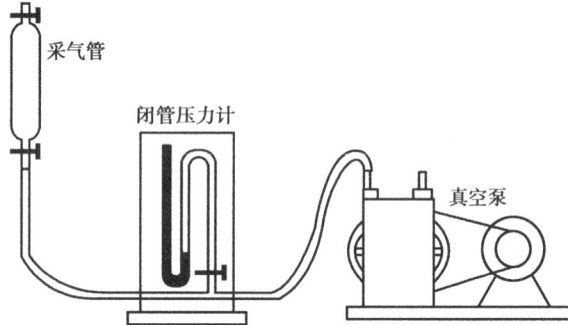

图3.3　采气管采气的真空装置

2. 有动力采样法

有动力采样法是用抽气泵，使空气样品通过吸收管（瓶）中的吸收介质，样品中的待测污染物浓缩在吸收介质中。吸收介质可以是液体或多孔状固体颗粒物。此法一般采样时间较长，适用于空气中污染物浓度较低，直接采样不能满足分析要求的情况，测得结果可代表采样时段的平均浓度，更能反映空气污染的真实情况。

有动力浓缩采样法有溶液吸收法、填充柱采样法和低温冷凝浓缩法。

（1）溶液吸收法

该方法主要用于采集气态和蒸气态污染物，是目前最常用的采样方法。市面用仪器通常是大气（或空气）采样器（仪），有固定式和便携式两种类型，型号较多。图3.4为气态污染物采样器的工作原理示意图。

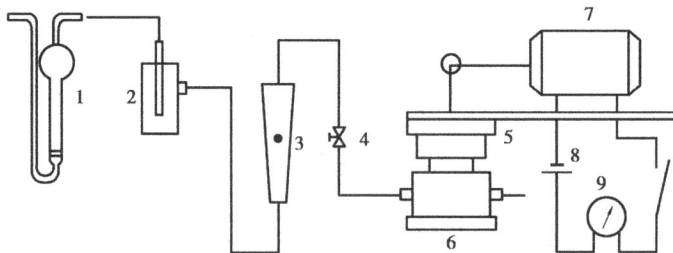

图3.4　气态污染物采样器工作原理示意图

1—吸收管；2—滤水井；3—流量计；4—流量调节阀；
5—抽气泵；6—稳流器；7—电动机；8—电源；9—定时器

采样时，首先设置一定采样时间和流量，然后将装有一定体积吸收液的吸收管（瓶）的出气口用胶管与采样器的进气口相连，打开电源开关，气体经吸收管（瓶）的进气口进入吸收管（瓶）内。在流经吸收液时，气样中的待测组分溶于吸收液中而被浓缩，其他气体从仪器的排气口排放。采样后，测定吸收液中待测物的含量，再根据测得的结果及采样体积换算出空气中污染物的浓度。

常用的吸收液有水、水溶液和有机溶剂。要根据被吸收组分的性质选择,并根据吸收原理的不同选择合适的吸收管。通常要求采样效率大于90%。

①吸收液选择原则。

a. 吸收液与被采集的组分发生化学反应快或对其溶解度大。例如,HF、HCl、HCHO等易溶于水的有害气体用水作吸收液,酸性气体HCN用碱溶液NaOH作吸收液,氧化性气体O_3用还原剂KI作吸收液,SO_2用$K_2(HgCl_4)$吸收易生成配合物,H_2S用乙酸锌吸收易生成沉淀等。

b. 污染物被吸收液吸收后,要有足够的稳定时间,以满足分析测定所需时间要求,否则会影响测量结果。例如,SO_2可用NaOH吸收,但在采样或放置过程中部分Na_2SO_3易被氧化成Na_2SO_4,使测定结果偏低。若用$K_2[HgCl_4]$吸收,可生成稳定的$[HgSO_3Cl_2]^{2-}$络合物。

c. 污染物质被吸收后,应有利于下一步分析测定,最好能直接用于测定。如用甲醇吸收有机物效率较高,但用酶化法测定时,若甲醇浓度过高,则会影响酶的活力,从而影响测定结果。若将甲醇浓度降低到5%,则既不影响酶的活力,又不影响该法的测定。此外,在比色法测定中,理想的吸收液应兼有吸收和显色作用,这样吸收过程也就是显色过程,从而简化了分析。如用盐酸萘乙二胺法测定NO_x物时,吸收液具有双重作用,采样后可直接比色分析。

d. 吸收液应毒性小、成本低、易得且尽可能回收利用。

②常用吸收管及其选择。

根据需要,吸收管分别设计为:气泡吸收管(图3.5)、多孔玻板吸收管(图3.6)、多孔玻板吸收瓶(图3.7)及冲击式吸收管(图3.8)等。

气泡式吸收管分普通型和直筒型两种。其材料是硬质玻璃,适用于采集气态和蒸气态物质,不宜采集气溶胶态物质,管内可装5~10 mL吸收液。

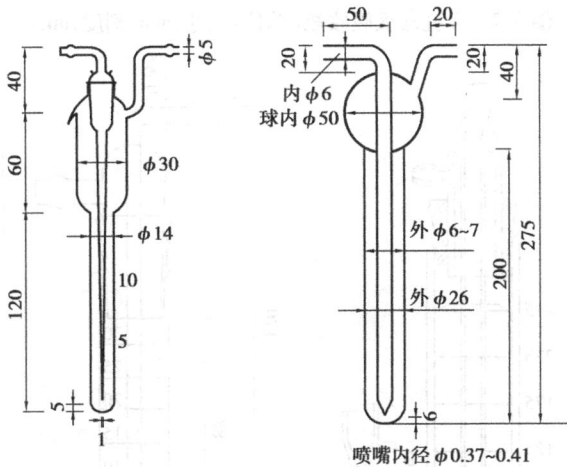

图3.5　气泡吸收管(单位:尺寸,mm;刻度,mL)

多孔筛板式吸收管(瓶)适用于采集气态和蒸气态物质或气溶胶态物质。在内管出气口熔接一块多孔性的砂芯玻板。当气体通过多孔玻板时被分散成极细的小气泡,既增大了与吸收液的接触面积,又被弯曲的孔道阻留,提高了吸收效率。吸收管内可装5~10 mL吸收液,采样速率为0.1~1.0 L/min;吸收瓶有小型(装10~30 mL吸收液,采样速率0.5~2.0 L/min)和大型(装50~100 mL吸收液,采样速率30.0 L/min)两种。

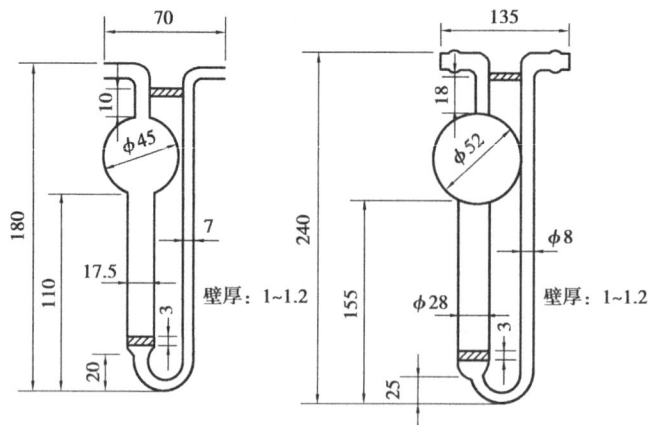

图3.6 多孔玻板吸收管(单位:mm)

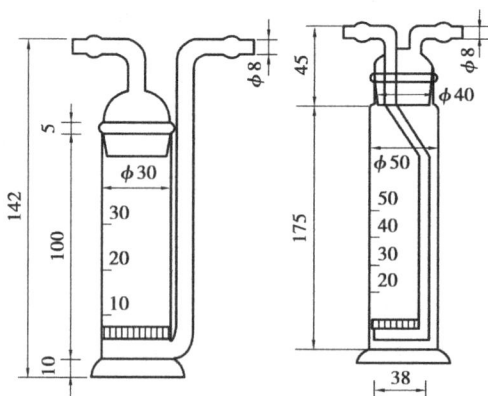

图3.7 多孔玻板吸收瓶(单位:尺寸,mm;刻度,mL)

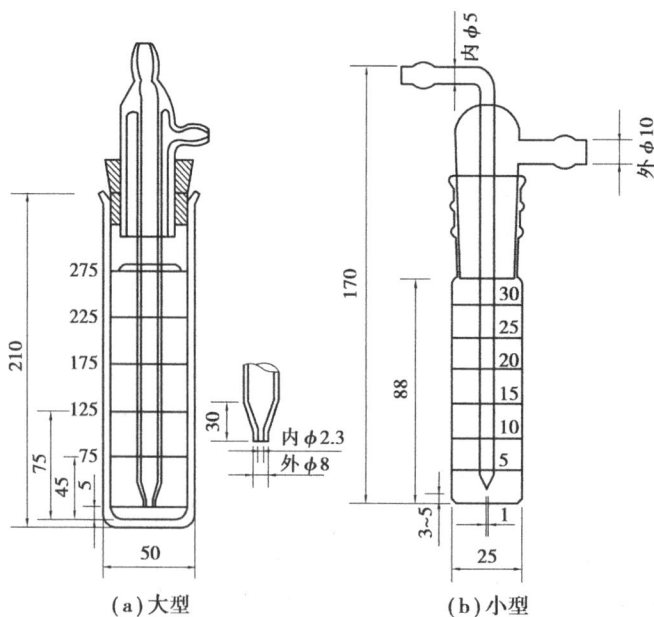

(a)大型   (b)小型

图3.8 冲击式吸收管(单位:尺寸,mm;刻度,mL)

冲击式吸收管适宜采集气溶胶态物质和易溶解的气体样品。管内有一尖嘴玻璃管作冲击器,进气管喷嘴孔径小,距管底近。当被测气样快速从喷嘴喷出冲向管底时,气溶胶颗粒因惯性冲击到管底而分散,然后被吸收液吸收。这种吸收管有小型(装 5 ~ 10 mL 吸收液,采样速率 3.0 L/min)和大型(装 50 ~ 100 mL 吸收液,采样速率 30.0 L/min)两种。

(2)填充柱采样法(固体阻留法)

填充柱是用一个内径 3 ~ 5 mm、长 5 ~ 10 cm 的玻璃管或塑料管,内装颗粒状的或纤维状的固体填充剂制成(图 3.9)。填充剂可用吸附剂,或在颗粒状或纤维状的担体上涂渍某种化学试剂。当空气样品被抽过填充柱时,气体中被测组分因吸附、溶解或化学反应等作用而被阻留在填充剂上,达到浓缩采样的目的。采样后,通过加热解吸、吹气或溶剂洗脱,使被测组分从填充剂上释放出来被测定。

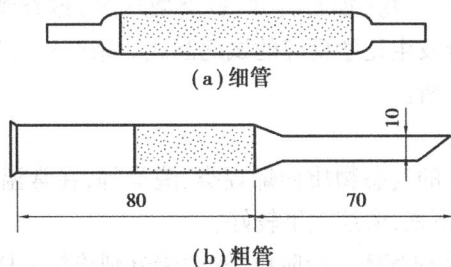

图 3.9　填充柱采样管(单位:mm)

填充柱的浓缩作用与气相色谱柱类似,若把空气样品看成一个混合样品,通过填充柱时,空气中含量最高的氧和氮气等首先流出,而被测组分阻留在柱中。在开始采样时,被测组分阻留在填充柱的进气口部位,继续采样,被测组分阻留区逐渐向前推进,直至整个柱管达到饱和状态,被测组分才开始从柱中流漏出来。若在柱后流出气中发现被测组分浓度等于进气浓度的5%时,通过采样管的总体积称为填充柱的最大采样体积。它反映了该填充柱对某个化合物的采样效率(或浓缩效率),最大采样体积越大,浓缩效率越高。若要浓缩多个组分,则实际采样体积不能超过阻留最弱的那个化合物的最大采样体积。

实际上,由于进入填充柱采样管的气体浓度比较低,从流出气体中检出被测组分的流出量是很困难的。因此,确定一个化合物的最大采样体积,一般常用间接的方法,即采样后将填充柱分成三等份,分别测定各部分的浓缩量。如果后面的1/3部分的浓缩量占整个采样管浓缩量的10%以下,可认为没有漏出;如果大于25%,则可能有漏出损失。

根据填充剂阻留作用的原理,将填充柱分为吸附型、分配型和反应型三种类型。

①吸附型填充柱。填充剂为颗粒状固体收附剂,如活性炭、硅胶、分子筛、氧化铝、素烧陶瓷、高分子多孔微球等多孔性物质,对气体和蒸气吸附力强。图 3.10 为标准活性炭管和硅胶管。硬质玻璃制造,内外径均匀,两端附有塑料套帽,采样后用于密封。

②分配型填充柱。填充剂为表面涂有高沸点有机溶剂(如甘油异十三烷)的惰性多孔颗粒物(如硅藻土、耐火砖等),适用于对蒸气和气溶胶态物质(如六六六、DDT、多氯联苯等)的采集。气样通过填充柱时,在有机溶剂中分配系数大的或溶解度大的组分阻留在填充剂上而被富集。

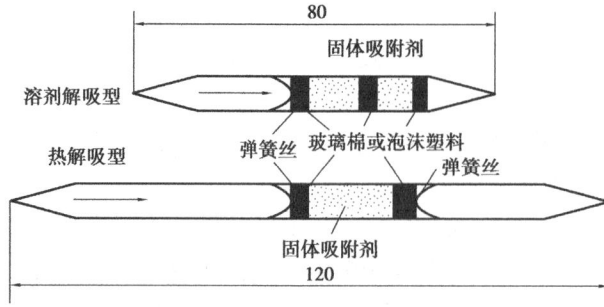

图 3.10　标准活性炭管和硅胶管(单位:mm)

③反应型填充柱。填充柱是由能与被测组分发生化学反应的纯金属(如金、银、铜等)丝毛或细粒,也可用惰性多孔颗粒物(如石英砂、玻璃微球等)或纤维状物(如滤纸、玻璃棉等)表面涂上一层能与被测组分发生化学反应的试剂制成。采样后,将反应产物用适宜溶剂洗脱或加热吹气解吸下来进行分析。

(3)低温冷凝浓缩法

空气中某些沸点比较低的气态物质如烯烃类、醛类等,在常温下用固体吸附剂很难完全被阻留,用制冷剂将其冷凝下来,浓缩效果较好。

方法是将 U 形或蛇形采样管插入冷阱中,管两端分别连接采样入口和抽气泵。当空气流经采样管时,被测组分冷凝在采样管底部,如图 3.11 所示。

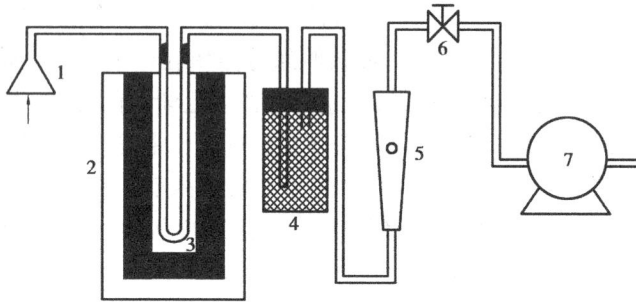

图 3.11　低温冷凝浓缩采样示意图

1—空气入口;2—制冷槽;3—样品浓缩管;4—水分过滤器;

5—流量计;6—流量调节阀;7—泵

常用制冷剂有冰、冰-食盐、干冰、干冰-乙醇、干冰-乙醚、液氮等。

低温冷凝采集空气样品,比在常温下填充柱法的采气量大得多,浓缩效果较好,对样品的稳定性更有利。但是,用低温冷凝采样时,空气中水分和二氧化碳等也会同时被冷凝。若用液氮或液体空气作制冷剂时,空气中氧也有可能被冷凝阻塞气路。另外,在汽化时,水分和二氧化碳也随被测组分同时汽化,增大了汽化体积,降低了浓缩效果,有时还会给下一步的气相色谱分析带来困难。因此,采样过程中为防止空气中的水蒸气、二氧化碳甚至氧气通过冷阱时冷凝而造成干扰,应在进气端安装选择性过滤器(内装氯化钙、碱石灰、高氯酸镁等),以除去干扰。

3. 被动式采样法

被动式采样器是基于气体分子扩散或渗透原理采集空气中气态或蒸气态污染物的一种采样方法。因它不用任何电源或抽气动力,故称无泵采样器。这种采样器体积小,非常轻便,可制成一支钢笔或一枚徽章大小,用作个体接触剂量评价的监测;也可放在待测场所连续采样,间接用作环境空气质量评价的监测。目前,常用于室内空气污染和个体接触量的评价监测,如氡的采集。

(二)颗粒物的采样

空气中颗粒物质的采样方法主要有自然沉降法和滤料法。

1. 自然沉降法

自然沉降法是利用重力的作用采集环境空气中粒径大于 30 μm 的尘粒,如自然降尘量的采集,常用仪器为降尘缸,是内径 15 cm、高 30 cm 的圆柱形玻璃缸或陶瓷缸。

2. 滤料法

滤料法是根据粒子切割器和采样流速等的不同,用于采集空气中不同粒径[如总悬浮颗粒物(TSP)、颗粒物 PM_{10} 和 $PM_{2.5}$]的颗粒物,或利用等速跟踪排气流速的原理,采集烟尘和粉尘。常用仪器是专用的颗粒物采样器或粉尘采样器,也有综合型大气采样器(同时可采集气体或颗粒物)。

常用的滤料有定量滤纸、玻璃纤维滤膜、过氯乙烯纤维滤膜、微孔滤膜及浸渍试剂滤纸(膜)等。

(1)定量滤纸

实验室分析用的定量滤纸(中速和慢速)价格便宜、灰分低、纯度高、机械强度大,对一些金属尘粒采样效果很好,且易于消解处理,空白值低,但抽气阻力大,有时孔隙不均匀,且吸水性较强,不宜用作重量法测定悬浮颗粒物。

(2)玻璃纤维滤膜

玻璃纤维滤膜机械强度差,但耐高温、阻力小、不易吸水,可用于采集空气中总悬浮颗粒物和可吸入颗粒物。若将样品用酸和有机溶剂提取后,还可用于分析颗粒物中的其他污染物。但是,所用玻璃原料含有杂质,致使某些元素的本底含量较高,因此限制了它的使用。而以石英为原料的石英玻璃纤维滤膜,克服了玻璃纤维滤膜空白值高的问题,常用于颗粒物中元素的分析。

(3)过氯乙烯纤维滤膜

过氯乙烯纤维滤膜不易吸水、阻力小。因带静电,采样效率高,故广泛用于总悬浮颗粒物的采集。由于滤膜易溶于乙酸丁酯等有机溶剂,且空白值较低,因此,可用于颗粒物中元素的分析。其缺点是机械强度差,需带筛网的采样夹托住。

(4)有机滤膜

有机滤膜主要有由硝酸纤维素或乙酸纤维素制成的微孔滤膜和由聚碳酸酯制成的直孔滤膜。质量小、灰分和杂质含量极低,带静电、采样效率高,并可溶于多种有机溶剂,便于分析颗粒物中的元素。当采样一段时间颗粒物沉积在膜表面后,阻力迅速增加,采样量受到限制。若经内解蒸熏使之透明后,可直接在显微镜下观察颗粒物的特性。

(三)两种状态共存的污染物的采样方法

实际上,空气中的污染物大多数都不是以单一状态存在的,往往同时存在于气态和颗粒物中,综合采样法就是针对这种情况提出来的。选择合适的填充柱采样管,对某些存在于气态和颗粒物中的污染物会有较好的采样效率;若用滤膜采样器后接液体吸收管的方法,也可实现同时采样。但这两种方法的主要缺陷是采样流量受到限制,颗粒物需要在一定的速度下才能被采集下来,而速度过高,会影响气态污染物的采集。

浸渍试剂滤料法适宜采集气态与气溶胶共存的污染物。将某种化学试剂浸渍在滤纸或滤膜上,采样时,气态污染物与滤纸上的试剂迅速反应,从而被固定在滤纸上。由于它具有物理(吸附和过滤)和化学两种作用,因此能同时将气态和气溶胶污染物采集。浸渍试剂使用较广,如用磷酸二氢钾浸渍过的玻璃纤维滤膜采集空气中的氟化物,用聚乙烯氧化吡啶及甘油浸渍的滤纸采集空气中的砷化物,用碳酸钾浸渍的玻璃纤维滤膜采集空气中的含硫化合物,用稀硝酸浸渍的滤纸采集铅烟和铅蒸气等。

四、采样效率

(一)采样效率的评价方法

采样效率是指在规定的采样条件(如采样流量、气体浓度、采样时间等)下所采集到的量占总量的百分数。采样效率评价方法一般与污染物在空气中的存在状态有很大关系,不同的存在状态有不同的评价方法。

1. 评价采集气态和蒸气态污染物的方法

采集气态和蒸气态的污染物常用溶液吸收法和填充柱采样法。评价这些采样方法的效率有绝对比较法和相对比较法两种。

(1)绝对比较法

精确配制一个已知浓度的标准气体,然后用所选用的采样方法采集标准气体,测定其浓度,比较实测浓度 c_1 和配气浓度 c_s,采样效率 K 为

$$K = \frac{c_1}{c_s} \times 100\% \tag{3.1}$$

用这种方法评价采样效率虽然比较理想,但因配制已知浓度标准气体有一定困难,故往往在实际应用时受到限制。

(2)相对比较法

配制一个恒定浓度的气体,其浓度不一定要求已知。然后用 2 个或 3 个采样管串联起来采样,分别分析各管的含量,计算第一管含量占各管总量的百分数,采样效率 K 为

$$K = \frac{c_1}{c_1 + c_2 + c_3} \times 100\% \tag{3.2}$$

式中　c_1、c_2、c_3——第一管、第二管和第三管中分析测得的浓度。

用此法计算采样效率时,要求第二管和第三管的含量与第一管比较是极小的,这样 3 个管含量相加之和就近似于所配制的气体浓度。有时,还需串联更多的吸收管采样,以期求得与所配制的气体浓度更加接近。用这种方法评价采样效率也只适用于一定浓度范围的气体。如果气体浓度太低,由于分析方法灵敏度所限,测定结果误差较大,采样效率只是一个估计值。

2. 评价采集气溶胶的方法

采集气溶胶的效率有两种表示方法:一种是颗粒采样效率,就是所采集到的气溶胶颗粒数目占总的颗粒数目的百分数;另一种是质量采样效率,就是所采集到的气溶胶质量数占总的质量的百分数。当气溶胶全部颗粒大小完全相同时,这两种表示方法一致。但实际上,这种情况是不存在的,微米以下的极小颗粒在颗粒数上总是占绝大部分,而按质量计算却只占很小部分,即一个大的颗粒的质量相当于成千上万个小的颗粒,所以质量采样效率总是大于颗粒采样效率。由于粒径 10 μm 以下的颗粒对人体健康影响较大,因此颗粒采样效率很有实际意义。当要了解空气中气溶胶质量浓度或气溶胶中某成分的质量浓度时,质量采样效率是有用处的。目前,在空气监测中,评价采集气溶胶方法的采样效率,一般是以质量采样效率表示,只是在特殊目的时,才用颗粒采样效率表示。

评价采集气溶胶方法的效率与评价气态和蒸气态的采样方法有很大的不同。一方面是由于配制已知浓度标准气溶胶在技术上比配制标准气体要复杂得多,而且气溶胶粒度范围也很大,所以很难在实验室模拟现场存在的气溶胶的各种状态;另一方面滤膜采样像滤筛一样,更小的颗粒物质可能会漏过第一张滤膜,还有可能会漏过第二张或第三张滤膜,所以用相对比较法评价气溶胶的采样效率就有困难。因此,评价滤纸和滤膜的采样效率要用另外一个已知采样效率高的方法同时采样,或串联在其后面进行比较得出。而对颗粒采样效率,常用一个灵敏度很高的颗粒计数器测量进入滤膜前和通过滤膜后的空气中的颗粒数来计算。

3. 评价采集气态和气溶胶共存状态物质的方法

对气态和气溶胶共存的物质的采样更为复杂。评价其采样效率时,这两种状态都应加以考虑,以求其总的采样效率。

(二)影响采样效率的主要因素

一般认为采样效率90%以上为宜。采样效率太低的方法和仪器不能选用。

1. 根据污染物存在状态选择合适的采样方法和仪器

每种采样方法和仪器都是针对污染物的一个特定的存在状态而选定的。如以气态或蒸气态存在的污染物是以分子状态分散于空气中,用滤纸和滤膜采集效率很低。而用液体吸收管或填充柱采样,则可得到较高的采样效率。而以气溶胶状存在的污染物,不易被气泡吸收管中的吸收液吸收,宜用滤膜(纸)法采样。例如,用装有稀硝酸的气泡吸收管采集铅烟,采样效率很低,而选用滤纸采样,则可得到较好的采样效率。对以气溶胶和蒸气状态共存的污染物,要应用对于两种状态都有效的采样方法,如浸渍试剂的滤膜(纸)采样法等。因此,在选择采样方法和仪器前,首先要对污染物作具体分析,分析它在空气中可能以什么状态存在,根据存在状态选择合适的采样方法和仪器。

2. 根据污染物的理化性质选择吸收液、填充剂或各种滤料

用溶液吸收法采样时,要选用对污染物溶解度大的,或与污染物能迅速发生化学反应的溶液作吸收液。用填充柱或滤料采样时,要选择阻留率大、容易解吸的填充剂或滤料。在选择吸收液、填充柱中滤料时,还必须考虑采样后所应用的分析方法。

3. 确定合适的抽气速度

每一种采样方法和仪器都要求一定的抽气速度,不在规定的速度范围,采样效率将不理想。通常各种气体吸收管和填充柱的抽气速度一般不宜过大,而滤料采样则应在较高抽气速度下进行。

4. 确定适当的采气量和采样时间

每个采样方法都有一定采样量的限制。如果现场浓度高于采样方法和仪器的最大承受量,采样效率就不理想。如吸收液和填充剂都有饱和吸收量,达到饱和后,吸收效率立即降低。滤膜(纸)上的沉积物太多时,阻力显著增加,无法维持原有的采样速度,此时,应适当地减小采气量或缩短采样时间;反之,如果现场浓度太低,要达到分析方法灵敏要求,则要适当增加采气量或延长采样时间。采样时间过长也会伴随着其他不利因素发生,从而影响采样效率。例如长时间采样,吸收液中水分蒸发,造成吸收液成分和体积变化;空气中水分和二氧化碳的量也会被大量采集,影响填充剂的性能;其他干扰成分也会大量地被浓缩,影响后面的分析结果;滤膜(纸)的机械性能减弱,有时还会破裂等。因此,应在保证足够的采样效率的前提下,适当增加采气量或延长采样时间。如果现场浓度不清楚时,采气量或采样时间应根据标准规定的浓度和分析方法的测定下限来确定。最小的采气量是保证能够测出最高允许浓度范围所需的采样体积,可初步估算为

$$V = \frac{2a}{A} \qquad\qquad (3.3)$$

式中 V——最小采气体积,L;

　　　　a——分析方法的测定下限,μg;

　　　　A——标准限值浓度,mg/m³。

5. 气象参数对采样的影响

空气中污染物的浓度以及存在形态等不仅与污染源的排放、采样点位置和采样技术有关,气象参数的影响也非常重要。大量扩散实验结果表明,在不同的气象条件下,同一污染源排放污染物的地面浓度相差几倍甚至几百倍,这主要是气象条件对空气污染物的扩散、稀释等的影响所致。影响空气中污染物浓度分布和存在形态的气象参数主要有风速、风向、湿度、温度、压力、降水及太阳辐射等。因此,监测空气中的污染物,必须同时测定气象参数。目前,空气地面自动监测系统主要测定风速、风向、湿度、环境温度及空气压力五项气象参数。另外,由于气体体积的易变性,在描述空气中污染物的浓度时,必须用环境温度和空气压力等进行校正。

> **同步练习**

一、填空题

1. 气态污染物的直接采样法包括_____采样、_____采样和_____采样。

2. 气态污染物的有动力采样法包括_____、_____和_____。

3. 空气中颗粒物质的采样方法主要有_____和_____。

二、单项选择题

1. 手工采样时,采样口离地面的高度为(　　)m。

A. 1.5~15　　　　B. 1~1.5　　　　C. 1.5~10　　　　D. 1~10

2. 在建筑物上安装监测仪器时,采样口离建筑物墙壁、屋顶等支承物表面的距离应大于(　　)m。

A. 0.5　　　　B. 1　　　　C. 1.5　　　　D. 2

3. SO_2、NO_2、CO 取 1 h 均值时,每小时至少有(　　)min 的采样时间数据统计有效。

A. 50　　　　B. 30　　　　C. 45　　　　D. 60

4. 某次采样时,环境空气温度20 ℃,气压98.8 kPa,共采得气体体积500 m^3,将其换算为参比状态的体积为(　　)。

A. 454 L　　　　B. 454 m^3　　　　C. 495 L　　　　D. 495 m^3

三、多项选择题

1. 下列关于吸收液说法正确的是(　　)。

A. 与被采集的组分发生化学反应快或对其溶解度大

B. 污染物被吸收液吸收后,要有足够的稳定时间,以满足分析测定所需时间要求

C. 污染物质被吸收后,应有利于下一步分析测定,最好能直接用于测定

D. 吸收液毒性小、成本低、易得且尽可能回收利用

2. 下列采样方法属于直接采样的是(　　)。

A. 塑料袋法　　　B. 液体吸收法　　　C. 滤膜阻留法　　　D. 注射器法

3. 要获得较高的采样效率,以下说法正确的是(　　)。

A. 气态或蒸气态存在的污染物用滤纸和滤膜采集效率很低,而用液体吸收管或填充柱采样,则可得到较高的采样效率

B. 气溶胶状态的污染物用滤膜(纸)法采样,效率较高

C. 采样时间越长效率越高

D. 在规定的抽气速度范围内采样,采样效率较理想

4. 关于采样频率,下列说法正确的是(　　)。

A. 测定 1 h 平均值,每小时至少有 45 min 的采样时间

B. 测定 1 h 平均值,采样时间必须要达到 60 min

C. 测定 24 h 平均值,每日至少有 20 个小时平均浓度值或采样时间

D. 测定 24 h 平均值,每日必须采样 24 h

5. 下列属于液体吸收法进行气体样品采集的是(　　)。

A. 甲醛吸收–盐酸副玫瑰苯胺分光光度法测定空气中二氧化硫

B. 重量法测量环境空气中的颗粒物

C. 靛蓝二磺酸钠分光光度法测定环境空气中臭氧的含量

D. 高效液相色谱法测定环境空气中苯并[a]芘的含量

四、判断题

1. 对空气中污染物浓度较低的气体污染物,可采用富集(浓缩)采样法进行采样。

（　　）

2. 滤料阻留法属于有动力采样。（　　）

3. 测定环境空气中二氧化硫的采样方法是直接采样法。（　　）

4. 空气环境监测布点设计就是力求用最少的点位,获得最有代表性、能说明环境质量状况的监测数据。（　　）

5. 采样效率是指在规定的采样条件(如采样流量、气体浓度、采样时间等)下所采集到的量占总量的百分数。（　　）

五、简答题

1. 简述空气污染监测的布点原则。

2. 空气监测布点频率与时间如何确定？试举例说明。

3. 空气监测常用的采样方法有哪些？

4. 试说明直接采样与间接采样的适应条件。

5. 为提高采样效率,应采取什么措施？

单元二　颗粒态污染物的测定

➤ 问题导读

颗粒态污染物也称为气溶胶状态污染物,是一个复杂的非均匀体系。人们通常所说的雾、烟和尘都是气溶胶。

颗粒污染物是空气中最重要的污染物之一。在我国大多数地区,空气中首要污染物就是颗粒物。《2023 中国生态环境状况公报》显示,全国 339 个地级及以上城市中,105 个城市细颗粒物($PM_{2.5}$)超标,占 31.0%;58 个城市可吸入细颗粒物(PM_{10})超标,占 17.1%。空气中悬浮颗粒物不仅是严重危害人体健康的主要污染物,而且也是气态、液态污染物的载体,其成分复杂,并具特殊的理化特性及生物活性,是空气环境监测的重要部分,也是目前空气环境评价中通用的重要污染指标。

一、颗粒污染物来源

颗粒物来源有人为源和自然源之分。人为源主要是燃煤、燃油、工业生产过程等人为活动排放的。自然源主要是土壤、扬尘、沙尘经风力作用输送到空气中形成的。

（一）颗粒污染物的自然源

自然源可起因于地面扬尘（大风或其他自然作用扬起灰尘），火山爆发、地震和森林火灾灰，海浪溅出的浪沫、海盐粒等，以及宇宙来源的陨星尘及生物界颗粒物如花粉、孢子等。

（二）颗粒污染物的人为源

颗粒污染物的人为来源主要是生产、建筑和运输过程以及燃料燃烧过程中产生的。例如，各种工业生产过程中产生的固体微粒，通常称为粉尘；燃料燃烧过程中排放的固体颗粒煤烟、飞灰等，通常称为烟尘；汽车尾气排出的卤化铅凝聚而形成的颗粒物以及人为排放的 SO_2 和 NO_x 在一定条件下转化形成的二次颗粒物。

工业粉尘是指能在空气中浮游的固体微粒。在冶金、机械、建材、轻工、电力等许多工业部门的生产中均产生大量粉尘。粉尘的来源主要有以下四个方面。

①固体物料的机械粉碎和研磨，如选矿、耐火材料车间的矿石破碎过程和各种研磨加工过程。

②粉状物料的混合、筛分、包装及运输，如水泥、面粉等的生产和运输过程。

③物质的燃烧，如煤燃烧时产生的烟尘。

④物质被加热时产生的蒸气在空气中的氧化和凝结，如矿石烧结、金属冶炼等过程产生的锌蒸气，在空气中冷却时会凝结，并氧化成氧化锌固体颗粒。

二、颗粒污染物的分类

在环境空气监测中，一般将颗粒状态污染物按其粒径分为以下四种。

（一）总悬浮颗粒物（TSP）

总悬浮颗粒物（TSP）是指空气动力学当量粒径不大于 100 μm 的颗粒物。

（二）颗粒物（PM_{10}）

颗粒物（PM_{10}）也称可吸入颗粒物，是指空气动力学当量粒径不大于 10 μm 的颗粒物。这类颗粒物能长期飘浮在空气中，在环境空气中持续的时间很长，故称飘尘。可吸入颗粒物对人体健康和空气能见度的影响都很大，被人吸入后，会积累在呼吸系统中，引发许多疾病。可吸入颗粒物通常来自未铺沥青或水泥的路面上行驶的机动车、材料的破碎碾磨处理过程以及被风扬起的尘土等。

（三）细颗粒物（$PM_{2.5}$）

细颗粒物（$PM_{2.5}$）又称细粒、细颗粒、可入肺颗粒物，是指空气动力学当量粒径不大于 2.5 μm 的颗粒物。这类颗粒物由于粒径小，能通过呼吸深入人体的细支气管和肺泡，对人体健康造成更严重的危害，特别是细颗粒物粒径小，面积大，活性强，易附带有毒、有害物质（如重金属、微生物等），且在空气中的停留时间更长、输送距离更远，因而对人体健康和空气环境质量的影响更大。研究表明,细颗粒物的化学成分主要包括有机碳(OC)、元素碳(EC)、硝酸盐、硫酸盐、铵盐、钠盐(Na^+)等。

(四)降尘

降尘是指粒径粗大的粒子,一般指直径大于 $10\ \mu m$ 的尘粒。由于其质量大,受地心引力较强,因而不能长期稳定地存在于空气中,而是较快地沉降到地面上,故称降尘(静止空气中直径 $10\ \mu m$ 以下的尘粒也能沉降)。

三、颗粒污染物的形成机理

尽管颗粒物来源广泛,但其产生主要源于燃烧过程中燃料不完全燃烧形成的炭黑、烟尘和飞灰等。

(一)碳粒子的生成

燃烧过程中生成一些主要成分为碳的粒子,通常由气相反应生成积炭,由液态烃燃料高温分解产生的粒子都是结焦或煤胞。实践证明,如果让碳氢化合物与足量的氧化合,能防止积炭生成。

(二)燃煤烟尘的形成

固体燃料燃烧产生的颗粒物通常称为烟尘。它包括黑烟和飞灰两个部分。

煤粉燃烧时,如果燃烧条件非常理想,煤可以完全燃烧,也就是说其中的可燃成分如碳、氢等全部氧化成气体,余下为灰分。

(三)燃煤尾气中飞灰的产生

燃煤尾气中飞灰的浓度和粒度与煤质、燃烧方式、烟气流速、炉排和炉膛的热负荷、锅炉运行负荷及锅炉结构等因素有关。

四、颗粒污染物的主要危害

成人平均每天呼吸空气约 $15\ m^3$,空气中颗粒污染物对人体健康的影响是非常明显的,被称为人类的第一大杀手,尤其是细颗粒物上聚集了大量有害重金属、酸性氧化物、有害有机物、细菌、病毒等,通过呼吸作用进入人体的细支气管甚至肺泡,对人体健康造成严重危害。如伦敦烟雾事件、四日市哮喘病等,在流行病的传播方面,颗粒物结合 SO_2,与儿童呼吸机能损害有密切关系,长期生活在含有多环芳烃等有机颗粒污染的环境中容易患皮肤癌、非过敏性皮炎、皮肤色素沉着、毛囊炎等。颗粒物中硫酸盐过高时会加重呼吸道疾病。此外,含重金属Pb、Cd、Ni 等的尘粒沉积到肺部,会引起肺部疾病。降尘和颗粒物还可降低空气透明度,减弱太阳辐射和照度而影响微气候。

颗粒物对人体健康的影响,取决于颗粒物的浓度和在其中暴露的时间,见表3.5。空气中颗粒物污染研究数据表明,因上呼吸道感染、心脏病、支气管炎、气喘、肺炎、肺气肿等疾病而到医院就医人数的增加与空气中颗粒物浓度的增加是相关的。患呼吸道疾病和心脏病老人的死亡率也表明,在颗粒物浓度一连几天异常高的时期内就有所增加。暴露在合并有其他污染物的颗粒物中所造成的健康危害,要比分别暴露在单一污染物中严重得多。

表3.5　环境空气中颗粒物浓度及其影响

颗粒物浓度/$(mg \cdot m^{-3})$	测量时间及合并污染物	影响
0.06~0.18	年度几何平均,SO_2和水分	加快钢和锌板的腐蚀
0.08		环境空气质量一级标准
0.15	年平均相对湿度70%	能见度缩短到8 km
0.01~0.15		直射日光减少1/3
0.08~0.10	硫酸盐水平30 mg/$(m^2 \cdot 月)$	50岁以上的人死亡率增加
0.10~0.13	$SO_2 > 0.12$ mg/m³	儿童呼吸道发病率增加
0.20	24 h平均值,$SO_2 > 0.25$ mg/m³	工人因病未上班人数增加
0.30	24 h平均值,$SO_2 > 0.63$ mg/m³	慢性支气管炎病人可能出现急性恶化的症状
0.75	24 h平均值,$SO_2 > 0.715$ mg/m³	病人数量明显增多,可能发生大量死亡

颗粒物的粒径大小不同,对人体健康可造成不同的危害。粒径越小,越不易沉积,长时间飘浮在环境空气中很容易被吸入人体,且容易渗入肺部。一般粒径在100 μm以上的尘粒会很快在空气中沉降;10 μm以上的尘粒可滞留在呼吸道中;5~10 μm的尘粒大部分会在呼吸道沉积,并被分泌的黏液吸附。同时,尘粒越小,粉尘比表面积越大,物理、化学活性越高,加剧了生理效应的发生与发展。此外,尘粒的表面可吸附空气中的各种有害气体及其他污染物,而成为它们的载体,如可承载强致癌物质苯并[a]芘及细菌等。

表3.6给出了可吸入颗粒物对人体呼吸健康的影响。可知,PM_{10}浓度每增加10 μg/m³,死亡率、去医院就诊看病、哮喘病加重以及呼吸病症发生率均有增加的趋势,而肺功能则有所降低。

表3.6　空气中PM_{10}每增加10 μg/m³对人体健康的影响

健康影响	死亡率	去医院看病	哮喘病加重	呼吸病症	肺功能
增加百分数/%	1.0~3.4	0.9~1.4	1.9~12.2	0.7~3.0	−0.15~−0.08

综上所述,环境空气中颗粒物的危害可概括为以下五个方面。

①随呼吸进入肺,可沉积于肺,引起呼吸系统疾病。颗粒物上容易附着多种有害物质,有些有致癌性,有些会诱发花粉过敏症。

②沉积在绿色植物叶面,干扰植物吸收阳光、二氧化碳,放出氧气和水分,从而影响植物的健康和生长。

③厚重的颗粒物浓度会影响动物的呼吸系统。

④杀伤微生物,引起食物链的改变,进而影响整个生态系统。

⑤遮挡阳光可能改变气候,也会影响生态系统。

五、颗粒污染物的测定项目与测定方法

空气中颗粒物质的测定项目主要有总悬浮颗粒物 TSP 的测定、可吸入颗粒物 PM_{10}（或细颗粒物 $PM_{2.5}$）浓度及粒度分布的测定、自然降尘量的测定、细颗粒物中化学组分的测定等。

环境空气中颗粒物含量的常用测定方法为重量法。采集空气中不同粒径的颗粒物,主要依靠采样器的切割头,如 TSP 采样器是将粒径大于 100 μm 的颗粒物切割除去;PM_{10} 采样器的切割点是 10 μm,但这不是说粒径小于 10 μm 的颗粒物能全部采集下来,它能保证 10 μm 以内的颗粒物的捕集效率在 50% 以上即可。下面依据国家标准规定的测定方法,分别介绍环境空气中不同粒径大小颗粒物及颗粒物中金属元素的测定方法。

➤ 同步练习

一、填空题

1. 采集空气总悬浮颗粒物时,通常用_____滤膜,而采集颗粒物中重金属污染物时,通常用_____滤膜。

2. 空气动力学当量粒径不大于 100 μm 的颗粒物,称为_____;$PM_{2.5}$ 是指当量粒径_____的颗粒物。

二、简答题

1. 在空气监测中,如何对颗粒物进行分类?

2. 颗粒污染物的主要危害有哪些?

3. 简述雾霾的主要成分及雾霾的危害。

任务一　环境空气中颗粒物的测定

【学习目标】

①掌握重量法测定环境空气中颗粒物的方法和原理。

②学会正确使用大气颗粒物采样器采样。

③能准确测定气样中 TSP、PM_{10}、$PM_{2.5}$ 的含量。

④能判断并解决异常测定结果。

⑤能够将理论与实践相结合,自主学习最新的国家标准和监测规范、方法标准,提高空气环境监测分析应用能力。

⑥具有环保意识和节约意识,称量后的废滤膜要及时清理,不造成环境污染。

⑦具备认真负责、科学严谨、实事求是、团结协作的精神。

一、基本知识

1.指标含义及测定意义

颗粒物污染物也称气溶胶状态污染物,是指分散在环境空气中的粒径在 $0.002 \sim 100~\mu m$ 的液体、固体粒子或它们在气体介质中的悬浮体。它是一个复杂的非均匀体系。在空气监测中,通常将颗粒物按其粒径分为总悬浮颗粒物(TSP,粒径$\leqslant 100~\mu m$)、颗粒物(PM_{10},粒径$\leqslant 10~\mu m$)和细颗粒物($PM_{2.5}$,粒径$\leqslant 2.5~\mu m$)。

空气中悬浮颗粒物不仅是严重危害人体健康的主要污染物,也是气态、液态污染物的载体,其成分复杂,并具特殊的理化特性及生物活性,是空气环境监测的重要部分,更是目前空气环境评价中通用的重要污染指标。

2.控制标准

《环境空气质量标准》(GB 3095—2012)规定的颗粒物各项指标限值见表3.7。

表3.7　环境空气中颗粒物浓度限值

污染物项目	平均时间	浓度限值		单位
		一级	二级	
颗粒物(粒径小于等于 10 μm)	年平均	40	70	$\mu g/m^3$
	24 h 平均	50	150	
颗粒物(粒径小于等于 2.5 μm)	年平均	15	35	
	24 h 平均	35	75	
总悬浮颗粒物(TSP)	年平均	80	200	
	24 h 平均	120	300	

《室内空气质量标准》(GB/T 18883—2022)规定,可吸入颗粒 PM_{10} 和细颗粒物 $PM_{2.5}$ 的24 h 平均浓度限值分别为 $0.10~mg/m^3$ 和 $0.05~mg/m^3$。

另外,不同行业、不同地方对不同颗粒物的排放浓度也有不同规定,具体可查阅相关标准。

3.测定方法及原理

(1)测定方法

颗粒物的测定方法有重量法和光散射法。不同方法适用于不同场合。通常采用重量法(即滤膜称重法)测定,具体如下。

《环境空气 总悬浮颗粒物的测定 重量法》(HJ 1263—2022)适用于使用大流量或中流量采样器进行环境空气中总悬浮颗粒物浓度的手工测定,同时适用于无组织排放监控点空气中总悬浮颗粒物浓度的手工测定。当使用大流量采样器和万分之一天平,采样体积为 1 512 m^3 时,方法检出限为 7 $\mu g/m^3$;当使用中流量采样器和十万分之一天平,采样体积为 144 m^3 时,方法检出限为 7 μg/m³。

《环境空气 PM₁₀ 和 PM₂.₅ 的测定 重量法》(HJ 618—2011)适用于环境空气中 PM₁₀ 和 PM₂.₅ 的手工测定,方法的检测限为 0.010 mg/m³(以感量为 0.1 mg 分析天平,样品负载量为 1.0 mg,采集 108 m³ 空气样品计)。

《公共场所卫生检验方法 第 2 部分:化学污染物》(GB/T 18204.2—2014)中规定,PM₁₀ 的测定方法有滤膜称重法和光散射法。前者即重量法,当采气体积为 5 m³ 时,最低检出浓度为 0.01 mg/m³;后者测定范围为 0.001 ~ 10 mg/m³。该标准中还规定,PM₂.₅ 的测定方法为光散射法,检出浓度为 0.001 ~ 0.5 mg/m³。

HJ 1263—2022	HJ 618—2011	GB/T 18204.2—2014

(2)测定原理

用重量法测定环境空气中的颗粒物,通过具有 TSP、PM₁₀、PM₂.₅ 切割特性的采样器,以恒速抽取一定体积空气,使空气中粒径小于 100 μm、或小于 10 μm、或小于 2.5 μm 的颗粒物被截留在已知质量的滤膜上,根据采样前后滤膜的质量差及采样体积,计算出 TSP、PM₁₀、PM₂.₅ 的质量浓度(mg/m³)。

4. 仪器及设备

①颗粒物采样器:带 TSP、PM₁₀、PM₂.₅ 切割器,并已通过了流量计的校准。

②X 光看片机:用于检查滤膜有无缺损或异物。

③打号机:用于在滤膜上打印编号。

颗粒物采样切割器实物图

④滤膜:超细玻璃纤维滤膜、石英滤膜或聚氯乙烯、聚丙烯、混合纤维素等有机滤膜。

⑤滤膜储存袋及储存盒。

⑥分析天平:感量 0.1 mg 或 0.01 mg。

⑦恒温恒湿箱(室):箱(室)内空气温度在 15 ~ 30 ℃可调,控温精度±1 ℃。箱(室)内空气相对湿度控制在(50±5)%。恒温恒湿箱(室)可连续工作。

⑧干燥器:内盛变色硅胶。

⑨气压计、温度计、镊子等。

5. 标准滤膜准备

用 X 光看片机检查滤膜,滤膜应边缘平整、厚薄均匀、无毛刺、无污染,不得有针孔或任何破损。

将检查合格的滤膜放入恒温恒湿箱内(或天平室内的干燥器中),于 15 ~ 30 ℃平衡 24 h,对很潮湿的滤膜延长平衡时间到 48 h,并在此平衡条件下取若干张滤膜,依次称重。每张滤膜称 10 次以上,称量要快,从干燥器取出至称量完毕控制在 30 s 内,读数准确到 0.1 mg。平均值为该滤膜的原始质量,此为标准滤膜。

二、实训操作

1. 采样前准备

（1）滤膜储存袋编号

将滤膜储存袋进行编号。

（2）称量清洁滤膜

从恒温恒湿箱内或干燥器中取出滤膜，称量两张标准滤膜，要求大流量标准滤膜称出的质量在原始质量的±5 mg，中流量和小流量标准滤膜称出的质量在原始质量的±0.5 mg。若超出该范围，则认为该批滤膜不合格，要重新称量直到符合要求，并将称量结果记录在准备好的表格中，见表3.9。

（3）滤膜检查与编号

取出称量合格的空白滤膜若干张，用 X 光看片机检查有无针孔或任何缺陷，检查合格后，在滤膜光滑表面的两个对角线上打印编号，平放入已编号的滤膜袋或盒内做采样备用（滤膜与滤膜袋或储存盒编号应一致）。

（4）采样器的流量校准

新购置或维修后的采样器在启用前，应进行流量校准。由于采样器流量计上表观流量与实际流量随温度、压力的不同而变化，因此正常使用的采样器每月需进行一次流量校准，按标准规定用孔口流量计校准采样器的流量。

孔口流量计流量校准

（5）其他准备

准备其他仪器如气压计、温度计、记录表格、分析天平等。

2. 采样

（1）采样头安装

打开采样器外壳的顶盖，取出滤膜夹，用清洁干布擦去采样头及滤膜夹的灰尘，用镊子取出准备好的滤膜，"毛"面向上，对正，平放在采样夹的网托上，然后用密封垫压在滤料四周的边沿上，起密封作用。

视频-采样

（2）采样器连接

将采样设备带到采样现场，将安装好的采样头（切割器）连接在采样器主机上，然后一同固定在三脚架上，并调节采样器进气嘴距地面的相对高度为 1.5 m，最后接通电源。

（3）采样

开启采样器电源开关，调整采样器流量在正确的工作点进行采样，记录采样开始及结束时间、采样流量、气温及大气压等，见表3.8。若采样器有累计采样体积，采样结束后可直接记录。

采样过程中，随时注意参数的变化，并随时记录。

表3.8　颗粒物(TSP、PM$_{10}$、PM$_{2.5}$)现场采样记录表

采样地点＿＿＿＿＿＿＿＿＿＿＿＿＿＿＿　＿＿＿年＿＿＿月＿＿＿日

采样器编号	滤膜编号	采样时间		累计采样时间/min	采样器流量/(m^3·min^{-1})	采样体积/m^3	采样期间环境温度/K	采样期间大气压/kPa	测试人
		开始	结束						

采样时,根据采样要求设置采样器工作点流量,一般情况如下。

大流量采样器的工作点流量为 1.05 m^3/min。

中流量采样器的工作点流量为 100 L/min。

小流量采样器的工作点流量为 16.67 L/min。

3.样品的保存

采样后,打开采样头,取下滤料夹,用镊子小心取下滤膜,将有尘面(采样面)两次对折,放在与它编号相同的滤膜袋内(或储存盒内),并与记录表一起送交实验室。

取滤膜时,如发现滤膜损坏,或滤膜上尘的边缘轮廓不清晰、滤膜安装歪斜(说明漏气),则本次采样作废,需重新采样。

4.样品的测定

将采样后的滤膜放在平衡室内(或干燥器中),按采样前空白滤膜控制的条件平衡 24 h(对很湿的滤膜延长至 48 h),迅速称重,30 s 内称完,将称量结果及有关参数记录于颗粒物浓度测定记录表中,见表3.9。

称量时,大流量采样器滤膜称重精确到 1 mg,中流量采样器滤膜称重精确到 0.1 mg。

表3.9　颗粒物浓度测定记录表

采样地点＿＿＿＿＿＿＿＿＿＿＿　＿＿＿年＿＿＿月＿＿＿日

滤膜编号	采样流量Q_a/(m^3·min^{-1})	采样累积体积V/m^3	累计采样时间t/h	滤膜质量/mg		颗粒物(TSP、PM$_{10}$、PM$_{2.5}$)浓度/(mg·m^{-3})	测试人
				采样前(w_1)	采样后(w_2)		

5.数据处理及结果表示

样品中颗粒物 TSP、PM$_{10}$ 和 PM$_{2.5}$ 的质量浓度可计算为

$$\rho = \frac{w_2 - w_1}{V} \times 1\ 000 \tag{3.4}$$

式中　ρ——TSP、PM_{10} 和 $PM_{2.5}$ 的质量浓度，$\mu g/m^3$；

　　　w_1——空白滤膜（采样前）的质量，mg；

　　　w_2——采样后滤膜的质量，mg；

　　　V——根据相关质量标准或排放标准采用相应状态下的采样体积，m^3；

　　　1 000——mg 与 μg 质量单位换算系数。

计算结果保留三位有效数字。小数点后数字可保留到第二位。

6. 注意事项

①滤膜称重时，要按规定进行质量控制，每张滤膜均需检查，不得使用有针孔或任何缺陷的滤膜采样。

②称量不带衬纸的聚氯乙烯滤膜时，在取放滤膜时，用金属镊子触一下天平盘，以消除静电的影响。

③采样前后，滤膜称量应使用同一台天平。

④要检查采样头是否漏气。当滤膜上颗粒物与四周白边之间的界线模糊，表明应更换面板密封垫。

⑤两台采样器安放在不大于 4 m 且不小于 2 m 的距离内，同时采样测定总悬浮颗粒物含量，相对偏差应<15%。

⑥采样过程中，采样流量值的变化应在设定流量的±10%以内。

⑦当 PM_{10} 或 $PM_{2.5}$ 含量很低时，采样时间不能过短。对于感量为 0.1 mg 或 0.01 mg 的分析天平，滤膜上颗粒物负载量应分别大于 1 mg 和 0.1 mg，以减少称量误差。

三、技能训练

采用《环境空气 PM_{10} 和 $PM_{2.5}$ 的测定 重量法》（HJ 618—2011）及修改单，在 3 h 内完成环境空气中 PM_{10} 或 $PM_{2.5}$ 含量（1 h 浓度值）的测定，结果参照当地当天地方环保部门公布的环境空气质量指数日报中 PM_{10} 或 $PM_{2.5}$ 的数据，对 PM_{10} 或 $PM_{2.5}$ 进行评价分析，同时完善下列内容。

①写出主要仪器设备。

②列出主要操作步骤。

③设计并绘制采样用数据记录表格和分析测定用数据记录表格。

④写出计算公式及结果。

理论试题

任务二　自然降尘量的测定

【学习目标】
①掌握重量法测定环境空气中自然降尘量的方法和原理。
②能规范使用集尘缸进行采样。
③能正确测定环境空气中自然降尘量的含量。
④能判断并解决测定结果的异常现象。
⑤能理论与实践相结合,自主学习最新的国家标准和监测规范、方法标准,提高空气环境监测分析应用能力。
⑥要注意安全放置集尘缸。
⑦具备认真负责、科学严谨、实事求是、团结协作的精神。

一、基本知识

1. 指标含义及测定意义

降尘是自然沉降物的简称,是指空气中自然降落于地面上的颗粒物,粒径多在 10 μm 以上。自然降尘量指单位面积上单位时间内从空气中沉降的颗粒物的质量。其计量单位为每月每平方千米面积上沉降的颗粒物的吨数[$t/(km^2 \cdot 30d)$]。降尘是空气污染的参考性指标,通过其测定结果可观察空气污染的范围和污染程度。

自然降尘量监测是开展较早的空气污染物例行监测项目,后来由于环境空气质量新标准发布,大家更关注 PM_{10}、$PM_{2.5}$ 等污染物,但有些地方降尘监测并没有停止。例如在容易遭受沙尘侵害的新疆,降尘监测就非常有意义,所以这项工作一直在持续。

降尘量与工地、道路、堆场等尘源的对应关系非常明确。也就是说,降尘量直接反映城市扬尘管理。虽然尘是可沉降的,对人体伤害没有那么大,但降尘量对城市管理的意义非常重要。2018 年 10 月生态环境部发布了"2+26"城市降尘监测结果,这是降尘监测信息首次全面公开。监测并发布这些数据,对城市精细化管理程度的提升很有帮助。

2. 控制标准

迄今国内并未制订统一的降尘标准限值,2018 年 7 月,国务院发布的《打赢蓝天保卫战三年行动计划》提出,要加强扬尘综合治理,并实施重点区域降尘考核。京津冀及周边地区、汾渭平原各市平均降尘量不得高于 9 $t/(km^2 \cdot 30d)$;长三角地区不得高于 5 $t/(km^2 \cdot 30d)$,其中苏北、皖北不得高于 7 $t/(km^2 \cdot 30d)$。

3. 测定方法及原理

(1)测定方法

国家标准规定的测定空气中自然降尘量的方法是:《环境空气 降尘的测定 重

HJ 1221—2021

量法（HJ 1221—2021）》,方法的检出限为 0.3 $t/(km^2 \cdot 30\ d)$,测定下限为 1.2 $t/(km^2 \cdot 30\ d)$。

（2）测定原理

空气中可沉降的颗粒物,沉降在装有乙二醇水溶液做收集液的集尘缸内,经蒸发、干燥、称重后,计算降尘量。

4.仪器及设备

①集尘缸:内径（15±0.5）cm、高 30 cm 的圆柱形玻璃、有机玻璃或陶瓷缸,缸底平整,内壁光滑。

②金属或尼龙筛:孔径 1 mm。

③软质硅胶刮刀。

④瓷坩埚:100 mL。

⑤电热板:2 000 ~ 4 000 W,具调温分挡开关。

⑥烘箱。

⑦电子分析天平:感量 0.1 mg。

⑧一般实验室常用仪器和设备。

集尘缸实物图

5.试剂

①乙二醇（$C_2H_6O_2$）。

②乙二醇水溶液:乙二醇和水以 1∶1 的体积比混合。

③实验用水均为蒸馏水或同等纯度的水。

二、实训操作

1.采样前准备

（1）确定采样点

选择集尘缸不易损坏且易于更换集尘缸的地方,一般设在建筑物的屋顶。采样点周围应设置明显标识,防止误入。

集尘缸放置高度应距离地面 8 ~ 15 m,即普通住宅 3 ~ 5 层。在同一地区,各采样点集尘缸的放置高度应尽可能保持一致。在保证监测点具有空间代表性的前提下,若所选监测点位周围半径 300 ~ 500 m 范围内建筑物平均高度在 25 m 以上,无法满足高度设置要求时,集尘缸放置高度可在 20 ~ 30 m 选取。如放置在屋顶上,集尘缸口离建筑物墙壁、屋顶等支撑物表面的距离应大于 1 m,避免支撑物上扬尘的影响。

（2）放缸前准备

集尘缸放到采样点前,缸内加入 120 mL 乙二醇水溶液,干旱、蒸发量大的地区可酌情增加乙二醇水溶液加入量。加好溶液后,用保鲜膜覆盖缸口做好防尘,并记录。

2. 样品的收集

放缸时取下保鲜膜,记录地点、缸号、放缸时间(年、月、日、时)。按月(28～31 d)定期更换集尘缸,采样记录时间应精确到 0.1 d。取缸时应核对地点、缸号,并记录取缸时间(月、日、时),用保鲜膜覆盖缸口做好防尘,带回实验室。

在夏季多雨及冬季多雪季节,应注意缸内积水或积雪情况,为防水满或雪满溢出,应及时更换新缸,采集的样品合并后测定。

在样品收集过程中,如缸内收集液高度低于 0.3 cm,应适当补充乙二醇水溶液。

3. 样品的保存

样品采集后应尽快分析,如不能 24 h 内分析,应将样品按下述"样品的测定"步骤"(2)测定"进行转移后,补加适量乙二醇,并用保鲜膜覆盖烧杯口,7 d 内测定。

4. 样品的测定

(1)瓷坩埚准备

将瓷坩埚洗净、编号,在(105±5)℃下,烘箱内烘 3 h,取出放入干燥器内,冷却至室温,在电子分析天平上称量,再烘 50 min,冷却至室温,再称量,直至恒重(2 次质量之差小于 0.4 mg),恒重后取最后 2 次称量值均值为瓷坩埚的质量 m_0,并记录于表 3.10 中。

(2)测定

用尺子测量集尘缸内径(按不同方向至少测定 3 处,取其算术平均数,精确至 0.1 cm),然后用光洁的镊子将落入缸内的树叶、昆虫等异物取出,并用水将附着在上面的尘粒冲洗下来后,将异物弃掉。用软质硅胶刮刀把缸壁刮洗干净,将缸内尘粒和溶液通过金属或尼龙筛,全部转入 500 mL 烧杯中,用水反复冲洗截留在筛网上的异物以及软质硅胶刮刀,将附着在上面的尘粒冲洗下来后,将筛上异物弃掉。

将烧杯中的收集液在电热板上缓慢加热蒸发,使体积浓缩到 10～20 mL,冷却后用水冲洗杯壁,并用软质硅胶刮刀把杯壁上的尘粒刮洗干净,将溶液和尘粒全部转移到已恒重的瓷坩埚中,放在电热板上缓慢加热至近干(溶液少时防止进溅),然后放入烘箱于(105±5)℃烘干,按与瓷坩埚准备同样的方法称量至恒重,恒重后取最后 2 次称量值均值,此值为 m_1,记录于表 3.10 中。

5. 空白试验

将采样操作和样品保存时加入总量相同的同批次乙二醇水溶液,加入 500 mL 烧杯中。按照与上述"样品的测定"中"(2)测定"相同的步骤进行实验室空白试样的制备,称量至恒重后,减去瓷坩埚的质量 m_0,得到 m_2,记录于表 3.10 中。

6. 空白加标样的测定

称取质控样品、采样操作和样品保存时加入总量相同的同批次乙二醇水溶液加入集尘缸,按照与上述"样品的测定"相同的步骤进行实验室空白加标样的测定。

表 3.10 自然降尘量测定记录表

放缸时间（年月日）	取缸时间（年月日）	集尘缸口内径 D/m	集尘缸口面积 A/m^2	降尘、瓷坩埚和乙二醇水溶液蒸发至干并恒重后的质量 m_1/g	瓷坩埚质量 m_0/g	与采样操作和样品保存等量的乙二醇水溶液蒸发至干并在（105±5）℃恒重后的空白试样质量 m_2/g	降尘量/（$t \cdot km^{-2} \cdot 30d^{-1}$）	测试人

7.数据处理及结果表示

根据记录的数据,降尘量可计算为

$$m = \frac{m_1 - m_0 - m_2}{A \times t} \times 30 \times 10^4 \qquad (3.5)$$

式中　m——降尘总量,$t/(km^2 \cdot 30d)$;

　　　m_1——降尘、瓷坩埚和乙二醇水溶液蒸发至干并在（105±5）℃恒重后的质量,g;

　　　m_0——瓷坩埚在（105±5）℃烘干恒重后的质量,g;

　　　m_2——与采样操作和样品保存等量的乙二醇水溶液蒸发至干并在（105±5）℃恒重后的空白试样质量,g;

　　　A——集尘缸缸口面积,cm^2;

　　　t——采样时间（准确到0.1 d）,d;

　　　30——一个采样周期,以30 d计;

　　　10^4——g/cm^2 转换为 t/km^2 的单位换算系数。

测定结果小数点后保留位数与方法检出限一致,最多保留三位有效数字。

8.注意事项

①树叶、枯枝、鸟粪、昆虫、花絮等会对测定产生干扰,样品测定前应去除。

②每个样品所使用的烧杯、瓷坩埚等的编号应一致,并将与其相对应的集尘缸的缸号一并及时填入记录表中。

③瓷坩埚在烘箱、干燥器中,应分离放置,不可重叠。

④样品在瓷坩埚中浓缩时,不要用水洗涤瓷坩埚,否则将在乙二醇与水的界面上发生剧烈沸腾使溶液溢出。当浓缩至20 mL以内时应降低加热温度并不断摇动瓷坩埚,使降尘黏附在瓷坩埚壁上,避免样品溅出。

⑤干旱、蒸发量大的地区无法保证采样周期内全程为湿法采样,采样时可在集尘缸底部铺一层直径为12 mm的玻璃珠,并在原始记录中对采样方式予以说明。

⑥加热方式除电热板加热外,也可选择水浴加热的方式。

⑦根据需求,可采集平行样。

三、技能训练

采用《环境空气 降尘的测定 重量法》(HJ 1221—2021),测定当地当月(或顺延一个月)环境空气中自然降尘量的含量,结果参照生态环境部公布的相关地区自然降尘量的数据,对自然降尘量进行评价分析,同时完善下列内容。

①写出主要仪器设备。

②列出主要操作步骤。

③设计并绘制分析测定用数据记录表格。

④写出计算公式及结果。

理论试题

任务三　颗粒物中金属元素的测定

【学习目标】

①掌握电感耦合等离子体发射光谱法测定环境空气颗粒物中金属元素的方法和原理。

②能正确测定气样中各种金属元素的含量。

③能判断并解决测定结果的异常现象。

④能把握测定分析过程中的安全注意事项,确保自己和同伴安全及仪器设备安全。

⑤能将理论与实践相结合,自主学习最新的国家标准和监测规范、方法标准,提高空气环境监测分析应用能力。

⑥保持实验环境及实验台面和仪器的干净、整洁、有序,符合规范要求。

⑦具备认真负责、科学严谨、实事求是、团结协作的精神。

一、基本知识

1.指标含义及测定意义

环境空气中重金属元素依附在尘埃等微小颗粒上,是近年来空气污染(特别是雾霾)的主要原因,严重威胁人的身体健康。相关调查数据表明,若长期处于重金属元素超标的空气环境中,颗粒物在人体呼吸系统中长期积累,会造成肺器官的功能衰竭等一系列呼吸系统疾病,尤其是对于儿童、老人或自身免疫力系统功能较低的人来说,患病概率更高。而环境空气中重金属元素往往以多种化学形态存在,形态不同,重金属的环境活性、生物有效性及毒性差异也较大。一般根据其化学形态分为可溶态与可交换态,碳酸盐态、氧化态与还原态,有机质、氧化物与硫化物结合态,残渣态等。环境空气颗粒物中的重金属种类多样,主要包括铝(Al)、砷(As)、钙(Ca)、镉(Cd)、铬(Cr)、铜(Cu)、铁(Fe)、汞(Hg)、钾(K)、镁(Mg)、锰(Mn)、钠(Na)、镍(Ni)、铅(Pb)、锑(Sb)、锡(Sn)、锶(Sr)、钛(Ti)、钒(V)、锌(Zn)等。其中,砷、镉、铬、汞、铅难以被微生物降解,能在人体内不断扩散、转移、分散、富集,故称"五毒"元素。

2. 测定方法及原理

（1）测定方法

目前，国家标准规定的测定颗粒物中重金属元素的方法是《空气和废气 颗粒物中金属元素的测定 电感耦合等离子体发射光谱法》（HJ 777—2015）。该方法适用于环境空气、无组织排放和固定污染源废气颗粒物中银、铝、砷、钡、铍、铋、钙、镉、钴、铬、铜、铁、钾、镁、锰、钠、镍、铅、锑、锡、锶、钛、钒、锌等 24 种金属元素的测定。当空气采样量为 150 m^3（标准状态），污染源废气采样量为 0.600 m^3（标准状态干烟气），样品预处理定容体积为 50 mL 时，该方法测定各金属元素的检出限和测定下限见二维码。

（2）测定原理

将采集到合适滤料上的空气和废气颗粒物样品经微波消解或电热板消解后，用电感耦合等离子体发射光谱法（ICP-OES）测定各金属元素的含量。

消解后的试样进入等离子体发射光谱仪的雾化器中被雾化，由氩载气带入等离子体火炬中，目标元素在等离子体火炬中被气化、电离、激发并辐射出特征谱线。在一定浓度范围内，其特征谱线强度与元素浓度成正比。

3. 仪器及设备

①颗粒物采样器：其中环境空气颗粒物采样器带 TSP、PM_{10}、$PM_{2.5}$ 切割器，并通过流量计的校准；污染源废气颗粒物采样器采样流量为 5～80 L/min。

②电感耦合等离子体发射光谱仪（主要检定项目及计量性能应符合国家计量检定规程）。

③微波消解仪：具有程式化功率设定功能。

④电热板：控温精度优于±5 ℃。

⑤微波消解容器：PFA 特氟龙或同级材质。

⑥高压消解罐：内罐为聚四氟乙烯材质，外罐为不锈钢材质。

⑦聚四氟乙烯烧杯：100 mL。

⑧聚乙烯或聚丙烯瓶：100 mL。

⑨陶瓷剪刀。

⑩X 光看片机、打号机、气压计、温度计、镊子等。

⑪滤膜储存袋及储存盒。

⑫分析天平：感量 0.1 mg 或 0.01 mg。

⑬恒温恒湿箱（室）。

4. 试剂

除非另有说明，分析时均使用符合国家标准的优级纯或高纯（如微电子级）化学试剂。实验用水为去离子水或纯度达到比电阻≥18 MΩ·cm 的水。

①硝酸，$\rho(HNO_3)$= 1.42g/mL。

②盐酸，$\rho(HCl)$= 1.19g/mL。

③过氧化氢，$\omega(H_2O_2)$= 30%。

④氢氟酸,$\rho(\text{HF})=1.16$ g/mL。

⑤高氯酸,$\rho(\text{HClO}_4)=1.67$ g/mL。

⑥硝酸-盐酸混合消解液:于约500 mL水中加入55.5 mL硝酸①及167.5 mL盐酸②,用水稀释并定容至1 L。

⑦硝酸溶液:1+1。于400 mL水中加入500 mL硝酸①,用水稀释并定容至1 L。

⑧硝酸溶液:1+9。于400 mL水中加入100 mL硝酸①,用水稀释并定容至1 L。

⑨硝酸溶液:1+99(标准系列空白溶液)。于400 mL水中加入10.0 mL硝酸①,用水稀释并定容至1 L。

⑩硝酸溶液:2+98(系统洗涤溶液)。于400 mL水中加入20.0 mL硝酸①,用水稀释并定容至1 L。主要用于冲洗仪器系统中的残留物。

⑪盐酸溶液:1+1。于400 mL水中加入500 mL盐酸②,用水稀释并定容至1 L。

⑫盐酸溶液:1+4。于400 mL水中加入200 mL盐酸②,用水稀释并定容至1 L。

⑬标准溶液:市售有证标准溶液。多元素标准储备溶液,$\rho=100$ mg/L;单元素标准储备溶液,$\rho=1\,000$ mg/L。

⑭石英滤膜,特氟龙滤膜或聚丙烯等有机滤膜。对粒径大于0.3 μm颗粒物的阻留效率不低于99%。

⑮石英滤筒,玻纤滤筒。对粒径大于0.3 μm颗粒物的阻留效率不低于99.9%。空白滤筒中目标金属元素含量应小于等于排放标准限值的1/10,不符合要求则不能使用。

⑯氩气:纯度不低于99.9%。

二、实训操作

1.采样

按要求设置环境空气采样点位,或无组织排放空气颗粒物样品的监测点位。

采集滤膜样品时,使用中流量采样器,至少采集10 m³(标准状态)。当金属浓度较低或采集$\text{PM}_{10}(\text{PM}_{2.5})$样品时,可适当增加采样体积,采样时应详细记录采样环境条件。

污染源废气样品采样,使用烟尘采样器,采集滤筒样品至少0.600 m³(标准状态干烟气),当金属浓度较低时可适当增加采样体积,如果管道内烟气温度高于需采集的相关金属元素熔点,应采取降温措施,使进入滤筒前的烟气温度低于相关金属元素的熔点。

2.样品的保存

滤膜样品采集后,将有尘面两次向内对折,放入样品盒或纸袋中保存;滤筒样品采集后将封口向内折叠,竖直放回原采样套筒中密闭保存。

样品在干燥、通风、避光、室温环境下保存。

3.样品的测定

（1）试样的制备

①微波消解。

取适量滤膜或滤筒样品（如大流量采样器矩形滤膜可取1/4，或截取直径为47 mm的圆片；小流量采样器圆滤膜取整张，滤筒取整个），用陶瓷剪刀剪成小块，放进微波消解容器中，加入20.0 mL硝酸-盐酸混合消解液⑥，使滤膜（滤筒）碎片浸没其中，加盖，置于消解罐组件中并旋紧，放到微波转盘架上。设定消解温度为200 ℃，消解持续时间为15 min。

消解结束后，取出消解罐组件，冷却，以水淋洗微波消解容器内壁，加入约10 mL水，静置0.5 h进行浸提。将浸提液过滤到100 mL容量瓶中，用水定容至刻度线，待测。当有机物含量过高时，可在消解时加入适量的过氧化氢③以分解有机物。

②电热板消解。

取适量滤膜或滤筒样品（同上），用陶瓷剪刀剪成小块，置于聚四氟乙烯烧杯中，加入20.0 mL硝酸-盐酸混合消解液⑥，使滤膜（滤筒）碎片浸没其中，盖上表面皿，在（100±5）℃加热回流2 h，冷却。以水淋洗烧杯内壁，加入约10 mL水，静置0.5 h进行浸提。将浸提液过滤到100 mL容量瓶中，用水定容至刻度，待测。当有机物含量过高时，可在消解时加入适量的过氧化氢③消解，以分解有机物。

（2）实验室空白试样的制备

取与样品相同批号、相同面积的空白滤膜或滤筒，按与试样制备相同的步骤制备实验室空白试样。

（3）仪器准备

①仪器参数。

采用仪器生产厂家推荐的仪器工作参数。表3.11给出了测量时的参考分析条件。

表3.11　ICP-OES测量参考分析条件

高频功率 /kW	等离子气流量 /(L·min⁻¹)	辅助气流量 /(L·min⁻¹)	载气流量 /(L·min⁻¹)	进样量 /(mL·min⁻¹)	观测距离 /mm
1.4	15.0	0.22	0.55	1.0	15

点燃等离子体后，按照厂家提供的工作参数进行设定，待仪器预热至各项指标稳定后开始进行测量。

②波长选择。

在实验室所用仪器厂商推荐的最佳测量条件下，对每个被测元素选择2～3条谱线进行测定，分析比较每条谱线的强度、谱图及干扰情况。在此基础上，选择各元素的最佳分析谱线。该方法推荐的各金属元素测量波长见表3.12。

表3.12　推荐的各金属元素测量波长

元素	测量波长/nm			元素	测量波长/nm		
	I	II	III		I	II	III
铝 Al	396.153	308.215	394.401	钾 K	766.490	404.721	769.896
银 Ag	328.068	338.289	243.778	镁 Mg	285.213	279.077	280.271
砷 As	193.696	188.979	197.197	锰 Mn	257.610	259.372	260.568
钡 Ba	233.527	455.403	493.408	钠 Na	589.592	330.237	588.995
铍 Be	313.107	313.042	234.861	镍 Ni	231.604	221.648	232.003
铋 Bi	223.061	306.766	222.821	铅 Pb	220.353	217.000	283.306
钙 Ca	317.933	315.887	393.366	锶 Sr	407.771	421.552	460.733
镉 Cd	228.802	214.440	226.502	锡 Sn	189.927	235.485	283.998
钴 Co	228.616	238.892	230.786	锑 Sb	206.836	217.582	231.146
铬 Cr	267.716	205.560	283.563	钛 Ti	334.940	336.121	337.279
铜 Cu	327.393	324.752	224.700	钒 V	292.464	310.230	290.880
铁 Fe	238.204	239.562	259.939	锌 Zn	206.200	213.857	202.548

（4）校准曲线的绘制

基于颗粒物样品的实际化学组成,表3.13给出了标准溶液浓度参考范围。在此范围内除标准系列空白溶液⑨,依次加入多元素标准储备液⑬,配制3~5个浓度水平的标准系列。各浓度点用硝酸溶液⑨定容至50.0 mL。可根据实际样品中待测元素的浓度情况调整校准曲线浓度范围。

表3.13　校准曲线标准溶液参考浓度范围

元素	浓度范围/$(mg \cdot L^{-1})$
Co、Cr、Cu、Ni、Pb、As、Ag、Be、Bi、Cd、Sr	0.00~1.00
Ba、Mn、V、Ti、Zn、Sn、Sb	0.00~5.00
Al、Fe、Ca、Mg、Na、K	0.00~10.0

将标准溶液依次导入发射光谱仪进行测量,以浓度为横坐标,元素响应强度为纵坐标进行线性回归,建立校准曲线。

（5）样品的测定

分析测定样品前,用系统洗涤溶液⑩冲洗系统直到空白强度值降至最低,待分析信号稳定后开始分析样品。样品测量过程中,若样品中待测元素浓度超出校准曲线范围,样品需稀释后再重新测定。

4. 数据处理及结果表示

颗粒物中金属元素的浓度可计算为

$$\rho = (c - c_0) \times V_s \times \frac{n}{V_{std}} \qquad (3.6)$$

式中　ρ——颗粒物中金属元素的浓度，$\mu g/m^3$；

　　　c——试样中金属元素的浓度，$\mu g/mL$；

　　　c_0——空白试样中金属元素的浓度，$\mu g/mL$；

　　　V_s——试样或试样消解后的定容体积，mL；

　　　n——滤膜切割的份数（即采样滤膜面积与消解时截取的面积之比，滤筒 $n=1$）；

　　　V_{std}——标准状态（273.15 K，101.325 kPa）下的采样体积，m^3；对污染源废气样品，V_{std} 为标准状态下干烟气的采样体积，m^3。

当测定结果大于等于 1.00 $\mu g/m^3$ 时，数据保留三位有效数字；当测定结果小于 1.00 $\mu g/m^3$ 时，小数点后有效数字的保留与待测元素方法检出限保持一致。

5. 注意事项

①试剂空白中，目标元素测定值应小于测定下限。包括消解全过程的滤膜或滤筒空白试样中目标元素的测定值应小于等于排放标准限值的 1/10。如不能满足要求，可适当增加采样量，使颗粒物中目标元素测定值明显高于滤膜或滤筒空白值。

②每批样品测定前均要求建立校准曲线，其相关系数应大于 0.999。以其他来源的标准物质配制接近校准曲线中间浓度的标准溶液进行分析确认时，其相对误差应控制在 10% 以内。每测定 10～20 个样品，应测定一个校准曲线中间点浓度标准溶液，测定值与标称值相对误差应≤10%，否则应重新建立标准曲线。

③测量值超过标准值的±10% 时，应停止分析，查找原因。

④每批样品应至少分析 1 个校准曲线中间浓度的加标回收率样品，加标回收率应控制在 85%～115%。

⑤砷、铅、镍等金属元素有毒性，实验过程中应做好安全防护。

⑥实验中产生的废液应集中收集，妥善保管，委托有资质的单位进行处理。

三、技能训练

采用《空气和废气 颗粒物中金属元素的测定 电感耦合等离子体发射光谱法》（HJ 777—2015）测定当地环境空气中的金属元素含量，结果参照生态环境部公布的相关地区颗粒物中金属元素的相关数据，并对当地颗粒物中金属元素含量进行评价分析，同时完善下列内容。

①写出主要仪器设备。

②列出主要操作步骤。

③设计并绘制采样用数据记录表格和分析测定用数据记录表格。

④写出计算公式及结果。

理论试题

单元三　分子状态污染物的测定

➤　问题导读

分子状态污染物是指在环境空气中以气态或蒸气态存在的污染物。其来源广泛,种类极多,物理化学性质差异大,且运动速度快、扩散快,在空气中的分布较均匀,常能传播到很远的地方,并长期存在于空气中,对人体健康及环境危害很大。《2023 中国生态环境状况公报》显示,全国 339 个地级及以上城市中,环境空气中气体状态主要污染物 O_3、SO_2、NO_2、CO 超标天数比例分别为 40.1%、0%、0.2%、0%;另外,全国酸雨区面积约 44.3 万 km^2,占国土面积的 4.6%,其中较重酸雨区面积占国土面积的 0.04%。因此,分子状态污染物仍然是环境空气质量的重要指标,是进行空气环境监测的重要组成部分。

一、分子状态污染物来源

分子状态污染物来源于自然过程和人类活动。前者如火山作用、森林火灾及生长中的植物,后者是指人们的生产生活行为,如化工生产过程、燃料燃烧过程和汽车尾气排放等。表 3.14 为地球上自然过程及人类活动产生的空气污染物。

表 3.14　地球上自然过程及人类活动产生的空气污染物

污染物名称	自然排放	人类活动排放
SO_2	火山活动	煤和油的燃烧
H_2S	火山活动、沼泽中的生物作用	化学过程污水处理
CO	森林火灾、海洋、萜烯反应	机动车和其他燃烧过程排气
$NO\text{-}NO_2$	土壤中的细菌作用	燃烧过程
NH_3	生物腐烂	废物处理
N_2O	土壤中的生物作用	无
C_mH_n	生物作用	燃烧和化学过程
CO_2	生物腐烂、海洋释放	燃烧过程

由自然过程排放污染物所造成的污染多为暂时的和局部的,人类活动排放污染物是造成污染的主要根源。因此,空气环境监测所针对的主要是人为造成的污染物。

二、分子状态污染物分类

(一)按产生的方式及污染物的性质分类

根据产生的方式及污染物的性质,可分无机分子状态污染物和有机分子状态污染物。

1. 无机分子状态污染物

无机分子状态污染物也称气态污染物,是指在常温常压下以气体分子存在,当这些物质由污染源散发到空气中时,仍以气态分子存在。常见的有 CO、CO_2、SO_2、NO_2、NO、Cl_2、H_2S、HCl、HF、HCN、NH_3、O_3 等。

无机分子状态污染物主要来源于煤、石油、天然气等化石燃料以及生物质能源的燃烧过程(如焚化炉、工业锅炉、窑炉),冶金、石油化工、建材生产(如砖瓦、水泥)等生产活动,以及生活取暖、烹调等生活活动。

2. 有机分子状态污染物

有机分子状态污染物也称蒸气态污染物,是指在常温常压下是液体或固体的物质。由于其沸点和熔点很低,挥发性大,因此能以蒸气状态挥发到空气中,造成空气污染。

有机分子状态污染物主要来源于化工、轻工及燃料燃烧等过程。

进入空气中的有机污染物种类比无机物要多得多。大体上可分为挥发性有机物(VOCs)和半挥发性有机物(SVOCs)。

(1)挥发性有机物

根据世界卫生组织的定义,VOCs 是在常温下,沸点在 50~260 ℃ 的各种有机化合物。在我国,VOCs 是指常温下饱和蒸气压大于 70 Pa、常压下沸点在 260 ℃ 以下的有机化合物,或在 20 ℃ 条件下,蒸气压大于或等于 10 Pa 且具有挥发性的全部有机化合物。

VOCs 主要包括非甲烷碳氢化合物(NMHCs)、含氧有机化合物、卤代烃、含氮有机化合物、含硫有机化合物等。大多数 VOCs 具有令人不适的特殊气味,并具有毒性、刺激性、致畸性及致癌作用,特别是苯、甲苯及甲醛等对人体会造成很大的伤害。VOCs 是导致城市灰霾和光化学烟雾的重要前体物,能参与空气环境中臭氧和二次气溶胶的形成,对区域性空气臭氧污染、$PM_{2.5}$ 污染具有重要的影响。

(2)半挥发性有机物

SVOCs 一般是指沸点在 170~350 ℃(由于分类依据模糊,经常与 VOCs 有交叉)、蒸气压在 $1.3×10^{-2}~1.3×10^{-8}$ kPa 的有机物,部分 SVOCs 容易吸附在颗粒物上。

SVOCs 主要包括二噁英类、多环芳烃类、有机农药类、氯代苯类、多氯联苯类、吡啶类、喹啉类、硝基苯类、邻苯二甲酸酯类、亚硝基胺类、苯胺类、苯酚类、多氯萘类和多溴联苯醚类等化合物。这些有机化合物在环境空气中主要以气态或者气溶胶两种形态存在。表 3.15 为主要有机分子状态污染物的类型。

表 3.15 主要有机分子状态污染物的类型

类型	常见污染物
烷烃类	甲烷、乙烷、丙烷、正丁烷、异丁烷、正戊烷、3-甲基戊烷、正己烷、甲基环己烷、正庚烷、正辛烷、正壬烷、正癸烷、2-甲基癸烷等
烯烃类	乙烯、丙烯、丁烯、戊二烯、异戊烯、苯乙烯等
苯系物	苯、甲苯、二甲苯、三甲苯、乙苯、4-乙基甲苯等

续表

类型	常见污染物
卤代烃类	氟利昂(氟氯烃类)、哈龙(氟溴烃类)、三氯甲烷、四氯化碳、三氯乙烷、1,2-三氯乙烷、三氯乙烯、四氯乙烯、氯苯、一氯甲烷、二氯甲烷、一氯二溴甲烷、三溴甲烷、三氯氟甲烷、六氯-1,3-丁二烯等
醛类	甲醛、乙醛、丙烯醛、丙醛、丁醛、丁烯醛、戊醛、异戊醛、正己醛、苯甲醛、甲基苯甲醛、2,5-二甲基苯甲醛等
酮类	丙酮、甲基乙基酮、甲草异丁基酮、甲基丁酮、苯乙酮等
醇、酸、酯类	甲醇、乙醇、异丙醇、甲酸、乙酸、丙烯酸、乙酸乙酯、乙烯基乙酸酯、过氧乙酰硝酸酯等
有机胺类	一甲胺、二甲胺、三甲胺、三乙胺、乙二胺、二甲基乙酰胺、苯胺等
有机硫化合物	甲硫醇、甲硫醚、二甲二硫、二硫化碳等

(二)按对我国空气环境的危害大小分类

按对我国空气环境的危害大小,分子状态污染物一般可分为以下五种类型。

1.含硫化合物

含硫化合物主要是指 SO_2、SO_3、H_2S 等。其中,以 SO_2 的含量最大,危害也最大,是影响空气质量的最主要的气态污染物。

2.含氮化合物

含氮化合物种类很多,有 N_2O、NO、NO_2、N_2O_3、N_2O_4、N_2O_5、NH_3 等。其中,最主要的是 NO、NO_2、NH_3 等。

3.碳的氧化物

碳的氧化物主要是指 CO 和 CO_2,是空气污染物中发生量最大的一类污染物。

4.碳氢化合物

碳氢化合物也称有机化合物(VOCs,见前述),通常以非甲烷总烃的形式来报道在空气中的浓度,特别是多环芳烃类(PAHs)中的苯并[a]芘(BaP),是强致癌物,因而可作为环境空气污染的重要指标之一。

5.卤素化合物

卤素化合物主要是指含氯化合物及含氟化合物,如 HCl、HF、SiF_4 等。另外,根据污染物的形成过程,卤素化合物还可分为一次污染物和二次污染物,详见模块一的单元一。

表3.16为主要分子状态污染物和由其所生成的二次污染物种类。

表 3.16　分子状态空气污染物种类

污染物	一次污染物	二次污染物
含硫化合物	SO_2、H_2S	SO_3、H_2SO_4、MSO_4
含氮化合物	NO、NH_3	NO_2、HNO_3、MNO_3
碳的氧化物	CO、CO_2	无
碳氢化合物	C_mH_n	臭氧、醛、酮、过氧乙酰硝酸酯(PAN)
卤素化合物	HCl、HF	无

注:M 代表金属离子。

三、分子状态污染物的危害

分子状态污染物对人体健康、植物、器物和材料及空气能见度与气候皆有重要影响。对人体健康的危害主要表现为呼吸道疾病;对植物可使其生理机制受抑制,生长不良,抗病抗虫能力减弱,甚至死亡;还会腐蚀物品,影响产品质量;甚至造成酸雨沉降,使河湖、土壤酸化,鱼类减少甚至灭绝,森林发育受影响;导致大气能见度降低等。

(一)对人体健康的影响

分子状态污染物对人体健康的危害是多方面的,主要表现是呼吸道疾病与生理机能障碍,以及眼鼻等黏膜组织受到刺激而患病。

在突然高浓度污染物作用下,会引起急性中毒,甚至在短时间内死亡。如空气中细颗粒物和二氧化硫浓度突然升高,比平时高出许多倍时,人们就会感觉胸闷、咳嗽和嗓子疼痛,以致出现呼吸困难和发热,特别是在浓雾后期,死亡率急剧上升,其中以支气管炎的死亡率最高,其次是肺炎。

长期接触低浓度污染物,会诱发疾患或引起慢性中毒。大量研究资料认为,一些慢性呼吸系统的疾病或病情加重的原因都与空气污染有密切关系。较低浓度的污染物也会刺激呼吸道引起支气管收缩,使呼吸道阻力增加并减弱呼吸功能,同时还会使呼吸道黏膜分泌增多,使呼吸道的纤毛运动受阻,从而导致呼吸道抵抗力减弱,诱发呼吸道的各种疾病,如支气管炎、支气管哮喘、肺气肿和肺癌等病症。

(二)对植物的伤害

空气中分子状态污染物对植物的危害有多种形式,如直接伤害、间接伤害、慢性和潜在伤害等。通常发生在植物叶片结构中。常见的毒害植物的气体是二氧化硫、臭氧、PAN、氟化氢、乙烯、氯化氢、氯、硫化氢及氨等。

在高浓度污染物影响下,植物会产生直接的急性伤害,叶子表面出现坏死斑点,损伤了叶子表面的毛孔和气孔,从而破坏其光合作用和分泌作用。当污染物通过气孔或角质层进行扩散以后,使植物细胞中毒,导致在其上出现深度坏死或衰老的斑点。例如,在钢冶炼厂周围,在水稻扬花和灌浆季节,由于高浓度 SO_2 污染使水稻不能授粉和灌浆,严重的会造成水稻绝收。

当植物长期暴露在低浓度空气污染中时,会受到慢性侵害。主要是干扰植物养分和能量的吸收,影响植物生长和发育;干扰植物的繁殖过程,降低花粉的活力,减少果实,降低种子发芽能力;干扰正常的代谢或生长过程,导致植物器官的异常发育和提前衰老。另外,空气污染物还会降低植物对病虫害的抵抗能力,诱发严重的病虫害。例如,在一些砖瓦厂周围,由于燃煤烟气中二氧化硫、氟化物含量高,从而影响果树挂果,使产量明显降低。

(三)对建筑物和文物古迹的损害

空气中分子状态的一次污染物(如 SO_2、NO)、二次污染物(如 SO_3、自由基)、过氧化物(如 H_2O_2)及 O_3 等对金属制品、建筑物、桥梁等有氧化腐蚀作用,能减少这些物品的使用寿命。

此外,这些污染物还会使车辆、衣物、家具等受到腐蚀。许多珍贵的古建筑、历史文化遗产被煤烟熏黑,使之面目全非。一些大理石的雕像,由于酸性污染及酸雨的侵蚀而变得千疮百孔,造成严重损失。一些碑刻受到腐蚀后,已难以辨认。

(四)对气候的影响

分子状态污染物对气候产生大规模影响,是已被证实的全球性问题,其结果极为严重。例如,CO_2 与 CH_4 等温室气体引起的温室效应,卤素类化合物(如氟利昂)上升到对流层引起臭氧层破坏,以及 SO_2 与 NO_x 排放产生的酸沉降等,都是当前全球空气环境的主要问题。

任务一　二氧化硫的测定

【学习目标】
①掌握分光光度法测定环境空气中二氧化硫的方法和原理。
②能规范使用大气采样器进行气体污染物的采样。
③能进行数据处理,并能判断和解决异常测定结果。
④能把握测定分析过程中的安全注意事项,确保自己和同伴安全及仪器设备安全。
⑤能将理论与实践相结合,自主学习最新的国家标准和监测规范、方法标准,提高空气环境监测分析应用能力。
⑥具有环保意识和节约意识,测定过程中要节约使用试剂药品,不危害环境。
⑦保持实验环境及实验台面和仪器的干净、整洁、有序,符合规范要求。
⑧具备认真负责、科学严谨、实事求是、团结协作的精神。

一、基本知识

1. 指标含义及测定意义

SO_2 是无色易溶于水,具有刺激性气味的气体。当其通过鼻腔、气管、支气管时多被管腔内膜水分吸收阻留,形成亚硫酸、硫酸和硫酸盐,使刺激作用增强。空气中 SO_2 的浓度达到 $(0.3 \sim 1.0) \times 10^{-6}$ 时,人就会闻到刺激性的气味。一般认为,空气中 SO_2 的浓度在 0.5×10^{-6} 以上时,对人体健康存在某种潜在性的影响,浓度在 $(1 \sim 3) \times 10^{-6}$ 时大多数人开始受到刺激,当达到 10×10^{-6} 时刺激加剧,个别人还会出现严重的支气管痉挛。

SO_2 和气溶胶颗粒一起进入人体,气溶胶微粒能把 SO_2 带到肺的深部,使毒性增加 $3 \sim 4$ 倍。此外,当颗粒物中含有三氧化二铁等金属成分时,可催化 SO_2 氧化成酸雾,吸附在微粒表面,被带入呼吸道深部。硫酸雾的刺激作用比 SO_2 约强 10 倍。

2. 控制标准

《环境空气质量标准》(GB 3095—2012)规定的 SO_2 的浓度限值见表 3.17。

表 3.17　环境空气中二氧化硫浓度限值

污染物项目	平均时间	浓度限值		单位
		一级	二级	
二氧化硫(SO_2)	年平均	20	60	$\mu g/m^3$
	24 h 平均	50	150	
	1 h 平均	150	500	

《室内空气质量标准》(GB 18883—2022)规定,SO_2 的 1 h 平均浓度限值为 $0.50\ mg/m^3$。

3. 测定方法及原理

(1)测定方法

目前,国家标准规定的 SO_2 的测定方法有两种:一是《环境空气 二氧化硫的测定 甲醛吸收-副玫瑰苯胺分光光度法》(HJ 482—2009);二是《环境空气 二氧化硫的测定 四氯汞盐吸收-副玫瑰苯胺分光光度法》(HJ 483—2009)。

HJ 482—2009

HJ 483—2009

前者适用于测定环境空气中的 SO_2。当使用 10 mL 吸收液,采样体积为 30 L 时,测定空气中 SO_2 的检出限为 $0.007\ mg/m^3$,测定下限为 $0.028\ mg/m^3$,测定上限为 $0.667\ mg/m^3$;当使用 50 mL 吸收液,采样体积为 288 L,试份为 10 mL 时,测定空气中 SO_2 的检出限为 $0.004\ mg/m^3$,测定下限为 $0.014\ mg/m^3$,测定上限为 $0.347\ mg/m^3$。用此法测定 SO_2,避免了使用毒性大的四氯汞盐吸收液,并且其灵敏度和准确度相同,样品采集后也相当稳定,不足之处是对操作条件要求非常严格。

后者是国内广泛采用的测定环境空气中 SO_2 的方法。当使用 5 mL 吸收液,采样体积为 30 L 时,测定空气中 SO_2 的检出限为 $0.005\ mg/m^3$,测定下限为 $0.020\ mg/m^3$,测定上限为 0.18 mg/m³；当使用 50 mL 吸收液，采样体积为 288 L 时，测定空气中 SO_2 的检出限为 0.005 mg/m³，测定下限为 0.020 mg/m³，测定上限为 0.19 mg/m³。与甲醛吸收的方法相比，该法具有灵敏度高、选择性好等优点，但吸收液毒性较大，操作时应按规定做好防护，检测后的残渣残液应做妥善的安全处理。

（2）测定原理

甲醛吸收-副玫瑰苯胺分光光度法的原理是：气样中的 SO_2 被甲醛缓冲溶液吸收后，生成稳定的羟甲基磺酸加成化合物，在样品溶液中加入氢氧化钠使加成化合物分解，释放出的 SO_2 与副玫瑰苯胺、甲醛作用，生成紫红色络合物，其颜色深浅与 SO_2 含量成正比，最大吸收波长为 577 nm，可用分光光度计测定吸光度，从而确定气样中 SO_2 的浓度。

四氯汞盐吸收-副玫瑰苯胺分光光度法的原理是：用氯化钾（KCl）和氯化汞（$HgCl_2$）配制成四氯汞钾溶液，气样中的 SO_2 用该溶液吸收，生成稳定的二氯亚硫酸盐络合物。该络合物再与甲醛和副玫瑰苯胺作用，生成紫红色络合物，其颜色深浅与 SO_2 含量成正比，可用分光光度法于波长 575 nm 处测定。

对比分析两种方法，四氯汞盐毒性大，从安全角度考虑，用甲醛吸收法更适合在校学生学习，下面介绍甲醛吸收-副玫瑰苯胺分光光度法测定环境空气中 SO_2 的含量。

4. 仪器及设备

①吸收管：10 mL 多孔玻板吸收管，用于短时间采样；50 mL 多孔玻板吸收管，用于 24 h 连续采样。

②空气采样器：用于短时间采样的普通空气采样器，流量范围为 0～1 L/min。用于 24 h 连续采样的采样器应具备有恒温、恒流、计时、自动控制开关的功能，流量范围为 0.1～0.5 L/min。

③空盒气压表、计时钟、温度计。

④橡胶管：内径 6 mm。

⑤分光光度计及配套比色皿，10 mL 具塞比色管。

⑥容量瓶、移液管、试剂瓶等实验室常用用品。

⑦恒温水浴器：0～40 ℃，控制精度±1 ℃。

5. 试剂

除非另有说明，分析时均使用符合国家标准要求的分析纯试，实验用水为新制备的蒸馏水或同等程度的水。

①碘酸钾（KIO_3），优级纯，经 110 ℃ 干燥 2 h。

②氢氧化钠溶液，$c(NaOH) = 1.5$ mol/L：称取 6.0 gNaOH，溶于 100 mL 水中。

③环己二胺四乙酸二钠溶液，$c(CDTA-2Na) = 0.5$ mol/L：称取 1.82 g 反式 1,2-环己二胺四乙酸（CDTA），加入氢氧化钠溶液② 6.5 mL，用水稀释至 100 mL。

④甲醛缓冲吸收贮备液：吸取 36%～38% 的甲醛溶液 5.5 mL，CDTA-2Na 溶液③20.00 mL；称取 2.04 g 邻苯二甲酸氢钾，溶于少量水中；将三种溶液合并，再用水稀释至 100 mL，贮于冰箱可保存 1 年。

⑤甲醛缓冲吸收液：用水将甲醛缓冲吸收贮备液④稀释 100 倍而成，临用现配。

⑥氨磺酸钠溶液，$\rho(NaH_2NSO_3) = 6.0$ g/L：称取 0.60g 氨磺酸（H_2NSO_3H），置于 100 mL

容量瓶中,加入 4.0 mL 氢氧化钠溶液②,定容至标线,摇匀。此溶液密封可保存 10 d。

⑦碘贮备液,$c(1/2I_2) = 0.10$ mol/L:称取 12.7 g 碘于烧杯中,加入 40 g 碘化钾和 25 mL 水,搅拌至完全溶解,用水稀释至 1 000 mL,储存于棕色细口瓶中。

⑧碘溶液,$c(1/2I_2) = 0.010$ mol/L:量取碘贮备液⑦50 mL,用水稀释至 500 mL,贮于棕色细口瓶中。

⑨淀粉溶液,$\rho(淀粉) = 5$ g/L:称取 0.5 g 可溶性淀粉于烧杯中,用少量水调成糊状,慢慢倒入 100 mL 沸水中,继续煮沸至溶液澄清,冷却后贮于试剂瓶中。

⑩碘酸钾基准溶液,$c(1/6KIO_3) = 0.100\ 0$ mol/L:准确称取经 110 ℃ 干燥 2 h 的碘酸钾①3.566 7 g 溶于水,移入 1 000 mL 容量瓶中,定容至标线,摇匀。

⑪盐酸溶液,$c(HCl) = 1.2$ mol/L:量取 100 mL 浓盐酸,加到 900 mL 水中。

⑫硫代硫酸钠贮备液,$c(Na_2S_2O_3) = 0.10$ mol/L:称取 25.0 g 硫代硫酸钠($Na_2S_2O_3 \cdot 5H_2O$),溶于 1 000 mL 新煮沸但已冷却的水中,加入 0.2 g 无水碳酸钠,贮于棕色细口瓶中,放置 1 周后备用。如溶液呈现浑浊,必须过滤。

⑬硫代硫酸钠标准溶液,$c(Na_2S_2O_3) = 0.010\ 00$ mol/L(待标定):取 50 mL 硫代硫酸钠贮备液⑫置于 500 mL 容量瓶中,用新煮沸但已冷却的水稀释至标线,摇匀。使用前用碘酸钾基准溶液⑩标定。

⑭乙二胺四乙酸二钠盐溶液,$\rho(EDTA-2Na) = 0.50$ g/L:称取 0.25 g 乙二胺四乙酸二钠盐[$C_{10}H_{14}N_2O_8Na_2 \cdot 2H_2O$]溶于 500 mL 新煮沸但已冷却的水中。临用现配。

⑮亚硫酸钠溶液,$\rho(Na_2SO_3) = 1$ g/L(待标定):称取 0.2 g 亚硫酸钠溶于 200 mL EDTA-2Na⑭溶液中,缓缓摇匀以防充氧,使其溶解。放置 2~3 h 后标定。此溶液每毫升相当于 320~400 μg 二氧化硫。

⑯二氧化硫标准贮备溶液(标定时配制),浓度按式(3.8)计算:吸取 2.00 mL 待标定的亚硫酸钠溶液⑮,加到已装有 40~50 mL 甲醛缓冲吸收液⑤的 100 mL 容量瓶中,并用甲醛吸收液⑤稀释至标线、摇匀。此溶液即为二氧化硫标准贮备溶液,在 4~5 ℃下冷藏,可稳定 6 个月。

⑰二氧化硫标准溶液,$\rho(SO_2) = 1.00$ μg/mL:用甲醛吸收液⑤将二氧化硫标准贮备溶液⑯稀释成每毫升含 1.0 μg 二氧化硫的标准溶液。此溶液用于绘制标准曲线,在 4~5 ℃下冷藏,可稳定 1 个月。

⑱盐酸副玫瑰苯胺(pararosaniline,简称 PRA)贮备液,也称副品红或对品红,$\rho(PRA) = 2.0$ g/L:商用 0.2% 对品红溶液。

⑲盐酸副玫瑰苯胺溶液,$\rho(PRA) = 0.5$ g/L:吸取 25.00 mL PRA 贮备液⑱于 100 mL 容量瓶中,加 30 mL 85% 的浓磷酸,12 mL 浓盐酸,用水稀释至标线,摇匀,放置过夜后使用。避光密封保存。

⑳盐酸-乙醇清洗液:由三份(1+4)盐酸和一份 95% 乙醇混合配制而成,用于清洗比色管和比色皿。

视频-SO₂的测定

二、实训操作

1. 标定

（1）硫代硫酸钠标准溶液⑬

吸取三份 20.00 mL 碘酸钾基准溶液⑩分别置于 250 mL 碘量瓶中，加入 70 mL 新煮沸但已冷却的水，加 1 g 碘化钾，振摇至完全溶解后，再加 10 mL 盐酸溶液⑪，立即盖好瓶塞，摇匀。于暗处放置 5 min 后，用待标定的硫代硫酸钠标准溶液⑬滴定溶液至浅黄色，加入 2 mL 淀粉溶液⑨，继续滴定至蓝色刚好褪去为止，记录用量。硫代硫酸钠标准溶液的浓度 c_1 可计算为

$$c_1 = \frac{0.100\ 0 \times 20.00}{V} \tag{3.7}$$

式中　c_1——硫代硫酸钠标准溶液的浓度，mol/L；

　　　　V——滴定所耗硫代硫酸钠标准溶液的用量，mL。

（2）亚硫酸钠溶液⑮

取 6 个 250 mL 的碘量瓶（A_1、A_2、A_3、B_1、B_2、B_3）。在 A_1、A_2、A_3 内各加入 25.00 mL 乙二胺四乙酸二钠盐溶液⑭，在 B_1、B_2、B_3 内加入 25.00 mL 亚硫酸钠溶液⑮，分别加入 50.0 mL 碘溶液⑧和 1.00 mL 冰乙酸，盖好瓶盖，摇匀。

A_1、A_2、A_3、B_1、B_2、B_3 6 个瓶子于暗处放置 5 min 后，用上述标定获取的硫代硫酸钠标准溶液⑬滴定至浅黄色，加 5 mL 淀粉溶液⑨，继续滴定至蓝色刚好褪去为终点。记录滴定硫代硫酸钠标准溶液的体积。平行滴定所用硫代硫酸钠溶液的体积之差应不大于 0.05 mL，取其平均值。

二氧化硫标准贮备液⑯的质量浓度可计算为

$$\rho_{SO_2} = \frac{(\overline{V}_0 - \overline{V}) \times c_2 \times 32.02 \times 1\ 000}{25.00} \times \frac{2.00}{100} \tag{3.8}$$

式中　ρ_{SO_2}——二氧化硫标准贮备溶液的质量浓度，μg/mL；

　　　　$\overline{V}_0$——空白滴定所耗硫代硫酸钠标准溶液⑬的平均体积，mL；

　　　　$\overline{V}$——二氧化硫标准溶液滴定所耗硫代硫酸钠标准溶液⑬的平均体积，mL；

　　　　c_2——硫代硫酸钠标准溶液⑬的浓度，mol/L；

　　　　32.02——二氧化硫$\left(\frac{1}{2}SO_2\right)$的摩尔质量。

标定出准确浓度后，立即用甲醛缓冲吸收液⑤稀释为含二氧化硫 10.00 μg/mL 的标准贮备液。临用时，再用甲醛缓冲贮备吸收液④稀释为含二氧化硫 1.00 μg/mL 的标准使用液，5 ℃保存。10.00 μg/mL 的二氧化硫标准贮备液可稳定 6 个月；1.00 μg/mL 的标准使用液可稳定 1 个月。

2. 采样

（1）采样器流量校准

采样前要用皂膜流量计校准空气采样器流量（转子流量计流量）。

转子流量计流量校准

（2）采样器连接

当进行短时间（1 h 之内）采样时，吸取 10.0 mL 甲醛吸收液⑤于多孔玻板吸收管中，用橡胶管把吸收管的玻璃球端支管与空气采样器的入口相连接。

当进行连续 24 h 采样时，用内装 50 mL 甲醛吸收液⑤的多孔玻板吸收瓶与采样器连接。

（3）采样器气密性检验

打开采样器电源，用手指堵住吸收管进气端，观察乳胶管和流量计浮子，如出现管子发瘪的迹象、流量计浮子回零，说明气密性检验合格。

（4）采样

短时间采样：调节流量计浮子固定在 0.5 L/min 的刻度（根据校准情况确定），采空气 45 ~ 60 min（浓度高时，可适当缩短采样时间）。

连续 24 h 采样：调节流量计浮子固定在 0.2 L/min 的刻度进行采样。

采样时吸收液温度保持在 23 ~ 29 ℃。可采取加热保温或冷水浴降温等办法维持吸收液温度。在采样的同时，应记录现场温度、空气压力和采样起止时间等。

另外注意，样品在采集、运输和储存过程中应避免阳光照射；放置在室（亭）内的 24 h 连续采样器，进气口应连接符合要求的空气质量集中采样管路系统，以减少二氧化硫进入吸收瓶前的损失。

（5）现场空白

为进行现场空白测定，同时要将装有吸收液的采样管带到采样现场，除不采气之外，其他环境条件与样品相同。

注：若空气中 SO_2 浓度较低，可用 5 mL 吸收液采样、测定，各种试剂用量减半。绘制标准曲线斜率时，标准系列溶液体积为 5.00 mL，则 SO_2 含量分别为 0、0.50、1.00、2.00、3.00、4.00、5.00 μg。显色后总体积为 6.00 mL。

3. 标准曲线的绘制

取 14 支 10 mL 具塞比色管，分 A、B 两组，每组 7 支，分别对应编号。A 组按表 3.18 配制校准溶液系列。

表 3.18　二氧化硫标准溶液系列

管号	0	1	2	3	4	5	6
二氧化硫标准溶液⑰/mL	0	0.50	1.00	2.00	5.00	8.00	10.00
甲醛缓冲吸收液⑤/mL	10.00	9.50	9.00	8.00	5.00	2.00	0
二氧化硫含量/μg	0	0.50	1.00	2.00	5.00	8.00	10.00

在 A 组各管中分别加入 0.5 mL 氨磺酸钠溶液⑥和 0.5 mL 氢氧化钠溶液②，混匀。

在 B 组各管中分别加入 1.00 mL PRA 溶液⑲。

将 A 组各管溶液迅速全部倒入对应编号并盛有 PRA 溶液的 B 管中①，立即加塞混匀后放

---

① 因为显色反应需在酸性溶液中进行，故应将含样品（或标准）溶液、氨磺酸钠的溶液（A 管）迅速倒入强碱性的 PRA 使用溶液（B 管）中，使混合液瞬间呈酸性，以利于显色反应的进行。

入恒温水浴中显色①。

显色温度与室温之差应不超过 3 ℃,根据不同季节和环境条件按表 3.19 选择显色温度与显色时间。

表 3.19　显色温度与显色时间的选择

显色温度/℃	10	15	20	25	30
显色时间/min	40	25	20	15	5
稳定时间/min	35	25	20	15	10
试剂空白吸收光度 A_0	0.03	0.035	0.04	0.05	0.06

在波长 557 nm 处,用 10 mm 比色皿,以水为参比溶液测量吸光度。

以空白校正(扣除零浓度标准使用液)后的吸光度为纵坐标,对应 SO_2 的含量(μg)为横坐标,用最小二乘法统计回归方程或绘制标准曲线。

吸光度对二氧化硫含量(μg)的回归方程式或标准曲线为

$$y = bx + a \tag{3.9}$$

式中　y——$(A-A_0)$,标准溶液吸光度 A 与试剂空白吸光度 A_0 之差;

　　　x——二氧化硫含量,μg;

　　　b——回归方程的斜率(由斜率倒数可求得校准因子:$B_s = 1/b$);

　　　a——回归方程的截距。

4. 样品的测定

样品溶液中如有混浊物,应离心分离除去。样品放置 20 min,以使臭氧分解。

短时间采集的样品:将吸收管中的样品溶液移入 10 mL 比色管中,用少量甲醛缓冲吸收液⑤洗涤吸收管,洗液并入比色管中并稀释至标线。加入 0.5 mL 氨磺酸钠溶液⑥,混匀,放置 10 min 以除去氮氧化物的干扰。下面步骤同校准曲线的绘制。

连续 24 h 采集的样品:将吸收瓶中样品移入 50 mL 容量瓶(或比色管)中,用少量甲醛缓冲吸收液⑤洗涤吸收瓶后再倒入容量瓶(或比色管)中,并用甲醛缓冲吸收液⑤稀释至标线。吸取适当体积的试样(视浓度高低决定取 2 ~ 10 mL)于 10 mL 比色管中,再用甲醛缓冲吸收液⑤稀释至标线,加入 0.5 mL 氨磺酸钠溶液⑥,混匀,放置 10 min 以除去氮氧化物的干扰。下面步骤同校准曲线的绘制。

如样品吸光度超过校准曲线上限,则可用零浓度标准使用液稀释,在数分钟内再测量其吸光度。稀释倍数不能大于 6。

5. 数据处理及结果表示

环境空气(样品)中二氧化硫的质量浓度可计算为

$$\rho_{SO_2} = \frac{A - A_0 - a}{b \times V_r} \times \frac{V_t}{V_a} \tag{3.10}$$

---

① 水浴面高度要超出比色管中溶液的液面高度,尤其是在 25 ~ 30 ℃ 条件下,严格控制显色温度和显色时间是实验成败的关键。

式中　ρ_{SO_2}——测定样品中二氧化硫的质量浓度，mg/m^3；

A——样品溶液的吸光度；

A_0——试剂空白溶液的吸光度；

b——校准曲线的斜率，吸光度/μg；

a——校准曲线的截距（一般要求小于 0.005）；

V_t——样品溶液的总体积，mL；

V_a——测定时所取溶液的体积，mL；

V_r——换算成参比状态（298.15 K，101.325 kPa）下的采样体积，L。

计算结果准确到小数点后三位。

在测定每批样品时，至少要加入一个已知 SO_2 浓度的控制样品同时测定，以保证计算因子的可靠性。

6. 注意事项

①采样时，应注意检查采样系统的气密性、流量，用皂膜流量计校准流量，做好采样记录。

②标准溶液和试样溶液操作条件应保持一致。

③显色剂的加入方式要正确。

④温度、酸度、显色时间等因素影响显色反应，最好用恒温水浴控制显色温度，标准溶液和试样溶液操作条件应保持一致。

⑤六价铬能使紫红色络合物褪色，产生负干扰，故应避免用硫酸-铬酸洗液洗涤所用玻璃器皿。若已用此洗液洗过，则需用（1+1）盐酸溶液浸洗，再用水充分洗涤。

⑥用过的具塞比色管及比色皿应及时用盐酸-乙醇清洗液⑳浸洗，否则红色难以洗净。

⑦空白试验吸收液与采样用吸收液应为同一批药品配制。

⑧氢氧化钠固体试剂及溶液易吸收空气中的 SO_2，使试剂空白值升高，应密封保存。显色用各试剂溶液配制后最好分装成小瓶用，操作中应注意保持各溶液的纯净，防止"交叉污染"。

⑨盐酸副玫瑰苯胺溶液必须提纯后使用，否则，其中所含杂质会引起试剂空白值增高，使方法灵敏度降低。

三、技能训练

采用《环境空气　二氧化硫的测定　甲醛吸收-副玫瑰苯胺分光光度法》（HJ 482—2009）及修改单，在 4 h 内完成校园环境空气中 SO_2 含量（1 h 浓度值）的测定，结果参照当地当天地方环保部门公布的环境空气质量指数日报中的 SO_2 数据，并对当地环境空气中 SO_2 含量进行评价分析，同时完善下列内容。

①写出主要仪器设备。

②列出主要操作步骤。

③设计并绘制采样用数据记录表格和分析测定用数据记录表格。

④写出计算公式及结果。

理论试题

任务二　氮氧化物(一氧化氮和二氧化氮)的测定

【学习目标】
①掌握分光光度法测定环境空气中氮氧化物的方法和原理。
②能准确测定气样中氮氧化物的含量。
③能判断并解决测定结果的异常现象。
④能把握测定分析过程中的安全注意事项,确保自己和同伴安全及仪器设备安全。
⑤能将理论与实践相结合,自主学习最新的国家标准和监测规范、方法标准,提高空气环境监测分析应用能力。
⑥具有环保意识和节约意识,测定过程中要节约使用试剂药品,不危害环境。
⑦保持实验环境及实验台面和仪器的干净、整洁、有序,符合规范要求。
⑧具备认真负责、科学严谨、实事求是、团结协作的精神。

一、基本知识

1.指标含义及测定意义

环境空气中的 NO_x 主要是指 NO 和 NO_2,大部分来源于矿物燃料的高温燃烧过程,燃烧含氮燃料(如煤)和含氮化学制品也可以直接释放 NO_x。一般来说,机动车排放是城市氮氧化物主要来源之一。

NO 是无色无味微溶于水的气体,分子量为 30.01,能在空气中逐渐被氧化成 NO_2。NO 对生物的影响暂不清楚。经动物实验认为,其毒性仅为 NO_2 的 1/5。

NO_2 是棕红色具有刺激性气味的气体,分子量为 46.01,易溶于水,能引起支气管炎等呼吸道疾病。当其在环境空气中的浓度与 NO 相同时,伤害性更大。实验表明,NO_2 会迅速破坏肺细胞,可能是哮喘病、肺气肿和肺癌的一种病因。环境空气中 NO_2 浓度低于 $0.01×10^{-6}$ 时,2~3 岁儿童支气管炎的发病率有所增加;浓度为 $(1~3)×10^{-6}$ 时,眼鼻有急性刺激感;当在浓度为 $17×10^{-6}$ 的环境下呼吸 10 min 时,会使肺活量减少,肺部气流阻力增加。NO_x 与空气中的水反应生成的硝酸和亚硝酸是酸雨的成分;与碳氢化合物共存于环境空气中时,在阳光照射下发生光化学反应,生成强刺激性的有害气体光化学烟雾,危害更加严重。

因此,NO_2 是当前环境空气质量指数的指标之一。它是反映空气质量状况非常重要的参数,也是环境空气监测的重要指标之一。

2.控制标准

《环境空气质量标准》(GB 3095—2012)规定的 NO_x 的浓度限值,见表 3.20。

《室内空气质量标准》(GB/T 18883—2022)规定,NO_2 的 1 h 平均浓度限值为 0.20 mg/m^3。

表 3.20 环境空气中氮氧化物浓度限值

污染物项目	平均时间	浓度限值		单位
		一级	二级	
二氧化氮(NO₂)	年平均	40	40	μg/m³
	24 h 平均	80	80	
	1 h 平均	200	200	
氮氧化物(NOₓ)	年平均	50	50	
	24 h 平均	100	100	
	1 h 平均	250	250	

3. 测定方法及原理

(1)测定方法

测定环境空气中氮氧化物、二氧化氮和一氧化氮的方法是《环境空气 氮氧化物(一氧化氮和二氧化氮)的测定 盐酸萘乙二胺分光光度法》(HJ 479—2009)。该方法的检出限为 0.12 μg/10 mL 吸收液。当吸收液总体积为 10 mL,采样体积为 24 L 时,空气中氮氧化物的检出限为 0.005 mg/m³;当吸收液总体积为 50 mL,采样体积为 288 L 时,空气中氮氧化物的检出限为 0.003 mg/m³;当吸收液总体积为 10 mL,采样体积为 12 ~ 24 L 时,环境空气中氮氧化物的测定范围为 0.020 ~ 2.5 mg/m³。

(2)测定原理

用冰乙酸、对氨基苯磺酸和盐酸萘乙二胺配成吸收液。采样时,空气中的二氧化氮被串联的第一支吸收瓶中的吸收液吸收并反应生成粉红色偶氮染料。空气中的一氧化氮不与吸收液反应,通过氧化管时被酸性高锰酸钾溶液氧化成二氧化氮,被串联的第二支吸收瓶中的吸收液吸收并反应生成粉红色偶氮染料。生成的偶氮染料在波长 540 nm 处的吸光度与二氧化氮的含量成正比。分别测定第一支吸收瓶和第二支吸收瓶中样品的吸光度,计算两支吸收瓶内二氧化氮和一氧化氮的质量浓度,两者之和即为氮氧化物的质量浓度(以 NO₂ 计)。

4. 仪器及设备

①吸收瓶[①]:可装 10、25、50 mL 吸收液的多孔玻板吸收瓶(图 3.12),液柱高度应不低于 80 mm。

②氧化瓶:可装 5、10、50 mL 酸性高锰酸钾溶液的氧化瓶(图 3.13),液柱高度应不低于 80 mm。

③空气采样器:流量范围为 0.1 ~ 1 L/min,采气流量 0.4 L/min 时,相对误差小于±5%。

[①] 图 3.13 为较为适用的两种多孔玻板吸收瓶。使用棕色吸收瓶或采样过程中,吸收瓶外罩黑色避光罩。新吸收瓶或使用后的吸收瓶,应用(1+1)HCl 浸泡 24 h 以上,用清水洗净。

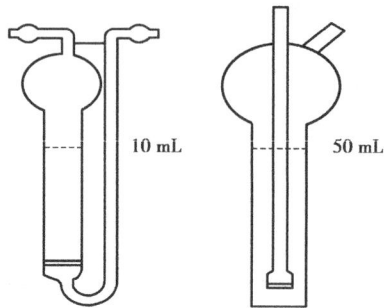

图 3.12　多孔玻板吸收瓶　　　　　　　图 3.13　氧化瓶

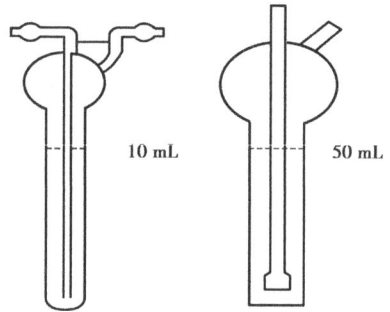

④恒温、半自动连续空气采样器:采样流量为 0.2 L/min 时,相对误差小于±5%,能将吸收液温度保持在(20±4)℃。采样连接管线为硼硅玻璃管、不锈钢管、聚四氟乙烯管或硅胶管,内径约为 6 mm,尽可能短些,任何情况下不得超过 2 m,配有朝下的空气入口。

⑤空盒气压表、计时钟、温度计。

⑥橡胶管:内径 6 mm。

⑦分光光度计及配套比色皿,10 mL 具塞比色管。

⑧量瓶、移液管、棕色试剂瓶及其他实验室常用工具。

5.试剂

除非另有说明,分析时均使用符合国家标准要求的分析纯试剂和无亚硝酸根的蒸馏水、去离子水或相当纯度的水。必要时,实验用水可在全玻璃蒸馏器中以每升水加入 0.5 g 高锰酸钾(KMnO$_4$)和 0.5 g 氢氧化钡[Ba(OH)$_2$]熏蒸。

①冰乙酸。

②盐酸羟胺溶液,ρ=0.2~0.5 g/L。

③硫酸溶液,$c(1/2H_2SO_4)$= 1 mol/L:取 15 mL 浓硫酸(ρ=1.84 g/mL),慢慢加到 500 mL 水中,搅拌均匀,冷却备用。

④酸性高锰酸钾溶液,$\rho(KMnO_4)$= 25 g/L:称取 25 g 高锰酸钾于 1 000 mL 烧杯中,加入 500 mL 水,稍微加热使其全部溶解,然后加入 1 mol/L 硫酸溶液③500 mL,搅拌均匀,贮于棕色试剂瓶中。

⑤N-(1-萘基)乙二胺盐酸盐储备液,$\rho(C_{10}H_7NH(CH_2)_2NH_2 \cdot 2HCl)$= 1.00 g/L:称取 0.50 g N-(1-萘基)乙二胺盐酸盐于 500 mL 容量瓶中,用水溶解稀释至刻度。此溶液贮于密封棕色瓶中冷藏,可稳定保存 3 个月。

⑥显色液:称取 5.0 g 对氨基苯磺酸[NH$_2$C$_6$H$_4$SO$_3$H]溶解于 200 mL 40~50 ℃热水中,冷却至室温后全部转移至 1 000 mL 容量瓶中,加入 50 mL N-(1-萘基)乙二胺盐酸盐储备液⑤和 50 mL 冰乙酸,用水稀释至刻度。此溶液贮于密封的棕色瓶中,在 25 ℃以下暗处存放,可稳定 3 个月。若溶液呈现淡红色,应弃之重配。

⑦吸收液:使用时将显色液⑥和水按 4:1(体积比)比例混合而成。该吸收液吸光度不超过 0.005(540 nm,1 cm 比色皿,以水为参比),否则应检查水、试剂纯度或显色液的配制和储存方法。

⑧亚硝酸钠标准储备液，$\rho(NO_2^-)= 250\ \mu g/mL$：准确称取 0.375 0 g 亚硝酸钠［$NaNO_2$，优级纯，使用前在(105±5)℃干燥恒重］溶于水，移入 1 000 mL 容量瓶中，用水稀释至标线。此溶液贮于密封棕色瓶中，暗处存放，可稳定保存 3 个月。

⑨亚硝酸钠标准使用溶液，$\rho(NO_2^-)= 2.5\ \mu g/mL$：准确吸取亚硝酸钠标准储备液⑧ 1.00 mL 于 100 mL 容量瓶中，定容至标线。临用现配。

二、实训操作

1.采样前准备

（1）空气采样器流量校准

采样前用皂膜流量计校准空气采样器流量，采样流量的相对误差应小于±5%。操作方法详见"任务— 二氧化硫的测定"。

（2）采样器连接

①短时间采样（1 h 之内）。

分别吸取 10.0 mL 吸收液⑦于两支多孔玻板吸收瓶中，另吸取 5～10 mL 酸性高锰酸钾溶液④于氧化瓶中，瓶内液柱高度不低于 80 mm。首先用尽量短的硅橡胶管将氧化瓶串联在两支吸收瓶之间，然后用橡胶管把吸收瓶的玻璃球端支管与硅胶干燥瓶相连，最后与空气采样器的入口相连接（图3.14）。

②长时间采样（24 h）。

取两支大型多孔玻板吸收瓶，分别吸取 25.0 mL 或 50.00 mL 吸收液⑦（液柱高度不低于 80 mm），另吸取 50 mL 酸性高锰酸钾溶液④于氧化瓶中，瓶内液柱高度不低于 80 mm。用尽量短的硅橡胶管将氧化瓶串联在两支吸收瓶之间，再依次用橡胶管连接硅胶干燥瓶与恒温、半自动空气采样器（图3.15）。

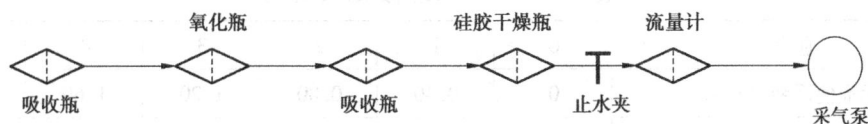

图3.14　手工采样示意图

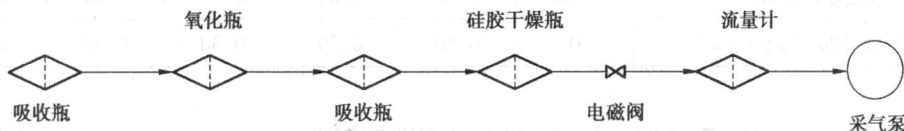

图3.15　连续自动采样示意图

（3）采样器检查

打开采样器电源，用手指堵住吸收管进气端，观察乳胶管和流量计浮子，如管子呈现发瘪的迹象、流量计浮子回零，说明气密性检验合格。

2. 采样

短时间采样:调节流量计浮子固定在 0.4 ~ 0.5 L/min 的某一刻度(根据校准情况确定)采气 60 min(或至吸收液呈浅玫瑰红色为止)。

长时间采样:吸收液恒温在(20±4)℃,调节流量计浮子固定在 0.2 ~ 0.3 L/min 的某一刻度(根据校准情况确定)采空气 288 L。

长时间采样过程中,若氧化管中有明显的沉淀物析出时,应及时更换。一般情况下,内装 50 mL 酸性高锰酸钾溶液的氧化瓶可使用 15 ~ 20 d(隔日采样)。同时,采样过程中注意观察吸收液颜色变化,避免因氮氧化物质量浓度过高而穿透。

采样结束时,为防止溶液倒吸,应在采样泵停止抽气的同时,闭合连接在采样系统中的止水夹或电磁阀(图3.14、图3.15)。

采集样品的同时,要将装有吸收液的吸收瓶带到采样现场,与样品在相同的条件下保存、运输,直至送交实验室分析,运输过程中应注意防止沾污。每次采样至少做两个现场空白测试。

在采样的同时,应记录现场温度、空气压力和采样起止时间等。

3. 样品的保存

采样、样品运输和存放应采取避光措施。气温超过 25 ℃ 时,长时间(8 h 以上)运输及存放样品应采取降温措施。样品采集后要尽快分析。若不能及时测定,应将样品于低温暗处存放。样品在 30 ℃暗处存放,可稳定 8 h;在 20 ℃暗处存放,可稳定 24 h;于 0 ~ 4 ℃冷藏,至少可稳定 3 d。

4. 标准曲线的绘制

取 6 支 10 mL 具塞比色管,按表 3.21 配制亚硝酸盐标准溶液系列。

表3.21　NO_2^- 标准溶液系列的配制

管号	0	1	2	3	4	5
标准使用液⑨/mL	0	0.40	0.80	1.20	1.60	2.00
水/mL	2.00	1.60	1.20	0.80	0.40	0
显色液⑥/mL	8.00	8.00	8.00	8.00	8.00	8.00
NO_2^- 质量浓度/($\mu g \cdot mL^{-1}$)	0	0.10	0.20	0.30	0.40	0.50

根据表 3.21 分别移取相应体积的亚硝酸钠标准使用液⑨,加水至 2.00 mL,加入显色液⑥ 8.00 mL。

向各管中加亚硝酸钠标准使用液时,都以均匀、缓慢的速度加入,曲线的线性较好。

将各管溶液混匀后,于暗处放置 20 min(室温低于 20 ℃时放置 40 min 以上),用 10 mm 比色皿于波长 540 nm 处,以水为参比测定吸光度,扣除 0 号管的吸光度以后,对应 NO_2^- 的质量浓度,用最小二乘法计算标准曲线的回归方程。方法同"任务一 二氧化硫的测定"。

标准曲线斜率控制在 0.960 ~ 0.978 吸光度·mL/μg,截距控制在 0.000 ~ 0.005(以 5 mL

体积绘制标准曲线时,标准曲线斜率控制在 0.180 ~ 0.195 吸光度·mL/μg,截距控制在 ±0.003)。

5.空白试验

(1)实验室空白

取实验室内未经采样空白吸收液(与采样用吸收液同一批配制),用 10 mm 比色皿,在波长 540 nm 处,以水为参比测定吸光度。实验室空白吸光度 A_0 在显色规定条件下波动范围不超过±15%。

(2)现场空白

与实验室空白试验相同方法测定吸光度。将现场空白和实验室空白的测量结果相对照,若现场空白与实验室空白相差过大,查找原因,重新采样。

6.样品的测定

采样后于暗处放置 20 min(室温 20 ℃以下放置 40 min 以上),用水将采样瓶中吸收液的体积补充至标线,混匀,于波长 540 nm 处,以水为参比,用 10 mm 比色皿测定样品溶液的吸光度,同时测定空白样品的吸光度。根据标准曲线或回归方程计算样品中 NO_2 的质量浓度。

若样品吸光度超过标准曲线的上限,应用空白试验溶液进行定量稀释,再测其吸光度,并记录结果。

7.数据处理及结果表示

①环境空气(样品)中二氧化氮的质量浓度 ρ_{NO_2}(mg/m³)可计算为

$$\rho_{NO_2} = \frac{(A_1 - A_0 - a) \times V \times D}{b \times f \times V_r} \tag{3.11}$$

②环境空气(样品)中一氧化氮的质量浓度 ρ_{NO}(mg/m³),以二氧化氮(NO_2)计,可计算为

$$\rho_{NO} = \frac{(A_2 - A_0 - a) \times V \times D}{b \times f \times V_r \times k} \tag{3.12}$$

以一氧化氮(NO)计,可计算为

$$\rho'_{NO} = \frac{\rho_{NO} \times 30}{46} \tag{3.13}$$

③环境空气中氮氧化物的质量浓度 ρ_{NO_x}(mg/m³),以 NO_2 计,可计算为

$$\rho_{NO_x} = \rho_{NO_2} + \rho_{NO} \tag{3.14}$$

以上各式中:

A_0——实验室空白的吸光度;

A_1、A_2——串联的第一支和第二支吸收管(或瓶)中样品溶液的吸光度;

b——标准曲线的斜率,吸光度·mL/μg;

a——标准曲线的截距;

V——采样用吸收液体积,mL;

V_r——换算成参比状态(298.15 K,101.325 kPa)下的采样体积,L;

f ①——Saltzman 实验系数,0.88(当空气中 NO_2 质量浓度高于 0.72 mg/m³ 时,f 取 0.77);

K——NO 氧化为 NO_2 的氧化系数,0.68;

D——样品的稀释倍数。若空气中 NO_2 浓度较低,则不用稀释。

8. 注意事项

①吸收液必须是无色的,如显微红色,可能有 NO_2^- 的污染,应检查蒸馏水和所用试剂质量。另外,日光照射也能使吸收液显色。因此,在采样、运输及保存过程中,须采取避光(装在黑色塑料袋内)措施。

②空白试验吸收液与采样用吸收液应为同一批药品配制。

③亚硝酸钠(固体)应妥善保存,或分装成小瓶,防止被空气氧化为硝酸钠。氧化成硝酸钠或呈粉末状的试剂都不能直接配制标准溶液。

④在 20 ℃时,标准曲线的斜率 b 为(0.190±0.003)吸光度/NO_2^-(5 μg/mL),要求截距 $a \leq 0.008$,性能好的分光光度计的灵敏度高,斜率略高于 0.193。温度低于 20 ℃时,标准曲线斜率降低。如果斜率达不到要求,应检查亚硝酸钠试剂的质量及标准溶液的配制,重新配制标准溶液;如果截距达不到要求,应检查蒸馏水及试剂质量,重新配制吸收液。

⑤空气中二氧化硫质量浓度为氮氧化物质量浓度的 30 倍时,对二氧化氮的测定产生负干扰。

⑥空气中过氧乙酰硝酸酯(PAN)对二氧化氮的测定产生正干扰。

⑦空气中臭氧质量浓度超过 0.25 mg/m³ 时,对测定产生负干扰。采样时在采样瓶入口端串接一段 15~20 cm 长的硅橡胶管,可排除干扰。

三、技能训练

采用《环境空气 氮氧化物(一氧化氮和二氧化氮)的测定 盐酸萘乙二胺分光光度法》(HJ 479—2009)及修改单,在 2 h 内完成校园环境空气中 NO_2 含量(1 h 浓度值)的测定,结果参照当地当天地方环保部门公布的环境空气质量指数日报中的 NO_2 数据,并对当地环境空气中 NO_2 含量进行评价分析,同时完善下列内容。

①写出主要仪器设备。

②列出主要操作步骤。

③设计并绘制采样用数据记录表格和分析测定用数据记录表格。

④写出计算公式及结果。

理论试题

---

① 因为 NO_2(气)不是全部转化为 NO_2^-(液),故在计算结果时应除以转换系数。

任务三　一氧化碳的测定

【学习目标】
①掌握非分散红外吸收法测定环境空气中一氧化碳的方法和原理。
②能规范使用非分散红外吸收 CO 测定仪进行采样。
③能正确测定气样中 CO 的含量,并能判断和解决异常测定结果。
④能把握测定分析过程中的安全注意事项,确保自己和同伴安全及仪器设备安全。
⑤能将理论与实践相结合,自主学习最新的国家标准和监测规范、方法标准,提高空气环境监测分析应用能力。
⑥具备认真负责、科学严谨、实事求是、团结协作的精神。

一、基本知识

1. 指标含义及测定意义

一氧化碳(CO)是无色、无臭、无刺激性的气体。因为它不易被人所察觉,所以其危害性比具有刺激性的气体更大。CO 与血红蛋白的亲和力比氧与血红蛋白的亲和力大 200~300 倍。因此,CO 侵入机体,会很快与血红蛋白结合成碳氧血红蛋白($COHb$),从而阻碍氧与血红蛋白结合成氧合血红蛋白(O_2Hb),导致人体缺氧中毒甚至死亡;另外,$COHb$ 在血液中的形成是一个可逆过程,暴露一旦中断,与血红蛋白结合的 CO 就会自动释放出来,健康人经过 3~4 h,血液中的 CO 就会清除掉一半。

$COHb$ 的直接作用是降低血液的载氧能力,次要作用是阻碍其余血红蛋白释放所载的氧,进一步降低血液的输氧能力。在 CO 浓度($10~15$)$\times10^{-6}$ 下暴露 8 h 或更长时间的人,对时间间隔的辨别力就会受到损害,这种浓度范围是白天商业区街道上的普遍现象,这种暴露情况能在血液中产生大约 2.5% $COHb$ 浓度。在 30×10^{-6} 浓度下暴露 8 h 或更长时间,人体会出现呆滞现象,血液中能产生 5% $COHb$ 的平衡值。CO 浓度达到 100×10^{-6} 时,大多数人感觉晕眩头痛和倦怠。因此,一般认为,CO 浓度 100×10^{-6} 是一定年龄范围内健康人暴露 8 h 的工业安全上限。

CO 是当前环境空气质量指数的指标之一。它是反映空气质量状况的很重要的参数,也是环境空气监测的重要指标之一。

2. 控制标准

《环境空气质量标准》(GB 3095—2012)规定的 CO 浓度限值见表 3.22。
《室内空气质量标准》(GB/T 18883—2022)规定,CO 的 1 h 平均浓度限值为 10 mg/m^3。

表 3.22　环境空气中一氧化碳浓度限值

污染物项目	平均时间	浓度限值		单位
		一级	二级	
一氧化碳(CO)	24 h 平均	4	4	mg/m³
	1 h 平均	10	10	

3.测定方法及原理

(1)测定方法

现行国家标准规定的测定 CO 的手工方法是《空气质量 一氧化碳的测定 非分散红外法》(GB 9801—1988)和《公共场所卫生检验方法 第 2 部分:化学污染物》(GB/T 18204.2—2014)。2018 年生态环境部发布了《环境空气 一氧化碳的自动测定 非分散红外法》(HJ 965—2018)。该方法适用于空气环境连续自动监测,用来预报环境空气质量指数,但在无法实现自动监测的情况下,用于手动监测的《空气质量 一氧化碳的测定 非分散红外法》(GB 9801—1988)依然还是有必要的。

GB 9801—1988 方法测定空气中 CO 的范围为 0～62.5 mg/m³,最低检出浓度为 0.3 mg/m³。

GB/T 18204.2—2014 方法的测量范围为 0.5～50 mg/m³,最低检出浓度为 0.125 mg/m³。

GB 9801—1988	GB/T 18204.2—2014	HJ 965—2018

(2)测定原理

除 He、Ne 等单原子分子,以及 N_2、O_2、Cl_2 等双原子分子外,CO、CO_2、CH_4、NH_3、SO_2 等几乎所有的分子都能吸收红外线,不同物质的吸收波长不同,且最大吸收峰的波长范围较窄,而且物质对红外线的吸收程度与物质的量有关。因此,可利用不同物质对红外线的不同吸收作用进行该物质的测定。

CO 对以 4.7 μm 为中心波段的红外光有选择性吸收,在一定的浓度范围内,吸收强度与CO 浓度成正比。非分散红外吸收法就是依据这一原理,当样品空气通过检测仪器后,根据测出的吸光度即可得到 CO 的浓度。

4.仪器及设备

①一氧化碳非分散红外气体分析仪。

A.仪器主要性能指标。测量范围:0～62.5 mg/m³;重现性:≤0.5%(满刻度);零点漂移:≤±2% 满刻度/4 h;跨度漂移:≤±2% 满刻度/4 h;线性偏差:≤±1.5%满刻度;启动时间:30 min～1 h;抽气流量:0.5 L/min;响应时间:指针指示或数字显示到满刻度的 90%的时间<15 s。

B.仪器工作原理。非分散红外吸收 CO 测定仪的工作原理如图 3.16 所示。其组成部件主要有红外光源、切光器、气室及光检测器,以及相应的供电、放大、显示和记录用的电子线路与部件。从红外光源发出能量相等的两束平行光,被同步电机 M 带动的切光片交替切断,调制成断续的交变光,减少信号源漂移。其中一束通过滤波室(内充 CO_2 和水蒸气,用以清除干扰光)、参比室(内充不吸收红外光的气体,如氮气)投射到检测室,这束光称为参比光束,其 CO 特征吸收波长光强度不变;另一束光称为测量光束,通过滤波室、测量室投射到检测室。检测室用一金属膜片(厚 $5 \sim 10\ \mu m$)分割成容积相等的上下两室,均充等浓度 CO 气体,当红外光束射入检测室,被 CO 气体吸收,可使气体温度升高,内部压力升高。在金属薄膜一侧还固定有一圆形金属片,距薄膜 $0.05 \sim 0.08\ mm$,两者组成一个电容器。这种检测器称为电容检测器或薄膜微音器。由于射入检测室的参比光束强度大于测量光束强度,使两室中气体的温度产生差异,导致下室中的气体膨胀压力大于上室,使金属薄膜偏向固定金属片一方,从而改变了电容器两极间的距离,也就改变了电容量,由其变化值即可得出气样中 CO 的浓度值。采用电子技术将电容量变化转变成电位变化,经放大及信号处理后,由指示表和记录仪显示和记录测量结果。

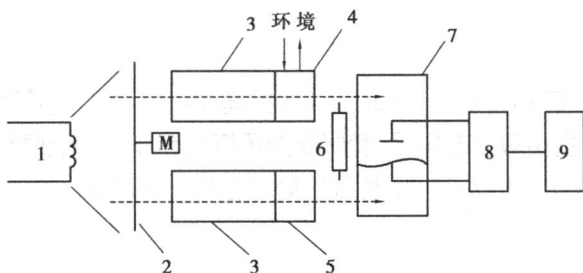

图 3.16　非分散红外吸收法的工作原理
1—红外光源;2—切光片;3—滤波室;4—测量室;5—参比室;
6—调零挡板;7—检测室;8—放大及信号处理系统;9—批示表及记录仪

②记录仪:$0 \sim 10\ mV$。
③流量计:$0 \sim 1\ L/min$。
④采气袋,止水夹,双联球。
⑤氮气:要求其中 CO 浓度一致,或制备霍加拉特加热管除去其中 CO。
⑥一氧化碳标定气:浓度应选在仪器量程的 $60\% \sim 80\%$。

5.试剂

①变色硅胶:于 120 ℃下干燥 2 h。
②无水氯化钙:分析纯。
③高纯氮气:纯度 99.99%。
④霍加拉特(Hopcalite)氧化剂:$10 \sim 20$ 目颗粒。主要成分为氧化锰(MnO)和氧化铜(CuO)。其作用是将空气中的 CO 氧化成 CO_2,用于仪器调零。此氧化剂在 100 ℃ 以下的氧化效率应达到 100%。为保证其氧化效率,在使用存放过程中应保持干燥。
⑤一氧化碳标准气体:贮于铝合金瓶中。

二、实训操作

1.采样前准备

准备聚乙烯薄膜采气袋,若带仪器现场采样,则需先进行仪器调零和标定,并带电源线,准备监测分析用仪器药品等。

（1）仪器启动和调零

开机接通电源预热,稳定 30 min ~ 1 h 后,将高纯氮气连接在仪器进气口,启动仪器内装泵抽入纯氮气,用流量计控制流量为 0.5 L/min,调节仪器校准零点。或将空气经霍加拉特氧化管（加热至 90 ~ 100 ℃）和干燥管后进入仪器进气口,用流量计控制流量为 0.5 L/min,调节仪器校准零点。

（2）校准仪器

在仪器进气口通入流量为 0.5 L/min 的 CO 标准校正气（可从制气厂买到）校正,待仪器指示值稳定后,调节仪器灵敏度电位器,使仪器指示值与标准气的浓度相符,即记录器指针调在 CO 浓度的相应位置。重复 2 ~ 3 次,使仪器处在正常工作状态。

2.采样

用聚乙烯薄膜采气袋,抽取现场空气冲洗 3 ~ 4 次,采气 0.5 L 或 1.0 L,用止水夹密封进气口,带回实验室分析。同时,记录采样地点、采样日期和时间、采气袋编号。

3.样品的测定

将充满样气的聚乙烯薄膜采气袋接在仪器的进气口,出口放空,打开仪器的泵开关,便可将样气抽入仪器内,待仪器读数稳定后,从显示器上直接读取被测气体 CO 的浓度值（$\times 10^{-6}$）。

如果将仪器带到现场,可直接通入样气,测定现场空气中一氧化碳的浓度。

为消除水蒸气、悬浮颗粒物的干扰,测定时,样气需经变色硅胶或无水氯化钙过滤管除去水蒸气,经玻璃纤维滤膜除去颗粒物。也可采用串联式红外线检测器,消除大部分非待测组分的干扰。

4.数据处理及结果表示

一氧化碳体积浓度（$\times 10^{-6}$）,可换算成参比状态下质量浓度 ρ_{CO},即

$$\rho_{CO} = \frac{28}{24.5} \times n \tag{3.15}$$

式中　ρ_{CO}——样品气体中 CO 的质量浓度,mg/m³;

28——氧化碳的摩尔质量,g/mol;

24.5——参比状态下一氧化碳的摩尔体积,L/mol;

n——仪器指示的格数,即 CO 的浓度,$\times 10^{-6}$。

式（3.15）为通用经验公式,适合于城市气压、温度变化不大的情况。

5. 注意事项

①仪器启动后,必须预热,稳定后再进行测定。具体操作按仪器说明书规定进行。

②标准气和仪器的稳定性对结果有很大影响。为使结果更准确,应保持标准气的不确定度小于2%,仪器的稳定性误差小于4%。

③消除 CO_2 和水蒸气的干扰。CO 的红外吸收峰在 4.7 μm 附近,CO_2 的红外吸收峰在 4.3 μm 附近,水蒸气(H_2O)的红外吸收峰在 3 μm 和 6 μm 附近,而且空气中 CO_2 和水蒸气的浓度远大于 CO 的浓度,因此干扰 CO 的测定。可采用制冷剂或将气样通过干燥剂除去水蒸气,用窄带光学滤光片或气体滤波室将红外辐射限制在 CO 的吸收范围内,消除 CO_2 的干扰。

三、技能训练

采用《空气质量 —氧化碳的测定 非分散红外法》(GB 9801—1988),在 2 h 内完成校园环境空气中 CO 含量(1 h 浓度值)的测定,结果参照当地当天地方环保部门公布的环境空气质量指数日报中的 CO 数据,并对当地环境空气中 CO 含量进行评价分析,同时完善下列内容。

①写出主要仪器设备。

②列出主要操作步骤。

③写出计算公式及结果。

理论试题

任务四　臭氧的测定

【学习目标】

①掌握靛蓝二磺酸钠分光光度法和紫外光度法测定环境空气中臭氧的方法和原理。

②能正确测定气样中臭氧的含量。

③能判断并解决测定结果的异常现象。

④能把握测定分析过程中的安全注意事项,确保自己和同伴安全及仪器设备安全。

⑤能将理论与实践相结合,自主学习最新的国家标准和监测规范、方法标准,提高空气环境监测分析应用能力。

⑥具有环保意识和节约意识,测定过程中要节约使用试剂药品,不危害环境。

⑦保持实验环境及实验台面和仪器的干净、整洁、有序,符合规范要求。

⑧具备认真负责、科学严谨、实事求是、团结协作的精神。

一、基本知识

1. 指标含义及测定意义

臭氧(O_3)是空气中的一种微量气体。它是最强的氧化剂之一。90% 的臭氧集中在平流层,能强烈吸收波长小于 300 nm 的紫外光,使动植物免遭这种射线的危害。但是,近地面空气中臭氧浓度的升高对人体和动植物产生极大的危害。当臭氧被吸入呼吸道时,就会与呼吸道中的细胞、流体和组织很快反应,导致肺功能减弱和组织损伤。对于患有气喘病、肺气肿和慢性支气管炎的人来说,臭氧的危害更为明显。研究表明,空气中臭氧浓度在 $0.012×10^{-6}$ 水平时(许多城市中典型的水平),能导致人皮肤刺痒,眼睛、鼻咽、呼吸道受刺激,肺功能受影响,引起咳嗽、气短和胸痛等症状;空气中臭氧水平提高到 $0.05×10^{-6}$,入院就医人数平均上升 $7\% \sim 10\%$。

臭氧主要来源于人类活动,是由交通工具的尾气排放、石油化工和火力发电等污染源排放的 NO_x、VOCs 经光化学反应生成的,是光化学烟雾的主要成分,随着汽车和工业排放的增加,地面臭氧污染已成为许多城市的普遍现象,是影响我国空气质量的主要污染物之一。近几年的"中国生态环境状况公报"显示,臭氧已成为我国大多数城市的第一超标气体污染物,臭氧污染监测是臭氧污染预报和防治的重要内容之一。

2. 控制标准

《环境空气质量标准》(GB 3095—2012)规定的臭氧浓度限值见表 3.23。

表 3.23　环境空气中臭氧浓度限值

污染物项目	平均时间	浓度限值		单位
		一级	二级	
臭氧(O_3)	日最大 8 h 平均	100	160	$\mu g/m^3$
	1 h 平均	160	200	

《室内空气质量标准》(GB/T 18883—2022)规定,臭氧的 1 h 平均浓度限值为 160 $\mu g/m^3$。

3. 测定方法及原理

(1)测定方法

目前,我国测定臭氧的标准方法主要有《环境空气 臭氧的测定 靛蓝二磺酸钠分光光度法》(HJ 504—2009)和《环境空气 臭氧的测定 紫外光度法》(HJ 590—2010)两种手工分析方法。自动监测方法主要有化学发光法、紫外荧光法和差分吸收光谱分析法等。

HJ 504—2009

靛蓝二磺酸钠分光光度法适用于环境空气中臭氧的测定以及相对封闭环境(如室内、车内等)空气中臭氧的测定。当采样体积为 30 L 时,空气中臭氧的检出限为 0.010 mg/m³,测定下限为 0.040 mg/m³。当采样体积为 30 L,吸收液质量浓度为 2.5 μg/mL 或 5.0 μg/mL 时,测定上限分别为 0.50 mg/m³ 或 1.00 mg/m³。当空气中臭氧质量浓度超过该上限时,可适当减少采样体积。

HJ 590—2010

紫外光度法主要用于环境空气中臭氧的瞬时测定,也适用于环境空气的自动监测。测定环境空气中臭氧的浓度范围是 0.003 ~ 2 mg/m³。

(2)测定原理

靛蓝二磺酸钠分光光度法测定环境空气中臭氧,空气中的臭氧在磷酸盐缓冲剂存在下,与吸收液中蓝色的靛蓝二磺酸钠等摩尔反应,褪色生成靛红二磺酸钠,在 610 nm 处测量吸光度,根据蓝色减退的程度可定量测定空气中臭氧的浓度。

紫外光度法测定环境空气中臭氧。当空气样品以恒定的流速通过除湿器和颗粒物过滤器进入紫外臭氧分析仪的气路系统时分成两路:一路为样品空气;另一路通过选择性臭氧洗涤器成为零空气。样品空气和零空气在电磁阀的控制下交替进入样品吸收池(或分别进入样品吸收池和参比池),臭氧对波长253.7 nm的紫外光有特征吸收。设零空气通过吸收池时被光检测器检测的光强度为 I_0,样品空气通过吸收池时被检测的光强度为 I,则 I/I_0 为透光率。仪器的微处理系统根据朗伯-比尔定律公式,由透光率计算臭氧浓度,即

$$\ln\left(\frac{I}{I_0}\right) = -a\rho d \tag{3.16}$$

式中　I/I_0——样品的透光率,即样品空气和零空气的光强度之比;

　　　a——臭氧在253.7 nm处的吸收系数,$a = 1.44 \times 10^{-5}$ m²/μg;

　　　ρ——采样温度压力条件下臭氧的质量浓度,μg/m³;

　　　d——吸收池的光程,m。

比较两种方法差异较大,下面介绍靛蓝二磺酸钠分光光度法。

4. 仪器及设备

①多孔玻板吸收管:内装10 mL吸收液,以0.50 L/min流量采气,玻板阻力应为4~5 kPa,气泡分散均匀。

②空气采样器:流量范围0~1.0 L/min。用皂膜流量计校准采样前后采样系统的流量,相对误差应小于±5%。

③分光光度计:能在610 nm处测量吸光度,带20 mm比色皿。

④生化培养箱或恒温水浴:温控精度为±1 ℃。

⑤水银温度计:精度为±0.5 ℃。

⑥具塞比色管:10 mL。

⑦实验室常用玻璃仪器。

5. 试剂

除非另有说明,分析时均使用符合国家标准的分析纯化学试剂,实验用水为新制备的去离子水或蒸馏水。

①溴酸钾标准贮备溶液,$c(1/6\ KBrO_3) = 0.100\ 0$ mol/L:准确称取1.391 8 g溴化钾(优级纯,180 ℃烘2 h),置于烧杯中,加入少量水溶解,移入500 mL容量瓶中,用水稀释至标线。

②溴酸钾-溴化钾标准溶液,$c(1/6\ KBrO_5) = 0.010\ 0$ mol/L:吸取10.0 mL溴酸钾标准贮备溶液①于容量瓶中,加入1.0 g溴化钾(KBr),用水稀释至标线。

③硫代硫酸钠标准贮备溶液,$c(Na_2S_2O_3) = 0.100\ 0$ mol/L。

④硫代硫酸钠标准工作溶液,$c(Na_2S_2O_3) = 0.005\ 00$ mol/L:临用前,取硫代硫酸钠标准贮备溶液③,用新煮沸并冷却到室温的水准确稀释20倍而成。

⑤硫酸溶液:1+6(V/V)。

⑥淀粉指示剂溶液,$\rho = 2.0$ g/L:称取0.20 g可溶性淀粉,用少量水调成糊状,慢慢倒入100 mL沸水中,煮沸至溶液澄清。

⑦磷酸盐缓冲溶液：$c(KH_2PO_4-Na_2HPO_4) = 0.050$ mol/L：称取 6.8 g 磷酸二氢钾（KH_2PO_4）和 7.1 g 无水磷酸氢二钠（Na_2HPO_4）溶于水，稀释至 1 000 mL。

⑧靛蓝二磺酸钠（$C_{16}H_{18}Na_2O_8S_2$），简称 IDS，分析纯、化学纯或生化试剂。

⑨IDS 标准贮备溶液（待标定）：称取 0.25 g 靛蓝二磺酸钠⑧溶于水，移入 500 mL 棕色容量瓶中，用水稀释至标线，摇匀，在室温暗处放置 24 h 后标定。此溶液于 20 ℃以下暗处存放可稳定两周。

⑩IDS 标准工作溶液：将标定后的 IDS 标准贮备溶液⑨用磷酸盐缓冲溶液⑦逐级稀释成每毫升相当于 1.0 μg 臭氧的 IDS 标准工作溶液。此溶液于 20 ℃以下暗处存放，可稳定 1 周。

⑪IDS 吸收液：取适量 IDS 标准贮备溶液⑨，根据空气中臭氧质量浓度的高低，用磷酸盐缓冲溶液⑦稀释成每毫升相当于 2.5 μg 或 5.0 μg 臭氧的 IDS 吸收液，此溶液于 20 ℃以下暗处可保存 1 个月。

视频-O₃的测定

二、实训操作

1. 标定 IDS 标准贮备溶液

准确吸取 20.00 mL IDS 标准贮备溶液⑨于 250 mL 碘量瓶中，加入 20.00 mL 溴酸钾-溴化钾标准溶液②，再加入 50 mL 水，盖好瓶塞，放入（16±1）℃生化培养箱（或水浴）中放置至溶液温度与水浴温度平衡时[①]，加入 5.0 mL 硫酸溶液⑤，立即盖塞、混匀并开始计时，于（16±1）℃水浴中，于暗处放置（35±1.0）min 后，加入 1.0 g 碘化钾（KI），立即盖塞，轻轻摇匀至完全溶解，在暗处放置 5 min 后，用硫代硫酸钠标准工作溶液④滴定至棕色刚好退去呈淡黄色，加入 5 mL 淀粉指示剂溶液⑥，继续滴定至蓝色消退，终点为亮黄色。记录所消耗的硫代硫酸钠标准工作溶液④的体积。两次平行滴定所用硫代硫酸钠标准工作溶液④的体积之差不得大于 0.10 mL。

每毫升靛蓝二磺酸钠溶液相当于臭氧的质量浓度可计算为

$$\rho = \frac{c_1 V_1 - c_2 V_2}{V} \times 12.00 \times 10^3 \tag{3.17}$$

式中　ρ——每毫升靛蓝二磺酸钠溶液相当于臭氧的质量浓度，μg/mL；

c_1——溴酸钾-溴化钾标准溶液②的浓度，mol/L；

V_1——加入溴酸钾-溴化钾标准溶液的体积，mL；

c_2——滴定时所用硫代硫酸钠标准溶液的浓度，mol/L；

V_2——滴定时所用硫代硫酸钠标准溶液的体积，mL；

V——IDS 标准贮备溶液⑨的体积，mL；

12.00——臭氧的摩尔质量（1/4 O₃），g/mol。

---

①达到平衡的时间与温差有关，可预先用相同体积的水代替溶液，加入碘量瓶中，放入温度计观察达到平衡所需要的时间。

2. 采样前准备

（1）空气采样器流量校准

采样前,用皂膜流量计校准空气采样器流量,采样流量的相对误差应小于±5%。操作方法详见"任务一　二氧化硫的测定"。

（2）采样器连接与检查

吸取两支(10.0±0.02)mL IDS 吸收液⑪于多孔玻板吸收管中,用尽量短的一小段硅橡胶管连接起来,罩上黑布套,再用橡胶管把串联好的吸收管的玻璃球端支管与空气采样器的入口相连接。

打开采样器电源,用手指堵住吸收管进气端,观察乳胶管和流量计浮子,如管子有发瘪的迹象、流量计浮子回零,说明气密性检验合格。

3. 采样

调节流量计浮子固定在 0.5 L/min 左右,采气 10～60 min(视浓度高低而定,高时可减少采样时间),即 5～30 L。在采样的同时,应记录现场温度、空气压力和采样起止时间等。

当第一支吸收管中的吸收液褪色约 60% 时(与现场空白样品比较),应立即停止采样。若确信空气中臭氧质量浓度较低,不会穿透时,可用棕色玻板吸收管采样。

样品在采集、运输及存放过程中应严格避光。样品于室温暗处存放至少可稳定 3 d。

采样的同时要将用同一批配制的 IDS 吸收液,装入多孔玻板吸收管中,带到采样现场。除了不采集空气样品外,其他环境条件保持与采集空气的采样管相同。每批样品至少带两个现场空白样品。

4. 校准曲线的绘制

取 6 支 10 mL 具塞比色管,按表 3.24 配制标准色列。

表 3.24　臭氧标准溶液色列

管号	0	1	2	3	4	5
IDS 标准工作液⑩/mL	10.00	8.00	6.00	4.00	2.00	0
磷酸盐缓冲吸收液⑦/mL	0	2.00	4.00	6.00	8.00	10.00
臭氧质量浓度/($\mu g \cdot mL^{-1}$)	0	0.2	0.4	0.6	0.8	1.0

各管摇匀,用 20 mm 比色皿,以水为参比,在波长 610 nm 处测量吸光度。以臭氧质量浓度为横坐标,标准色列中 0 浓度管的吸光度 A_0 与各标准色列管的吸光度 A 之差(A_0-A)为纵坐标,绘制校准曲线。

5. 样品的测定

在吸收管的入口端串接一个玻璃尖嘴,在吸收管的出口端用吸耳球加压将吸收前后两支吸收管中的溶液移入 25 mL 或 50 mL 棕色容量瓶中,用水多次洗涤吸收管,洗涤液一并挤入容量瓶,再滴加少量水至标线,按绘制校准曲线步骤测量样品的吸光度。

6. 空白的测定

将上述带到现场的空白样品,按样品的测定步骤测定零空气样品的吸光度。

7. 数据处理及结果表示

空气(样品)中臭氧的质量浓度可计算为

$$\rho_{O_3} = \frac{(A_0 - A - a) \times V}{b \times V_r} \tag{3.18}$$

式中 ρ_{O_3}——空气中臭氧的质量浓度,mg/m^3;

A——样品溶液的吸光度;

A_0——现场空白样品吸光度的平均值;

b——校准曲线的斜率;

a——校准曲线的截距;

V——样品溶液总体积,mL;

V_r——换算成参比状态(298.15 K,101.325 kPa)下的采样体积,L。

所得结果精确至小数点后三位。

8. 注意事项

①采样时,应注意检查采样系统的气密性,用皂膜流量计校准流量,做好采样记录。

②空白试验吸收液与采样用吸收液应为同一批药品配制。

③空气中存在二氧化氮时,会使臭氧的测定结果偏高,约为二氧化氮质量浓度的6%。

④空气中二氧化硫、硫化氢、过氧乙酰硝酸酯(PAN)和氟化氢的质量浓度分别高于750、110、1 800、2.5 μg/m³ 时,干扰臭氧的测定。

⑤市售 IDS 不纯,作为标准溶液使用时必须进行标定。用溴酸钾-溴化钾标准溶液标定 IDS 的反应,需要在酸性条件下进行,加入硫酸溶液后反应开始,加入碘化钾后反应终止。为了避免副反应使反应定量进行,必须严格控制培养箱(或水浴)温度(16±1)℃和反应时间(35±1.0)min。一定要等到溶液温度与培养箱(或水浴)温度达到平衡时再加入硫酸溶液,并立即盖塞,开始计时。滴定过程中应避免阳光照射。

⑥IDS 吸收液的体积直接影响测量的准确度,采样管中吸收液体积必须准确;采样后向容量瓶中转移吸收液应少量多次冲洗;装有吸收液的采样管,在运输、保存和取放过程中应防止倾斜或倒置,避免吸收液损失。

三、技能训练

采用《环境空气 臭氧的测定 靛蓝二磺酸钠分光光度法》(HJ 504—2009)及修改单,在4 h 内完成环境空气中臭氧含量(1 h 浓度值)的测定,结果参照当地当天地方环保部门公布的环境空气质量指数日报中的臭氧数据,并对当地环境空气中臭氧含量进行评价分析,同时完善下列内容。

①写出主要仪器设备。

②列出主要操作步骤。

③设计并绘制采样用数据记录表格和分析测定用数据记录表格。

④写出计算公式及结果。

理论试题

任务五　氟化物的测定

【学习目标】

①掌握滤膜采样/氟离子选择电极法和石灰滤纸采样氟离子选择电极法测定环境空气中氟化物的方法和原理。

②会规范使用大气采样器,能同时采集气态和气溶胶态污染物。

③能正确测定气样中臭氧的含量,能判断并解决测定结果的异常现象。

④能把握测定分析过程中的安全注意事项,确保自己和同伴安全及仪器设备安全。

⑤能将理论与实践相结合,自主学习最新的国家标准和监测规范、方法标准,提高空气环境监测分析应用能力。

⑥具有环保意识和节约意识,测定过程中要节约使用试剂药品,不危害环境。

⑦保持实验环境及实验台面和仪器的干净、整洁、有序,符合规范要求。

⑧具备认真负责、科学严谨、实事求是、团结协作的精神。

一、基本知识

1. 指标含义及测定意义

环境空气中的气态氟化物主要是 HF,也有少量的 SiF_4 和 CF_4。含氟的粉尘主要是冰晶石(Na_3AlF_6)、萤石(CaF_2)、氟化铝(AlF_3)、氟化钠(NaF)及磷灰石等。氟化物属高毒类物质,神经细胞对它特别敏感,可经呼吸道、消化道及皮肤进入人体。氟化物被吸收后,对中枢神经系统及心肌有毒性作用。氟化物能在环境中积累,能通过食物链影响动物和人体健康。氟化氢对植物的影响比二氧化硫大 10～100 倍,对人体的危害比二氧化硫大 20 倍,对建筑物也有一定的腐蚀作用。含氟废气的主要来源有:炼铝工业和磷肥工业烧结及冶炼含氟金属矿石,氟和氟盐生产,含氟农药生产,玻璃陶瓷、搪瓷及砖瓦生产,塑料、橡胶及制冷剂生产等。

2. 控制标准

氟化物属于特征污染物,《环境空气质量标准》(GB 3095—2012)规定的氟化物的参考浓度限值见表 3.25。

《大气污染物综合排放标准》(GB 16297—1996)规定,氟化氢的无组织排放监控浓度限值为 0.02 mg/m³。

表 3.25　环境空气中氟化物参考浓度限值

污染物项目	平均时间	浓度限值		单位
		一级	二级	
氟化物(F)	1 h 平均	20①	20①	$\mu g/m^3$
	24 h 平均	7①	7①	
	月平均	1.8②	3.0③	$\mu g/(dm^2 \cdot d)$
	植物生长季平均	1.2②	2.0③	

注:①适用于城市地区;②适用于牧业区和以牧业为主的半农半牧区,蚕桑区;③适用于农业和林业区。

3.测定方法及原理

（1）测定方法

目前,我国测定氟化物的标准方法主要有《环境空气 氟化物的测定 滤膜采样/氟离子选择电极法》(HJ 955—2018)和《环境空气 氟化物的测定 石灰滤纸采样氟离子选择电极法》(HJ 481—2009)。前者适用于环境空气中气态和颗粒态氟化物的测定,当采样流量 50 L/min,采样时间 1 h 时,检出限为 0.5 $\mu g/m^3$,测定下限为 2.0 $\mu g/m^3$;当采样流量 16.7 L/min,采样时间 24 h 时,检出限为 0.06 $\mu g/m^3$,测定下限为 0.24 $\mu g/m^3$。后者适用于环境空气中氟化物长期平均污染水平的测定,采样不需动力,简单易行,采样时间长,当采样时间为一个月时,方法的测定下限为 0.18 $\mu g/(dm^2 \cdot d)$。

HJ 955—2018

HJ 481—2009

（2）测定原理

滤膜采样/氟离子选择电极法是用磷酸氢二钾溶液浸渍的滤膜采样时,环境空气中的气态和颗粒态氟化物被固定或阻留在滤膜上,采样后用盐酸溶液浸溶滤膜上的氟化物,用氟离子选择电极法测定,溶液中氟离子活度的对数与电极电位呈线性关系,可测定出空气中氟化物的小时浓度和日平均浓度。

石灰滤纸采样氟离子选择电极法是采用浸渍过 $Ca(OH)_2$ 溶液的滤纸采样,空气中的氟化物(氟化氢、四氟化硅等)与 $Ca(OH)_2$ 反应,生成的氟化钙或氟硅酸钙被固定在滤纸上。用总离子强度调节缓冲液浸提后,以氟离子选择电极法测定,获得石灰滤纸上氟化物的含量。

下面介绍短时间采样的滤膜采样/氟离子选择电极法。

4.仪器及设备

①一般实验室常用仪器和设备。

②聚乙烯烧杯:100 mL。

③带盖聚乙烯瓶:50、100、1 000 mL。

④空气采样器:小流量采样器,量程范围 10 ~ 60 L/min。采样头可放置直径为 90 mm 的滤膜,有效滤膜直径为 80 mm,采样头配有两层聚乙烯/不锈钢支承滤膜网垫,两层网垫间有

$2 \sim 3$ mm 的间隔圈相隔。采样器配有电子流量计和流量计补偿系统,具有自动计算累计体积的功能。流量为 50 L/min 时,采样泵可克服 20 kPa 的压力负荷。

⑤离子活度计或精密酸度计:分辨率为 0.1 mV。

⑥氟离子选择电极:测量氟离子浓度范围 $10^{-5} \sim 10^{-1}$ mol/L。也可选用与离子活度计或酸度计配套的氟离子选择电极和参比电极一体式复合电极。

⑦参比电极:甘汞电极/银-氯化银电极。

⑧磁力搅拌器:具聚乙烯包裹的搅拌子。

⑨超声波清洗器:频率 $40 \sim 60$ kHz。

⑩乙酸-硝酸纤维微孔滤膜:孔径为 5 μm,直径与采样头配套。

⑪磷酸氢二钾浸渍滤膜:用镊子夹取乙酸-硝酸纤维微孔滤膜放入磷酸氢二钾浸渍液中,浸湿后沥干(每次用少量浸渍液,以能没过滤膜为准,浸渍 $4 \sim 5$ 张滤膜后,更换新的浸渍液),将浸渍后的滤膜摊放在铺有无灰级定性滤纸的聚乙烯或不锈钢托盘上(不能直接用玻璃板或搪瓷板摊放),于 40 ℃ 以下烘干 30 min ~ 1 h,至完全干燥,装入塑料盒(袋)中,密封后放入密闭容器中备用。

5. 试剂

除非另有说明,分析时均使用符合国家标准的分析纯试剂,实验用水为新制备的去离子水。

①盐酸,$\rho(\text{HCl}) = 1.19$ g/mL。

②乙酸,$\omega(\text{CH}_3\text{COOH}) \geqslant 99.5\%$。

③氟化钠(NaF):优级纯,于 110 ℃ 烘干 2 h 放在干燥器中冷却至室温。

④盐酸溶液,$c(\text{HCl}) = 2.5$ mol/L:量取 20.8 mL 盐酸①溶于一定量水中,再用水稀释至 1 L。

⑤氢氧化钠溶液,$c(\text{NaOH}) = 5.0$ mol/L:称取 100.0 g 氢氧化钠(NaOH),溶于水,冷却后稀释至 500 mL。

⑥氢氧化钠溶液,$c(\text{NaOH}) = 1.0$ mol/L:量取 200 mL 氢氧化钠溶液⑤,加水稀释至 1 L。

⑦磷酸氢二钾浸渍液,$\rho(\text{K}_2\text{HPO}_4 \cdot 3\text{H}_2\text{O}) = 76.0$ g/L:称取 76.0 g 磷酸氢二钾溶于水,移入 1 000 mL 容量瓶中,用水定容至标线,摇匀。

⑧总离子强度调节缓冲溶液(TISAB):

a. 总离子强度调节缓冲溶液(TISAB Ⅰ):称取 58.0 g 氯化钠(NaCl),10.0 g 柠檬酸钠（$\text{Na}_3\text{C}_6\text{H}_5\text{O}_7 \cdot 2\text{H}_2\text{O}$),量取 50 mL 乙酸②,加水 500 mL。溶解后,加氢氧化钠溶液⑤135 mL,调节溶液 pH 值为 5.2,转移到 1 000 mL 容量瓶中,加水定容至标线,摇匀。

b. 总离子强度调节缓冲溶液(TISAB Ⅱ①):称取 142 g 六次甲基四胺($\text{C}_6\text{H}_{12}\text{N}_4$)、85.0 g 硝酸钾(KNO$_3$)和 9.97 g 钛铁试剂($\text{C}_6\text{H}_4\text{Na}_2\text{O}_8\text{S}_2 \cdot \text{H}_2\text{O}$),加水溶解,调节 pH 值至 $5 \sim 6$,转移到 1 000 mL 容量瓶中,用水稀释至标线,摇匀。

⑨氟标准贮备溶液,$\rho(\text{F}^-) = 500$ μg/mL:准确称取 1.105 0 g 氟化钠③,溶解于水中,移入 1 000 mL 容量瓶中。用水定容至标线,摇匀。贮于聚乙烯瓶中,4 ℃ 以下冷藏,可保存 6 个月,

---

① 当试样成分复杂,偏酸(pH≈2)或偏碱(pH≈12),可用 TISAB Ⅱ 配方。

临用时取出,放至空温时使用。也可直接购买市售有证标准溶液。

⑩氟标准使用液,$\rho(F^-)=10\ \mu g/mL$:移取 10 mL 氟标准贮备溶液⑨至 500 mL 容量瓶中,用水稀释至标线,摇匀。临用现配。贮于聚乙烯塑料瓶中。

二、实训操作

1.采样前准备

(1)采样器流量校准

对采样器流量进行检查校准,流量示值误差不超过±2%,操作方法详见"任务一 二氧化硫的测定"。

(2)采样头安装

按照如图 3.17 所示安装滤膜,在第二层支承滤膜网垫上放置一张磷酸氢二钾浸渍滤膜,中间用厚 2~3 mm 的滤膜垫圈隔开,再放置第一层支承滤膜网垫,在第一层支承滤膜网垫上放置第二张磷酸氢二钾浸渍滤膜。

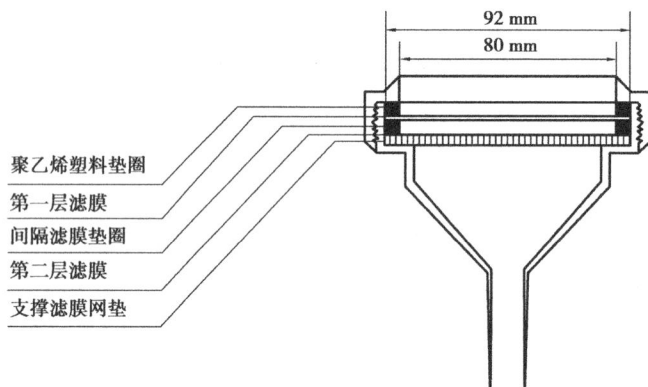

图 3.17　滤膜采样头装置

若需分别测定环境空气中气态和颗粒态氟化物,则在第二层支承滤膜网垫上放置一张磷酸氢二钾浸渍滤膜,采集气态氟化物;在第一层支承滤膜网垫上放置柠檬酸浸渍滤膜,采集颗粒态氟化物。

2.采样

按照颗粒物采样方式采样,1 h 均值测定时,以 50 L/min 流量采集,至少采样 45 min;24 h 均值测定时,以 16.7 L/min 流量采集,至少采样 20 h。

同时,根据使用的仪器性能设计做好采样记录,包括开始和结束时的采样时间、流量或采样体积、风向、风速、气温、气压、采样点及样品编号等。

采样后,用干净的镊子将样品膜取出,对折放入塑料袋(盒)中,密封好,带回实验室,储存在密闭容器中,必须在 40 d 内完成分析。

3.全程序空白样品(现场空白)

采样同时取与样品采集同批次浸渍后的空白滤膜(两张)带到现场,将空白滤膜安装在采样头上不进行采样,空白滤膜在采样现场暴露时间与样品滤膜从滤膜盒(袋)取出直至安装到采样头的时间相同,随后取下空白滤膜,并随样品一起运回实验室分析。空白与样品在相同的条件下保存,运输。

要求每次采样至少做两个现场空白。

4. 标准曲线的绘制

按表3.26配制标准系列,也可根据实际样品浓度配制,不得少于6个点。

表3.26　氟化钠标准系列

标准系列编号	1	2	3	4	5	6
氟标准使用液⑩/mL	0.50	1.00	2.00	5.00	10.00	20.0
TISAB溶液⑧/mL	10.00	10.00	10.00	10.00	10.00	10.00
氟离子含量/μg	5.00	10.0	20.0	50.0	100	200

分别移取氟标准使用液⑩0.50、1.00、2.00、5.00、10.0、20.0 mL于6个50 mL的容量瓶中,加入TISAB溶液⑧10.00 mL,用水定容至标线,混匀。氟离子含量依次为5.00、10.0、20.0、50.0、100、200 μg。

从低浓度到高浓度依次将标准系列溶液转移至100 mL聚乙烯杯中,清洗干净的氟离子选择电极及参比电极(或复合电极)插入待测液中测定。插入电极前不要搅拌溶液,以免在电极表面附着气泡,影响测定的准确度。开启磁力搅拌器,搅拌数分钟,搅拌时间应一致,搅拌速度要适中、稳定。待读数稳定后(即每分钟电极电位变化小于0.2 mV)停止搅拌,静置后读取电位响应值,同时记录测定时的温度(溶液温度控制在15~35 ℃,保证氟离子选择电极工作正常)。

以氟离子含量(μg)的对数为横坐标,其对应测出的电位值(mV)为纵坐标,建立标准曲线;或在半对数坐标纸上,以对数坐标表示氟离子含量(μg),以等距坐标表示毫伏值,绘制标准曲线。

5. 试样的制备

将两张样品滤膜剪成小碎块(约5 mm×5 mm),放入50 mL带盖聚乙烯瓶中,加盐酸溶液④20.00 mL,摇动使滤膜充分分散并浸湿后,在超声波清洗器中提取30 min,取出。待溶液温度冷却至室温,再加入氢氧化钠溶液⑥5.00 mL、水15.00 mL及TISAB溶液⑧10.00 mL,总体积50.00 mL,混匀后转移至100 mL聚乙烯烧杯中待测定。

全程序空白试样制备与样品滤膜制备过程一致。

6. 实验室空白试样的制备

取与样品采集同批次浸渍的磷酸氢二钾浸渍滤膜两张,按照与"试样的制备"相同的步骤制备空白样品(水加入量14.5 mL)。在制备好的空白样品中加入氟标准使用液⑩0.5 mL(5.0 μg),总体积50.00 mL,混匀后转移至100 mL聚乙烯烧杯中待测定。

7. 样品的测定

处理好的试样测定方法与绘制标准曲线相同。读取毫伏值后,根据回归方程式计算氟含量或从标准曲线上查得氟含量。样品测定应与标准曲线绘制同时进行,测定样品时的温度与绘制标准曲线时的温度之差应不超过±2 ℃。

8. 空白值的测定

空白值的不稳定会直接影响测定结果的准确性,每批乙酸-硝酸纤维滤膜都应做空白试验。

（1）实验室空白

将处理好的实验室空白试样,按与"样品的测定"相同的步骤测定实验室空白试样。实验室空白试样的氟含量为空白试样测定值（μg）减去标准氟加入量（5.0 μg）,取测定的平均值作为实验室空白试样的氟含量。

（2）现场空白

将带到现场的、未经采样的、处理好的空白滤膜按上述实验室空白测定方法进行测定。

（3）空白对比分析

将现场空白和实验室空白滤膜的测量结果进行对比分析。若现场空白大于2.0 μg,实验室空白大于1.4 μg,需查找原因,重新采样。

9. 数据处理及结果表示

试样中氟化物的含量可计算为

$$\lg m = \frac{E - E_c}{S_c} \tag{3.19}$$

式中　m——试样中氟化物的含量,μg;

　　　E——试样的电位值,mV;

　　　E_c——标准曲线的截距,mV;

　　　S_c——标准曲线的斜率,mV。

环境空气（样品）中氟化物的质量浓度可计算为

$$\rho_{F^-} = \frac{m - m_0}{V_0} \tag{3.20}$$

式中　ρ_{F^-}——环境空气（样品）中氟化物的质量浓度,μg/m³;

　　　m——按"样品的测定"测得的试样的氟含量,μg;

　　　m_0——按"空白值的测定"测得的实验室空白试样平均氟含量,μg;

　　　V_0——参比状态（298.15 K,101.325 kPa）下的采样体积,m³。

1 h 均值测定,当测定结果小于10.0 μg/m³ 时,结果保留小数点后一位;当测定结果大于或等于10.0 μg/m³ 时,结果保留三位有效数字。

24 h 均值测定,当测定结果小于10.0 μg/m³ 时,结果保留小数点后两位;当测定结果大于或等于10.0 μg/m³ 时,结果保留三位有效数字。

10.注意事项

①盐酸具有强挥发性和腐蚀性,试剂配制过程应在通风橱内进行;操作时,应按要求佩戴防护器具,避免接触皮肤和衣物。

②Ca^{2+}、Mg^{2+}、Fe^{3+}、Al^{3+}等金属离子易与氟离子形成络合物,对结果产生负干扰。在该标准实验条件下,加入总离子强度调节缓冲溶液,Ca^{2+}、Mg^{2+}、Fe^{3+}的浓度均不超过50 mg/L、Al^{3+}不超过2 mg/L时不干扰测定。

③采样前,应对采样器流量进行检查校准,流量示值误差不超过±2%;采样起始到结束的流量变化不超过±10%。

④每批次样品分析应建立新的标准曲线,标准曲线的相关系数≥0.999;温度在20～25 ℃时,氟离子浓度每改变10倍,电极电位变化应满足(−58.0±2.0)mV。

⑤注意氟离子电极的保管、预处理和使用。不得用手指触摸电极的膜表面,试样中氟的测定浓度最好不要大于40 mg/L。如果电极的膜表面被有机物等沾污,必须先清洗干净后才能使用。清洗可用甲醇、丙酮等有机试剂,也可用洗涤剂。例如,可将电极浸入温热的稀洗涤剂(1 份洗涤剂加9 份水),保持3～5 min。必要时,可再放入另一份稀洗涤剂中。然后用水冲洗,再在(1+1)的盐酸中浸30 s,最后用水冲洗干净,用滤纸吸去水分。

⑥取用滤膜的实验过程中应佩戴防静电的一次性手套,并用不锈钢或聚四氟乙烯的镊子进行操作。

⑦测定过程中应避免使用玻璃器皿。

三、技能训练

采用《环境空气 氟化物的测定 滤膜采样/氟离子选择电极法》(HJ 955—2018),在4 h内完成环境空气中氟化物含量(1 h浓度值)的测定,结果参照国内相关指标中的氟化物数据,并对测定结果进行分析,同时完善下列内容。

理论试题

①写出主要仪器设备。

②列出主要操作步骤。

③设计并绘制采样用数据记录表格和分析测定用数据记录表格。

④写出计算公式及结果。

任务六　苯并[a]芘的测定

【学习目标】
①掌握高效液相色谱法测定环境空气中苯并[a]芘的方法和原理。
②熟悉并掌握液相色谱仪的使用。
③能正确测定气样中苯并[a]芘的含量。
④能判断并解决测定结果的异常现象。
⑤能把握测定分析过程中的安全注意事项,确保自己和同伴安全及仪器设备安全。
⑥能将理论与实践相结合,自主学习最新的国家标准和监测规范、方法标准,提高空气环境监测分析应用能力。
⑦具有环保意识和安全意识,测定过程中要节约使用试剂药品,不危害环境。
⑧具备认真负责、科学严谨、实事求是、团结协作的精神。

一、基本知识

1.指标含义及测定意义

苯并[a]芘又称3,4-苯并芘,简称BaP,不溶于水,微溶于有机溶剂,稳定性好,无色至淡黄色,无生产和使用价值,是生产和生活中形成的副产物随废气排放。苯并[a]芘主要来自含碳燃料及有机物热解过程。例如,煤炭、石油等在无氧加热裂解过程中,产生的烷烃、烯烃等经过脱氢、聚合,可产生一定数量的苯并[a]芘,并吸附在烟气飘尘上散布于空气中;香烟烟雾中也含3,4-苯并芘。环境空气中苯并[a]芘的存在对人体健康有着巨大的威胁,除了对眼睛、皮肤有刺激作用,具有生物累积性外,还是致畸原及诱变剂,更是强致癌类物质的代表。因此,苯并[a]芘是空气环境监测的重要指标。

2.控制标准

《环境空气质量标准》(GB 3095—2012)规定的苯并[a]芘的浓度限值见表3.27。

表3.27　环境空气中苯并[a]芘浓度限值

污染物项目	平均时间	浓度限值		单位
		一级	二级	
苯并[a]芘(BaP)	年平均	0.001	0.001	$\mu g/m^3$
	24 h平均	0.002 5	0.002 5	

《室内空气质量标准》(GB/T 18883—2022)规定,苯并[a]芘的24 h平均浓度限值为1.0 ng/m^3。

3. 测定方法及原理

（1）测定方法

目前，我国测定环境空气中苯并[a]芘的方法是《环境空气　苯并[a]芘的测定　高效液相色谱法》（HJ 956—2018）。该方法适用于环境空气和无组织排放监控点空气颗粒物（$PM_{2.5}$、PM_{10}、TSP 等）中苯并[a]芘的测定。用二氯甲烷提取，定容体积为 1.0 mL 时，方法检出量为 0.008 μg，测定下限为 0.032 μg；用 5.0 mL 乙腈提取时，方法检出量为 0.040 μg，测定下限为 0.160 μg。

当采样体积为 6 m^3（标准状态下），用二氯甲烷提取，定容体积为 1.0 mL 时，方法检出限为 1.3 ng/m^3，测定下限为 5.2 ng/m^3。

当采样体积为 144 m^3（标准状态下），用二氯甲烷提取，定容体积为 1.0 mL 时，方法检出限为 0.1 ng/m^3，测定下限为 0.4 ng/m^3。

当采样体积为 1 512 m^3（标准状态下），取 1/10 滤膜，用二氯甲烷提取，定容体积为 1.0 mL 时，方法检出限为 0.1 ng/m^3，测定下限为 0.4 ng/m^3；用 5.0 mL 乙腈提取时，方法检出限为 0.3 ng/m^3，测定下限为 1.2 ng/m^3。

（2）测定原理

用超细玻璃（或石英）纤维滤膜采集环境空气中的苯并[a]芘，用二氯甲烷或乙腈提取，提取液浓缩、净化后，采用高效液相色谱分离，荧光检测器检测，根据保留时间定性，外标法定量。

4. 仪器及设备

①高效液相色谱仪（HPLC）：具有荧光检测器和梯度洗脱功能。

②色谱柱：4.6 mm×250 mm，填料为 5.0 μm 的 ODS-C_{18}（十八烷基硅烷键合硅胶）色谱柱或其他性能相近的色谱柱。

③采样器：满足《环境空气　颗粒物（PM_{10} 和 $PM_{2.5}$）采样器技术要求及检测方法》（HJ 93—2013）和《总悬浮颗粒物采样器技术要求及检测方法》（HJ/T 374—2007）中对采样器的要求。大流量采样器工作点流量为 1.05 m^3/min；中流量采样器工作点流量为 100 L/min；小流量采样器工作点流量为 16.67 L/min。

④提取设备：低频超声波清洗器、索氏提取器或加压流体萃取仪等性能相当的提取设备。

⑤浓缩设备：氮吹浓缩仪、K-D 浓缩仪或其他性能相当的设备。

⑥净化装置：固相萃取装置。

⑦超细玻璃（或石英）纤维滤膜：根据采样头选择相应规格的滤膜。滤膜对 0.3 μm 标准粒子的残留效率不低于 99%。使用前，在马弗炉于 400 ℃加热 5 h 以上；冷却后，保存于滤膜盒中。保证滤膜在采样前和采样后不受沾污，并在采样前处于平展状态。

⑧硅胶固相萃取柱：1 000 mg/6 mL，也可根据杂质含量选择适宜容量的商业化固相萃取柱。

⑨有机相针式滤器：13 mm×0.45 μm，聚四氟乙烯或尼龙滤膜。

⑩一般实验室常用仪器设备。

5. 试剂

除非另有说明,分析时均使用符合国家标准的分析纯试剂,实验用水为新制备的超纯水或蒸馏水。

①乙腈(CH_3CN):高效液相色谱纯。

②正己烷(C_6H_{14}):高效液相色谱纯。

③二氯甲烷(CH_2Cl_2):高效液相色谱纯。

④无水硫酸钠(Na_2SO_4):使用前于马弗炉450 ℃加热4 h,冷却,于磨口玻璃瓶中密封保存。

⑤二氯甲烷-正己烷混合溶液:3+7,临用现配。

⑥苯并[a]芘标准贮备液,$\rho=100$ μg/mL:溶剂为乙腈,直接购买市售有证标准溶液,参考标准溶液证书进行保存。

⑦苯并[a]芘标准中间液,$\rho=10.0$ μg/mL:准确移取1.00 mL苯并[a]芘标准贮备液⑥至10 mL容量瓶中,用乙腈①定容,混匀。4 ℃以下密封避光冷藏保存,保存期1年。

⑧苯并[a]芘标准使用液,$\rho=2.00$ μg/mL:准确移取1.00 mL苯并[a]芘标准中间液⑦至5 mL容量瓶中,用乙腈①定容,混匀。4 ℃以下密封避光冷藏保存,保存期6个月。

二、实训操作

1. 采样

用无锯齿镊子将加热并冷却准备好的滤膜放入洁净滤膜夹内,滤膜毛面朝向进气方向,将滤膜牢固压紧。将滤膜夹放入采样器中。

将采样器带至采样现场,设置采样时间和采样流量等参数(如用中流量采样器,流量100 L/min,时间1 h),启动采样器开始采样。

采样结束后,用镊子取出滤膜,滤膜尘面向内对折,避免尘面接触无尘边缘,放入保存盒中避光密封保存,并迅速送回实验室,于20 ℃以下两个月内完成提取。

2. 仪器准备

(1)仪器参考条件

按仪器操作要求开机,并准备好仪器参考条件:保持柱箱温度35 ℃,荧光检测器的激发波长λ_{ex}/发射波长λ_{em}为305 nm/430 nm。梯度洗脱程序见表3.28。其中,流动相A为乙腈,流动相B为水。

表3.28　梯度洗脱程序

时间/min	流动相流速/(mL·min^{-1})	A/%	B/%
0	1.2	65	35
27	1.2	65	35
41	1.2	100	0
45	1.2	65	35

（2）标准曲线的绘制

分别移取适量苯并[a]芘标准使用液⑧，用乙腈①稀释，制备标准系列，质量浓度分别为 0.025、0.050、0.100、0.500、1.00、2.00 μg/mL。

将标准系列溶液依次注入高效液相色谱仪，按照仪器参考条件分离检测，得到各不同浓度的苯并[a]芘的色谱图。以浓度为横坐标，其对应的峰高（或峰面积）为纵坐标，绘制标准曲线。

苯并[a]芘标准色谱图如图3.18所示。

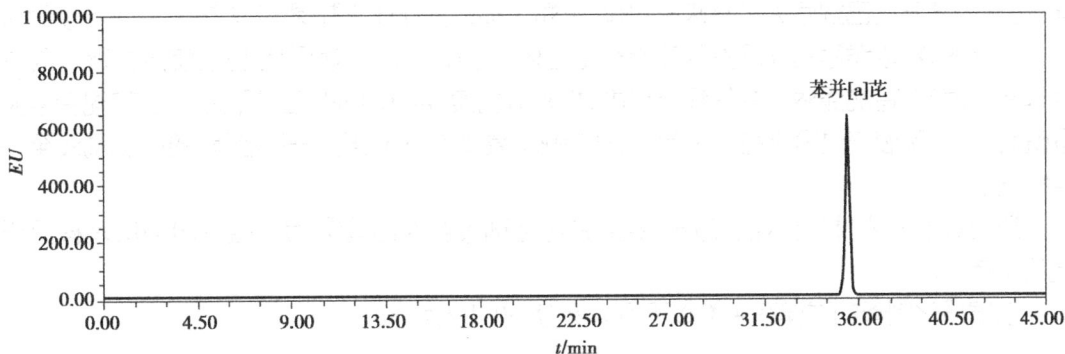

图3.18　苯并[a]芘标准色谱图

3.试样的制备

（1）样品提取

采集带回实验室的样品要进行提取，通常有以下四种提取方法。

①超声波提取。

除去滤膜边缘无尘部分，将滤膜分成 n 等份，取 n 分之一滤膜切碎，放入具塞瓶内，加入适量二氯甲烷③超声提取15 min，提取液用无水硫酸钠④干燥，转移至浓缩瓶中，重复提取3次，合并提取液，待浓缩、净化。通常整张直径9 cm的滤膜，每次需要加入35 mL提取溶剂。

如果采用乙腈①超声提取，将切碎的滤膜放入10 mL具塞瓶内，准确加入5.0 mL乙腈①超声提取15 min，静置，提取液用有机相针式滤器过滤，弃去1 mL初始液，滤液收集于样品瓶中待测。

滤膜取用量根据实际样品情况确定，必须保证所取滤膜浸没在液面之下。

②索氏提取。

将滤膜放入索氏提取器中，加入100 mL二氯甲烷③，回流提取16 h，每小时回流不少于5次。提取完毕，冷却至室温，取出底瓶，冲洗提取杯接口，清洗液一并转移至底瓶。提取液用无水硫酸钠④干燥，转移至浓缩瓶中，待浓缩、净化。

③自动索氏提取。

将滤膜放入自动索氏提取器中，加入100 mL二氯甲烷③，回流提取至少40个循环。其他同上。

④加压流体萃取。

将滤膜放入加压流体萃取池中，设定萃取温度100 ℃，压力1 500～2 000 Psi（1 Psi = 6.895 kPa），静态萃取5 min，二氯甲烷③淋洗体积为60%池体积，氮气吹扫60 s，静态萃取至少两次。萃取液用无水硫酸钠④干燥,转移至浓缩瓶中,待浓缩、净化。

（2）样品浓缩

二氯甲烷样品提取液在浓缩设备中于 45 ℃以下浓缩,将溶剂完全转换为正己烷②,浓缩至 1 mL,待净化;如果不需要进一步净化,则可将溶剂转换为乙腈①,定容至 1.0 mL,转移至样品瓶中待测。

（3）样品净化

将硅胶固相萃取柱固定于净化装置。依次用 4 mL 二氯甲烷③、10 mL 正己烷②冲洗柱床,待柱内充满正己烷后关闭流速控制阀,浸润 5 min 后打开控制阀,弃去流出液。当液面稍高于柱床时,将浓缩后的样品提取液转移至柱内,用 1.0 mL 二氯甲烷-正己烷混合溶液⑤洗涤样品瓶两次,将洗涤液一并转移至柱内,接收流出液,用 8.0 mL 二氯甲烷-正己烷混合溶液⑤洗脱,待洗脱液流过净化柱后关闭流速控制阀,浸润 5 min,再打开控制阀,接收洗脱液至完全流出。

洗脱液按上述"样品浓缩"方法浓缩,并将溶剂转换为乙腈①,定容至 1.0 mL,转移至样品瓶中待测。

浓缩净化制备的试样在 4 ℃以下避光保存,30 d 内完成分析。

4. 实验室空白试样的制备

取与样品采集同批次空白滤膜,按照与"试样的制备"相同的步骤制备实验室空白试样。

5. 试样的测定

按照与"标准曲线的绘制"相同的仪器条件进行试样测定,记录色谱峰的保留时间和峰高（或峰面积）。当试样浓度超出标准曲线的线性范围时,用乙腈①稀释后,再进行测定。

6. 空白值的测定

按照与"试样的测定"相同的仪器条件进行空白试样的测定,且每批样品（≤20 个）至少带 1 个实验室空白,苯并[a]芘的测定值不得高于方法检出限。

7. 数据处理及结果表示

（1）定性分析

依据保留时间定性,与标准曲线中间点保留时间相比变化不得超过±10 s。

（2）定量分析

根据化合物的峰高（或峰面积）,采用外标法定量。

（3）结果计算

样品中的苯并[a]芘的质量浓度可计算为

$$\rho = \frac{\rho_i V \times 1\,000}{V_s \times \frac{1}{n}}$$

(3.21)

式中　ρ——样品中苯并[a]芘的质量浓度,ng/m³;

　　　ρ_i——由标准曲线得到试样中苯并[a]芘的质量浓度,μg/mL;

　　　V——试样体积,mL;

V_s——实际采样体积, m^3;

$1/n$——分析用滤膜在整张滤膜中所占的比例。

测定结果的小数点后保留位数与检出限一致,且最多保留三位有效数字。

8.注意事项

①苯并[a]芘属于强致癌物,样品处理过程应在通风橱中进行,并按规定要求佩戴防护用具,避免接触皮肤和衣物。

②建立标准曲线的相关系数≥0.999,否则要重新绘制标准曲线;样品测定期间每日至少测定1次曲线中间点浓度的标准溶液,苯并[a]芘的测定值和标准值的相对误差应在±15%以内,否则要建立新的标准曲线。

③每批样品(≤20个)测定1个空白加标,回收率控制范围为80%~120%。

④每批样品(≤20个)测定1个实验室等分样,测定结果大于等于测定下限时,相对偏差应在15%以内。

⑤当样品基质复杂干扰测定时,采用硅胶固相萃取柱去除或减少干扰。

三、技能训练

采用《环境空气 苯并[a]芘的测定 高效液相色谱法》(HJ 956—2018)测定校园环境空气中苯并[a]芘的含量,结果参照《环境空气质量标准》(GB 3095—2012)中苯并[a]芘的浓度限值进行分析,同时完善下列内容。

①写出主要仪器设备。
②列出主要操作步骤。
③写出计算公式及结果。

理论试题

任务七　总烃、甲烷和非甲烷总烃的测定

【学习目标】

①了解测定环境空气中总烃、甲烷和非甲烷总烃的意义。

②掌握气相色谱法测定环境空气中总烃、甲烷和非甲烷总烃的方法和原理。

③能正确测定气样中总烃、甲烷和非甲烷总烃的含量。

④能把握测定分析过程中的安全注意事项,确保自己和同伴安全及仪器设备安全。

⑤能将理论与实践相结合,自主学习最新的国家标准和监测规范、方法标准,提高空气环境监测分析应用能力。

⑥具有环保意识和安全意识,测定过程中要节约使用试剂药品,不危害环境。

⑦保持实验环境及实验台面和仪器的干净、整洁、有序,符合规范要求。

⑧具备认真负责、科学严谨、实事求是、团结协作的精神。

一、基本知识

1. 指标含义及测定意义

总烃是指在标准规定的测定条件下,在气相色谱仪的氢火焰离子化检测器上有响应的气态有机化合物的总和;非甲烷总烃是指在标准规定条件下,从总烃中扣除甲烷以后其他气态有机化合物的总和,结果以碳计。

环境空气中的总烃、甲烷和非甲烷总烃超过一定浓度,会直接对人体健康产生危害。另外,在一定条件下,非甲烷总烃经日光照射还能产生光化学烟雾,对环境和人类造成危害。因此,测定其指标有很重要的意义。

2. 控制标准

目前,我国还没有总烃、甲烷和非甲烷总烃的环境质量标准,石化部门和若干地区通常采用以色列同类标准的短期平均值 $5.0\ mg/m^3$(总烃 30 min 均值)。《大气污染物综合排放标准》(GB 16297—1996)规定,非甲烷的周界外浓度最高点的浓度限值为 $4.0\ mg/m^3$。《大气污染物综合排放标准详解》中提出,我国多数地区的实测值"非甲烷总烃"的环境浓度一般不超过 $1.0\ mg/m^3$。因此,选用 $2\ mg/m^3$ 作为计算依据。另外,河北省地方标准《环境空气质量 非甲烷总烃限值》(DB 13/1577—2012)的 1 h 平均浓度限值的一级标准 $1.0\ mg/m^3$、二级标准 $2.0\ mg/m^3$(均为标准状态下)。

3. 测定方法及原理

(1)测定方法

目前,我国测定环境空气中总烃、甲烷和非甲烷总烃的方法是《环境空气 总烃、甲烷和非甲烷总烃的测定 直接进样-气相色谱法》(HJ 604—2017)。该方法适用于环境空气中总烃、甲烷和非甲烷总烃的测定,也适用于污染源无组织排放监控点空气中总烃、甲烷和非甲烷总烃的测定。

当进样体积为 1.0 mL 时,总烃、甲烷的检出限为 $0.06\ mg/m^3$(以甲烷计),测定下限均为 $0.24\ mg/m^3$;非甲烷总烃的检出限为 $0.07\ mg/m^3$(以碳计),测定下限为 $0.28\ mg/m^3$。

(2)测定原理

将气体样品直接注入具氢火焰离子化检测器的气相色谱仪,分别在总烃柱和甲烷柱上测定样品中总烃和甲烷的含量,两者之差即为非甲烷总烃含量。同时以除烃空气代替样品,测定氧在总烃柱上的响应值,以扣除样品中的氧对总烃测定的干扰。

4. 仪器及设备

①采样容器:全玻璃材质注射器,容积不小于 100 mL,清洗干燥后备用;气袋材质为氟聚合物薄膜气袋,低吸附性和低气体渗透率,不释放干扰物质,容积不小于 1 L,使用前用烃空气清洗至少 3 次。

②真空气体采样箱:由进气管、真空箱、阀门和抽气泵等部分组成,样品经过的管路材质

应不与被测组分发生反应。

③气相色谱仪:具氢火焰离子化检测器(FID)。

④进样器:带 1 mL 定量管的进样阀或 1 mL 气密玻璃注射器。

⑤色谱柱。

填充柱:甲烷柱,不锈钢或硬质玻璃材质,2 m×4 mm,内填充粒径 180~250 μm(80~60目)的 GDX-502 或 GDX-104 担体;总烃柱,不锈钢或硬质玻璃材质,2 m×4 mm,内填充粒径 180~250 μm(80~60 目)的硅烷化玻璃微珠。

毛细管柱:甲烷柱,30 m×0.53 mm×25 μm 多孔层开口管分子筛柱或其他等效毛细管柱;总烃柱,30 m×0.53 mm 脱活毛细管空柱。

⑥一般实验室常用仪器和设备。

5.试剂

除非另有说明,分析时均使用符合国家标准的分析纯试剂,实验用水为新制备的超纯水或蒸馏水。

①除烃空气:总烃含量(含氧峰)≤0.40 mg/m³(以甲烷计);或在甲烷柱上测定,除氧峰外无其他峰。

②甲烷标准气体:10.0 μmol/mol,平衡气为氮气。也可向具备资质的生产商定制合适浓度的标准气体。

③氮气:纯度≥99.999%。

④氢气:纯度≥99.99%。

⑤空气:用净化管净化。

⑥标准气体稀释气:高纯氮气或除烃氮气,纯度≥99.999%,按"样品的测定"步骤测试,总烃测定结果应低于该方法检出限。

二、实训操作

1.采样

用容积不小于 100 mL 全玻璃材质注射器在人的呼吸带高度处抽取现场空气反复抽洗 3~4 次后采样,以玻璃注射器满刻度采集空气样品,用惰性密封头密封;或用气袋采集样品,将用烃空气①清洗 3 次的采气袋带到现场,用真空气体采样箱将空气样品引入气袋,至最大体积的 80% 左右,立刻密封。

采集样品的玻璃注射器应小心轻放,防止破损,保持针头端向下状态放入样品箱内保存并带回实验室分析。样品应常温避光保存,采样完成后尽快分析。玻璃注射器保存的样品,放置时间不超过 8 h;气袋保存的样品,放置时间不超过 48 h,若仅测定甲烷,应在 7 d 内完成。

采样同时还要测定现场空白,将注入除烃空气的采样容器带至采样现场,与同批次采集的样品一起送回实验室分析。运输与保存方法与样品一致。

2.仪器准备

(1)仪器参考条件

按仪器操作规程开机,色谱柱的一端接到仪器进样口上;另一端不接检测器,用低流速(约 10 mL/min)载气通入,柱温升至 110 ℃老化 24 h,然后将色谱柱接入色谱系统,待基线走平直为止。仪器参考条件如下。

①温度:柱温 80 ℃,检测器温度 200 ℃,进样口温度 100 ℃。

②气体流量:燃烧气氢气④流量约 30 mL/min,助燃气空气⑤流量约 300 mL/min。根据仪器的具体情况可作适当调整。

③载气流量:氮气③填充柱流量 15~25 mL/min,毛细管柱流量 8~10 mL/min。根据色谱柱的阻力调节柱前压。

④毛细管柱尾吹气:氮气③流量 15~25 mL/min,不分流进样。

(2)校准曲线的绘制

①校准系列制备。

用 100 mL 注射器(预先放入一片硬质聚四氟乙烯小薄片)或 1 L 气袋为容器,按 1∶1 的体积比,用标准气体稀释气⑥将甲烷标准气体②逐级稀释,配制 5 个浓度梯度的校准系列。该校准系列浓度分别是 0.625、1.25、2.50、5.00、10.0 μmol/mol。

②校准系列测定。

仪器稳定后,由低浓度到高浓度依次抽取 1.0 mL 校准系列,注入气相色谱仪的总烃柱和甲烷柱,每个浓度重复 3 次,取峰高的平均值,即得系列标准气体的峰面积。在该方法给出的色谱分析参考条件下,毛细管柱上的标准色谱峰图如图 3.19 所示,填充柱上的标准色谱峰图如图 3.20 所示。

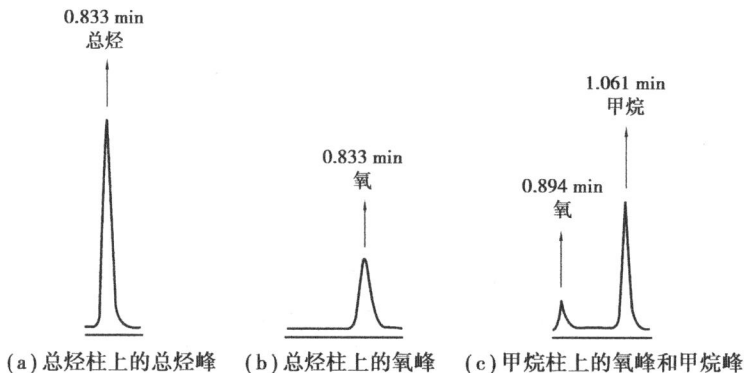

(a)总烃柱上的总烃峰   (b)总烃柱上的氧峰   (c)甲烷柱上的氧峰和甲烷峰

图 3.19   总烃、甲烷和氧在毛细管柱上的标准色谱峰图

③校准曲线制作。

以总烃和甲烷的浓度(μmol/mol)为横坐标,其对应的峰面积为纵坐标,分别绘制总烃、甲烷的校准曲线。计算总烃、甲烷的校准曲线线性回归方程相关参数。

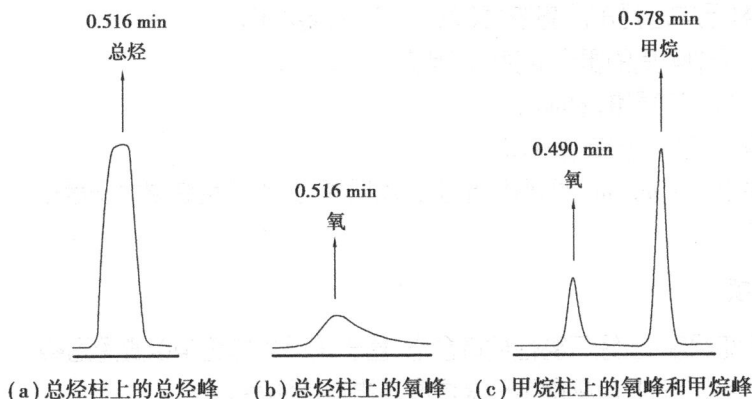

(a)总烃柱上的总烃峰　　(b)总烃柱上的氧峰　　(c)甲烷柱上的氧峰和甲烷峰

图 3.20　总烃、甲烷和氧在填充柱上的标准色谱峰图

3. 样品的测定

（1）总烃和甲烷的测定

取下样品进气口的密封塞后连接到色谱仪的气体进样口,经 1.0 mL 定量管定量进样,按照与"校准曲线的绘制"相同的操作步骤和分析条件,重复 3 次,测定样品总烃和甲烷的峰面积,总烃峰面积应扣除氧峰面积后参与计算。总烃色谱峰后出现的其他峰,应一并计入总烃峰面积。

（2）氧峰面积的测定

按照与"校准曲线的绘制"相同的操作步骤和分析条件,测定除烃空气①在总烃柱上的氧峰面积。

4. 空白的测定

按照与"校准曲线的绘制"相同的操作步骤和分析条件,测定采样时带去现场的未经采样的现场空白。

5. 数据处理及结果表示

样品中总烃、甲烷的质量浓度可计算为

$$\rho = \varphi \times \frac{16}{22.4} \tag{3.22}$$

式中　ρ——样品中总烃或甲烷的质量浓度（以甲烷计）,mg/m³;

　　　　φ——从校准曲线或对比单点校准点获得的样品中总烃或甲烷的浓度（总烃计算时应扣除氧峰面积）,μmol/mol;

　　　　16——甲烷的摩尔质量,g/mol;

　　　　22.4——标准状态（273.15 K,101.325 kPa）下气体的摩尔体积,L/mol。

样品中非甲烷总烃的质量浓度可计算为

$$\rho_{NMHC} = (\rho_{THC} - \rho_M) \times \frac{12}{16} \tag{3.23}$$

式中　ρ_{NMHC}——样品中非甲烷总烃的质量浓度（以碳计）,mg/m³;

ρ_{THC}——样品中总烃的质量浓度(以甲烷计),mg/m^3;

ρ_{M}——样品中甲烷的质量浓度(以甲烷计),mg/m^3;

12——碳的摩尔质量,g/mol;

16——甲烷的摩尔质量,g/mol。

当测定结果小于 1 mg/m^3 时,保留至小数点后两位;当测定结果大于等于 1 mg/m^3 时,保留三位有效数字。

6.注意事项

①采样容器使用前,应经气密性检查合格,置于密闭采样箱中以避免污染。

②样品返回实验室时,应平衡至环境温度后再进行测定。

③测定复杂样品后,如发现分析系统内有残留时,可通过提高柱温等方式去除,以分析除烃空气①确认。

④采样容器采样前,应使用除烃空气①清洗,然后进行检查。每 20 个或每批次(少于 20 个)应至少取 1 个注入除烃空气①,室温下放置不少于实际样品保存时间后,按"样品的测定"步骤分析,总烃测定结果应低于检出限。

⑤重复使用的气袋,在采样前需进行检查,总烃测定结果应低于检出限。

⑥校准曲线的相关系数应大于等于 0.995。

⑦运输空白样品总烃测定结果应低于检出限。

⑧每批样品应至少分析 10% 的实验室内平行样,其测定结果相对偏差应不大于 20%。

⑨每批次分析样品前后,应测定校准曲线范围内有证标准气体,结果的相对误差应不大于 10%。

三、技能训练

采用《环境空气 总烃、甲烷和非甲烷总烃的测定 直接进样-气相色谱法》(HJ 604—2017)测定实验室中总烃、甲烷和非甲烷总烃的含量,结果参照本任务"控制标准"中的浓度限值进行分析,同时完善下列内容。

①写出主要仪器设备。

②列出主要操作步骤。

③写出计算公式及结果。

理论试题

模块四

室内环境空气监测

单元一　室内空气污染来源及其特点

➤　问题导读

　　人们一直关注室外的空气污染。而事实上,室内空气污染程度通常比室外空气污染严重2~3倍,在某些情况下,甚至可达100多倍。在室内可检测出300多种污染物,68%的人体疾病都与室内空气污染有关。近年来一些研究机构的报告显示,在第三方检测机构上门检测的住宅中,不合格率为74%,主要污染物为甲醛和TVOC。追踪数据显示,装修两年内不合格率仍为65%;而办公室污染更为严重,不合格率高达90%。

　　室内空气污染是继煤烟型污染和光化学烟雾型污染之后的第三代空气污染问题。采取有效的举措,将室内环境中污染物限制在一定的范围内,预防和减少室内空气污染,对保障人体健康、提高生活品质具有重要意义。

一、室内空气污染的来源

　　室内环境空气污染是有害的化学性因子、物理性因子或生物性因子进入室内环境空气中并达到对人体身心健康产生直接或间接,近期或远期,或潜在有害影响程度的状况。

　　室内环境污染物种类繁多,来源广泛。根据污染物的形成原因和进入室内的不同渠道,室内污染主要来源于两个方面:一是来源于室内本身污染;二是受室外污染影响,即位于邻近工厂或交通道口的居民受到外界工厂、交通污染影响等。室内空气污染的主要来源见表4.1。

表4.1　室内空气污染的主要来源

	污染源	产生的污染物	危害
室内	建筑材料,砖瓦,混凝土,板材,石材,保温材料,涂料,胶黏剂	氡、甲醛、氨,放射性核素,石棉纤维,有机物	头昏、病变、肺尘埃沉着病、诱发冠心病、肺水肿及致癌
	清洁剂,除臭剂,杀虫剂,化妆品	苯及同系物,醇,氯仿,脂肪烃类,多种挥发有机物	致癌
	燃料燃烧	CO、NO_2、SO_2	呼吸道刺激,鼻、咽等疾病
	吸烟	CO、CO_2、NO_x、烷烃、烯烃、尼古丁、焦油、芳香烃等	呼吸系统疾病,致癌
	呼吸,皮肤、汗腺代谢活动	CO_2、NH_3、CO、甲醇、乙醇、醚	头昏、头痛,神经系统疾病
	室内微生物(来源人体病原微生物及宠物)	结核杆菌、白喉、霉菌、螨虫、溶血性链球菌、金黄色葡萄球菌	各种传染疾病
	复印机、空调、家电	O_3、有机物	刺激眼睛,头痛、致癌

续表

污染源		产生的污染物	危害
室外	工业污染物	SO_2、NO_x、TSP、HF	呼吸道、心肺病、氟骨病
	交通污染物	CO、HC	脑血管病
	光化学反应	O_3	破坏深部呼吸道
	植物	花粉、孢子、萜类化合物	哮喘,皮疹,皮炎,过敏反应
	环境中微生物真菌,酵母菌		各类皮肤传染病
	房基地	Rn	呼吸系统病、肺癌
	人为带入室内(工作服)	苯、Pb、石棉等	各污染物相关疾病

(一)建筑材料和装修装饰材料产生的污染

建筑材料和装修装饰材料大多含有种类不同、数量不等的各种污染物,如油漆、胶合板、刨花板、泡沫填料、内墙涂料、塑料贴面等均会挥发甲醛、苯、甲苯、氯仿等有毒气体,通过呼吸道、皮肤、眼睛等途径对人群健康产生危害;建筑施工中,为改变混凝土性能而加入的化学物质,如北方冬季施工加入的防冻剂即渗出有毒气体氨;由地下土壤和建筑物墙体材料和装修石材、地砖、瓷砖中的放射性物质释放的氡气污染。另有一些重金属,如铅、铬等,当建筑材料受损,剥落成粉尘也可通过呼吸道进入人体造成中毒。

随着科技水平和人民生活水平的进一步提高,今后可能会出现更多新型材料,或许会带来更多新的问题,应引起充分的重视。

(二)日用化学品污染

家用化学产品所带来的室内空气污染最突出的问题是家庭常用的物品和材料中(化妆品、洗涤剂)释放出各种有机化合物(如苯、三氯乙烯、甲苯、氯仿和苯乙烯等),或其本身含有害有毒物质(如铅、汞、砷等),对健康带来危害。

(三)燃烧产物造成的污染

做饭与吸烟是室内燃烧的主要污染,厨房中的油烟和香烟中的烟雾成分极其复杂,目前已分析出300多种不同物质,它们在空气中以气态、气溶胶态存在,其中气态物质占90%,许多物质具有致癌性。

烹饪中使用煤、天然气等作为燃料,产生的油烟中含有CO、CO_2、NO_x、SO_2等气体及未完全氧化的烃类及颗粒物。目前,国内没有对液化石油气等气体燃料进行使用前的净化处理,加之一些灶具质量不过关,故燃烧中产生的废气量往往高于设计中的规定,造成室内污染物往往是室外的几倍至几百倍。

(四)家用电器污染

自20世纪70年代末家电开始走入家庭至今,电视、计算机、冰箱、洗衣机、空调、热水器、微波炉等已成为每个家庭不可缺少的物品,家电在给家庭带来方便、快捷和乐趣的同时,也产生了对室内环境的不良影响,长期接触会患家电综合征。例如,电视机、计算机的显示屏幕表面和周围空气由于电子束的存在而产生静电,使灰尘、细菌聚集附着于人的皮肤表面而造成疾病;使用空调时关闭了门窗,为了节能而很少或根本不引进新风量,故因人员的活动及室内装修产生的污染及致病的微生物等不能及时清除,而逐渐在室内聚集,造成污染,影响人体健康,使人患上"空调病";燃气热水器造成室内 CO 和 CO_2 的污染,在燃烧时还能产生 NO_x 和 SO_2 等污染物。

(五)室内人群活动产生的污染

人体自身的新陈代谢及各种生活废弃物的挥发成分也是造成室内空气污染的一个原因。人在室内活动,除人体本身通过呼吸道、皮肤、汗腺可排出大量污染物外,其他日常生活,如化妆、洗涤、灭虫等也会造成空气污染。因此,房间内人数过多时,会使人疲倦、头昏。另外,人在室内活动时会增加室内温度,促使细菌、病毒等微生物大量繁殖。

(六)室外污染物的污染

工农业生产、交通运输等可产生大量二氧化硫、氮氧化物、铅尘、颗粒物等,这些污染物质通过门窗可进入室内,使人们的生存环境恶化,加剧了室内空气的污染。

上述仅是几个主要方面的污染来源,实际上,室内空气污染物的来源是非常广泛的,而且一种污染物也可以有多种来源,同一种污染源也可产生多种污染物。对于环境卫生工作者来说,掌握其各种来源是十分必要的,只有准确了解各种污染物的来源、形成原因以及进入室内的各种渠道,才能更有针对性、更有效地采取相应措施,切断接触途径,真正达到预防的目的。

二、室内空气污染的特点

室内环境污染物因其来源广泛,种类繁多,各种污染物对人体危害程度不同。在现代建筑设计中,为了有效利用能源,室内环境与外界的通风换气非常少,因此会造成室内和室外变成两个相对不同的环境。室内环境污染有自身的特点,主要表现在以下七个方面。

(一)影响范围广

室内环境污染不同于特定的工矿企业环境,它包括居室环境、办公室环境、交通工具内环境、娱乐场所环境及医院疗养院环境等,涉及环境十分广泛,人群数量众多。据统计,全球有一半人处于室内空气污染中。

(二)接触时间长

室内环境是人们生活、工作的主要场所。成年男子一天 24 h 中,在居室及室内工作场所的时间可达 12 h,而家庭妇女、婴幼儿、老残病弱者在室内的时间则更长久。人的一生中至少有一半时间在室内度过,这样长时间暴露在有污染的室内环境中,污染物对人体作用时间长,累积的危害就更为严重。

（三）污染物浓度高

很多刚装修完的室内环境,从各种装修材料中释放出来的污染物浓度均很大,并且在通风换气不充分的条件下污染物不能排放到室外,大量的污染物长期滞留在室内,使室内污染物浓度很高,严重时室内污染物浓度可超过室外几十倍之多。

（四）污染类型和污染物种类多

室内污染物来源有建筑物自身的污染,室内装饰装修材料及家具材料的污染,有家电办公器物的污染,有厨房厕所浴室所带来的污染,而人本身也是一个大污染源。而污染物的种类有物理的、化学的、生物的、放射性的等,特别是化学污染,其中不仅有无机物污染如氮氧化物、硫氧化物、碳氧化物等,还有更为复杂的有机物污染,其种类可达到上千种,并且这些污染物又可重新发生作用产生新的污染物。

（五）污染物排放周期长

甲醛具有较强的黏合性,有加强板材的硬度、防虫、防腐功能。因此,用作室内装修材料的人造板及使用的胶黏剂是以甲醛为主要成分的脲醛树脂,板材中残留的与未参加反应的甲醛会逐渐不停地从材料的孔隙中释放出来,而对放射性污染其发生危害作用的时间可能更长。据日本横滨大学研究表明,室内板材中的甲醛其释放期为 3～15 年。

（六）危害表现时间不一

有的污染物在短期内就可对人体产生极大的危害,而有的则潜伏期很长,如对放射性污染,有的潜伏期可达到几十年之久,直到人死亡都没有表现出来。

（七）健康危害不清

一些低浓度的室内空气污染的长期影响对人体作用机理及其阈值剂量不清楚,对人体的作用是微小的、缓慢的和迟发的。

> **同步练习**

一、选择题

1.下列装饰装修材料中不属于室内环境污染物苯的主要来源的是(　　)。

A.木器涂料　　　B.天然砂　　　C.胶黏剂　　　D.有机稀释剂

2.下列选项中不属于室内空气中挥发性有机化合物(VOCs)中所包含的物质的是(　　)。

A.苯　　　B.甲苯　　　C.十一烷　　　D.甲基苯

3.下列选项中不属于室内空气污染的特点的是(　　)。

A.排放周期长　　B.污染物浓度低　　C.影响范围广　　D.接触时间长

4.室内空气污染的来源不包括(　　)。

    A.烹调油烟   B.建筑材料   C.装修材料   D.交通噪声

    5.室内空气污染的主要来源之一是泡沫绝缘塑料、化纤地毯、书报、油漆等不同程度释放出的气体,该气体是(　　)。

    A.甲醛   B.甲烷   C.一氧化碳   D.二氧化碳

二、填空题

    1.室内空气中的_____主要来源于混凝土的外加剂。

    2.由于室内引入_____或室内环境通风不佳而导致室内空气中有害物质无论是从数量上还是种类上增加,并引起人的一系列不适应症状的现象,称为室内空气污染。

    3.室内污染包括_____、_____和_____。

    4._____是继煤烟型污染和光化学烟雾型污染之后的第三代空气污染问题。

    5.装修居室空气中的_____主要来源于人造板材制作的家具和人造复合木地板。

三、简答题

    1.室内空气污染物主要有哪些?

    2.室内空气污染的主要特点是什么?

    3.室内空气中甲醛的主要来源是什么?它对人体有哪些危害?

单元二　室内空气监测采样

➤ 问题导读

    与室外空气监测采样一样,室内空气监测采样,样品采集得正确与否,直接关系到测定结果的可靠性。如果采样点布设不合理,采样方法不正确或不规范,即使操作者再细心,实验室分析再精确,实验室的质量保证和质量控制再严格,也不会得出准确的测定结果。因此,要确保采样正确,采集的样品有代表性。

一、室内空气监测方案设计

(一)采样点位的设置

1.布点原则

采样点的选择应遵循以下原则。

(1)代表性

应根据检测目的与对象来决定,以不同的目的来选择具有代表性的采样点位。

(2)可比性

为便于对检测结果进行比较,各采样点的条件应尽可能选择相类似的;所用的采样器及采样方法,应做具体规定,采样点一旦选定后,一般不要轻易改动。

（3）可行性

由于采样的器材较多,需占用一定的场地。因此,在选点时,应尽量选可供利用的地方,以及低噪声、有足够电源的小型采样器材。

2.布点方法

根据检测目的与对象,布点的环境要求、数量、方式,以及采样点高度等视具体情况而定。

（1）环境要求

《室内空气质量标准》（GB/T 18883—2022）规定,采样前,关闭门窗、空气净化设备及新风系统至少 12 h。采样时,门窗、空气净化设备及新风系统仍保持关闭状态。使用空调的室内环境,空调应保持正常运转。室内氡累积测量应在房屋正常使用状态下进行。

《民用建筑工程室内环境污染控制标准》（GB 50325—2020）规定,当对民用建筑室内环境中的甲醛、氨、苯、甲苯、二甲苯、TVOC 浓度检测时,装饰装修工程中完成的固定式家具应保持正常使用状态;采用集中通风的民用建筑工程,应在通风系统正常运行的条件下进行;采用自然通风的民用建筑工程,应在对外门窗关闭 1 h 后进行。而民用建筑室内环境中氡浓度检测时,对采用集中通风的民用建筑工程,应在通风系统正常运行的条件下进行;采用自然通风的民用建筑工程,应在对外门窗关闭 24 h 后进行。

（2）采样点数量

室内空气采样点的数量应根据监测的室内面积和现场情况来决定,要能正确反映室内空气污染水平。《室内空气质量标准》（GB/T 18883—2022）规定,单间小于 25 m^2 的房间应设 1 个点,25～50 m^2（不含）应设 2～3 个点,50～100 m^2（不含）设 3～5 个点,100 m^2 及以上至少设 5 个点。

《民用建筑工程室内环境污染控制标准》（GB 50325—2020）则规定,民用建筑工程验收时,室内环境污染物浓度检测点数应按表 4.2 设置。

表 4.2　室内环境污染物浓度检测点数设置

房间使用面积/m^2	检测点数/个
<50	1
≥50,<100	2
≥100,<500	≥3
≥500,<1 000	≥5
≥1 000	≥1 000 m^2 的部分,每增加 1 000 m^2 增设 1,增加面积不足 1 000 m^2 时按增加 1 000 m^2 计算

（3）布点方式

单点采样在房屋的中心位置布点,多点采样时应按对角线或梅花式均匀布点（图 4.1）,并应取各点检测结果的平均值作为该房间的检测值。为避免干扰,采样点应避开通风口和热源,离墙距离大于 0.5 m,离门窗距离大于 1 m。

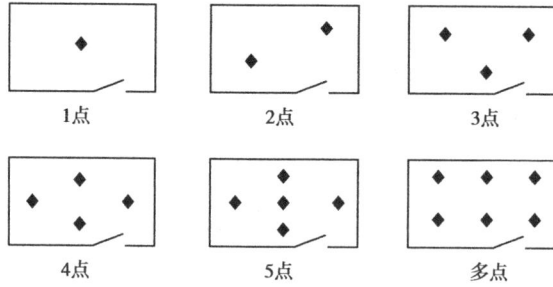

图 4.1　室内空气采样布点方法

（4）采样点高度

原则上应与人的呼吸带高度相一致,相对高度为 0.5～1.5 m。在有条件的情况下,考虑坐卧状态的呼吸高度和儿童身高,增加 0.3～0.6 m 相对高度的采样。

（5）室外对照采样点的设置

在进行室内污染监测的同时,为了掌握室内外污染的关系,或以室外的污染浓度为对照,应在同一区域的室外设置 1～2 个对照点,也可用原来的室外固定空气监测点作对比,这时室内采样点的分布,应在固定监测点的半径 500 m 范围内才较合适。

（二）采样时间和采样频率的确定

采样时间也称采样时段,是指每次采样从开始到结束经历的时间。采样频率是指在一定时间范围内的采样次数。一般根据检测目的、污染物分布特征及人力、物力等因素决定。若用于对人体健康影响的研究,一般采样需 24 h 以上,甚至连续几天进行累计采样,以得出一段时间内的平均浓度。若用于公共场所及室内污染的研究,可采用短时间、间歇式或抽样检验的方法,采样时间为几分钟至 1 h,反映瞬时或短时间内室内污染物的浓度变化。

另外,《室内空气质量标准》（GB/T 18883—2022）规定,氡的年平均浓度至少采样 3 个月（包括冬季）,苯并[a]芘、$PM_{2.5}$、PM_{10} 等 24 h 平均浓度应至少采样 20 h,8 h 平均浓度应至少采样 6 h,1 h 平均浓度应至少采样 45 min,根据测定方法的不同可连续或间隔采样。

（三）采样方法

为便于室内监测需求,指标要求采用年均值和 8 h 平均的指标,在测定方法允许的情况下,可先进行筛选法采样。苯并[a]芘、$PM_{2.5}$、PM_{10} 等采用 24 h 平均的指标因测定方法限制,无法采用筛选法,需直接采用累计采样法。

1. 筛选法采样

筛选法一般至少采样 45 min。如使用直读仪器,采样间隔时间为 10～15 min,每个点位至少监测 4～5 次,最终结果以时间加权平均值表示。特殊情况（如氡）,按照不同测定方法要求,连续采样至少 24 h（连续测量方法）或累积采样 2～7 d（活性炭盒测量方法）。

2. 累积法采样

累积法按年平均、24 h 平均、8 h 平均限值的要求,根据测定方法的不同,可连续或间隔采样,间隔采样的最终结果以时间加权平均值表示。氡采用固体核径迹测量方法采样。

（四）采样记录

采样记录与实验室分析测定记录同等重要。在实际工作中,不重视采样记录,往往会导致因采样记录不完整而使前期监测数据无法统计而报废。因此,必须给予高度重视。采样记录是要对现场情况、可能的污染源、监测项目、采样日期、时间、地点、采样点数量、布点方式、大气压力、温度、相对湿度、风速、采样编号(采样点位、采样器、采样管等)以及采样者签字等作出详细记录,随样品一同报到实验室。现场采样记录见表4.3。

表4.3　现场采样记录表

采样地点:　　　日期:　　　气温:　　　气压:　　　相对湿度:　　　风速:

项目	点位	编号	采样时间	采样流量/(L·min⁻¹)	浓度/(mg·m⁻³)	仪器名称及编号
现场情况及布点示意图:						
备注						

采样及现场监测人员:　　　质控人员:　　　运送人员:　　　接收人员:

（五）样品运输和保存

样品按采样记录核对后由专人运送,运送过程中做好样品的有效处理和防护,防止因物理、化学、生物等因素的影响使组分和含量发生变化。样品运抵后,应与接收人员交接并登记,注意保存条件,并及时进行实验室检验。

（六）采样效率及评价

采样效率是指在规定的采样条件(如采样流量、气体浓度、采样时间等)下所采集到的量占总量的百分数。采样效率评价方法一般与污染物在空气中存在状态有很大关系,不同的存在状态有不同的评价方法(详见模块一的单元一)。

二、室内空气质量监测项目与分析方法

(一)监测项目

室内环境污染指标较多,监测项目的选择与监测目的和对象有关。《室内环境空气质量监测技术规范》(HJ/T 167—2004)规定的监测项目见表4.4。根据《室内空气质量标准》(GB/T 18883—2022)规定,共有22项包括物理性、化学性、生物性和放射性的指标,而《民用建筑工程室内环境污染控制标准》(GB 50325—2020)则规定民用建筑竣工验收有7项必测项目。一般来说,可根据以下情况进行选择。

①民用建筑竣工验收的检测项目为氡、甲醛、氨、苯、甲苯、二甲苯及总挥发性有机物TVOC。

②新装饰、装修过的室内环境应测定甲醛、苯、甲苯、二甲苯、总挥发性有机物TVOC等。

③人群比较密集的室内环境应测细菌总数、新风量及二氧化碳。

④使用臭氧消毒、净化设备及复印机等可能产生臭氧的室内环境应测臭氧。

⑤住宅一层、地下室、其他地下设施以及采用花岗岩、彩釉地砖等天然放射性含量较高材料新装修的室内环境都应监测氡(^{222}Rn)。

⑥北方冬季施工的建筑物应测定氨。

表4.4 室内环境空气质量监测项目

应测项目	其他项目
温度、空气压、空气流速、相对湿度、新风量、二氧化硫、二氧化氮、一氧化碳、二氧化碳、氨、臭氧、甲醛、苯、甲苯、二甲苯、总挥发性有机物(TVOC)、苯并[a]芘、可吸入颗粒物、氡(^{222}Rn)、细菌总数等	甲苯二异氰酸酯(TDI)、苯乙烯、丁基羟基甲苯、4-苯基环己烯、2-乙基己醇等

(二)分析方法

首先选用《民用建筑工程室内环境污染控制标准》(GB 50325—2020)和《室内空气质量标准》(GB/T 18883—2022)中指定的分析方法;在没有指定方法时,应选择国家标准分析方法、行业标准方法,也可采用行业推荐方法;在某些项目的监测中,还可采用ISO、美国EPA和日本JIS等体系的其他等效分析方法,或由权威的技术机构制订的方法,但应经过验证合格,其检出限、准确度和精密度应能达到质控要求。

《室内空气质量标准》(GB/T 18883—2022)中要求的各项参数的监测分析方法(见模块一的单元二),部分指标的监测分析方法详见模块四的单元三。

➤ **同步练习**

一、选择题

1.民用建筑工程室内环境中甲醛、苯、氨、TVOC浓度检测时,对采用自然通风的民用建筑

工程,应在对外门窗关闭(　　)h后进行。

　　A.1　　　　　　　B.2　　　　　　　C.3　　　　　　　D.4

　　2.以下选项不属于室内监测采样点的设置应遵循的原则是(　　)。

　　A.代表性　　　　　B.可比性　　　　　C.可行性　　　　　D.多样性

　　3.依据《民用建筑工程室内环境污染控制标准》(GB 50325—2020)规定,居住面积为70 m² 的房间,应设置采样点数为(　　)个。

　　A.1　　　　　　　B.2　　　　　　　C.3　　　　　　　D.5

　　4.以下不属于室内环境采样时的要求的是(　　)。

　　A.采样前,关闭门窗、空气净化设备及新风系统至少12 h

　　B.采样时,门窗、空气净化设备及新风系统仍保持关闭状态

　　C.使用空调的室内环境,空调应保持关闭状态

　　D.室内氡累积测量应在房屋正常使用状态下进行

　　5.不属于《民用建筑工程室内环境污染控制标准》(GB 50325—2020)规定的监测项目的是(　　)。

　　A.氨　　　　　　　B.PM_{10}　　　　　　C.甲醛　　　　　　D.氡

二、填空题

　　1.《室内空气质量标准》(GB/T 18883—2022)中规定室内空气中甲醛的标准值是_____。

　　2.检测采样时,采样点位置应距离墙壁距离大于 _____ m,采样点相对高度为_____。

　　3.室内空气采样一般采用_____和_____相结合的方式进行。

　　4.室内空气质量检测采样前,要求关闭门窗_____h。

　　5.室内空气检测布点设置时,多点采样应按_____或_____均匀布点,并应取各点检测结果的平均值作为该房间的检测值。

　　6.在规定的采样条件(如采样流量、气体浓度、采样时间等)下所采集到的量占总量的百分数,称为_____。

　　7.室内空气质量检测时,小于50 m² 的房间一般布设_____个监测点;房间面积大于100 m² 时,应设_____个检测点。

　　8.北方冬季施工的建筑物应测定_____。

三、简答题

　　1.简述室内监测采样点位的设置原则。

　　2.室内监测采样点数量应如何确定?

　　3.室内空气监测的监测项目有哪些?应如何选择?

单元三　室内空气污染物的测定

➤　问题导读

　　由于室内环境空气中污染物质多种多样,《室内空气质量标准》(GB/T 18883—2022)中规定了 22 项监测项目,《民用建筑工程室内环境污染控制标准》(GB 50325—2020)规定了 7 项指标(详见模块一)。结合实际中室内空气污染的特征,下面分别介绍室内主要污染物及其有最新国家标准规定的部分室内环境空气中主要污染物的测定方法。

任务一　甲醛的测定

> 【学习目标】
> ①了解室内空气中甲醛的来源及危害。
> ②掌握 AHMT 分光光度法测定甲醛的方法。
> ③能准确测定环境空气中甲醛的含量。
> ④能进行数据处理,并能判断结果的合理性。
> ⑤能判断检测过程中的安全事项,确保操作安全。
> ⑥能将理论与实践相结合,自主学习最新的国家标准和监测规范、方法标准,提高空气环境监测应用能力。
> ⑦具有环保意识和节约意识,不浪费药品试剂,不造成环境污染。
> ⑧保持实验环境及实验台面和仪器的干净、整洁、有序,符合规范要求。
> ⑨具备精益求精、科学严谨、实事求是、团结协作的精神。

一、基本知识

1. 指标含义及测定意义

　　甲醛是一种无色、有强烈刺激性气味的气体。它易溶于水、醇和醚。甲醛在常温下是气态,通常以水溶液形式出现。其 40% 的水溶液称为福尔马林,此溶液沸点为 19 ℃,故在室温时极易挥发,随着温度的上升挥发速度加快。

　　室内空气中甲醛主要来源于装饰、装修材料、新家具及瓷砖中的黏合剂;用 UF 泡沫作房屋隔热、御寒的绝缘材料;用甲醛作防腐剂的涂料、化纤地毯、化妆品等产品及其他有机材料。

　　甲醛可导致嗅觉异常、刺激过敏,以及肺、肝免疫功能异常。当室内空气中的甲醛含量为 $0.1 \sim 0.7 \, \text{mg/m}^3$ 时,就有异味和不适感,造成刺眼流泪、咽喉不适或疼痛、恶心呕吐、咳嗽胸闷、气喘甚至肺水肿;达到 $30 \, \text{mg/m}^3$ 时,会立即致人死亡。长期接触低剂量甲醛,可引起慢性呼吸道疾病,引起鼻咽癌、结肠癌、脑癌、月经紊乱、细胞核的基因突变、新生儿染色体异常、青少年智力下降等。儿童和孕妇对甲醛尤为敏感,危害也就更大。

2. 控制标准

《公共场所卫生指标及限制要求》(GB 37488—2019)规定,空气中甲醛最高允许浓度为 0.10 mg/m³。《居室内空气中甲醛的卫生标准》(GB/T 16127——1995)规定,居室空气中甲醛的卫生标准为 0.08 mg/m³。《室内空气质量标准》(GB/T 18883—2022)规定,甲醛 1 h 平均限值为 0.08 mg/m³。《民用建筑工程室内环境污染控制标准》(GB 50325—2020)规定,室内空气甲醛的限值为 0.07 mg/m³(Ⅰ类民用建筑工程)和 0.08 mg/m³(Ⅱ类民用建筑工程)。

3. 测定方法及原理

(1)测定方法

甲醛检测方法很多,《公共场所卫生检验方法 第 2 部分:化学污染》(GB/T 18204.2—2014)推荐的方法有 AHMT 分光光度法、酚试剂分光光度法、气相色谱法、光电光度法及电化学传感器法。《室内空气质量标准》(GB/T 18883—2022)推荐的方法为 AHMT 分光光度法、酚试剂分光光度法及高效液相色谱法,《民用建筑工程室内环境污染控制标准》(GB 50325—2020)推荐的方法是 AHMT 分光光度法。当发生争议时,民用建筑室内空气中甲醛检测方法应以现行国家标准《公共场所卫生检验方法 第 2 部分:化学污染物》(GB/T 18204.2—2014)中 AHMT 分光光度法[《居住区大气中甲醛卫生检测标准方法 分光光度法》(GB/T 16129—1995)]的测定结果为准。因此,下面介绍 AHMT 分光光度法测定室内空气中甲醛。

GB/T 18204.2—2014　　GB/T 16129—1995　　GB/T 15516—1995

(2)测定原理

空气中甲醛被吸收液吸收,在碱性条件下与 4-氨基-3-联氨-5-巯基-1,2,4 三氮杂茂(AHMT)发生缩合反应,经高碘酸钾氧化成 6-巯基-5-三氮杂茂[4,3-b]-S-四氮杂苯紫红色化合物,其色泽深浅与甲醛含量成正比,通过比色定量测定甲醛含量。

AHMT 分光光度法测定范围为 2 mL 样品溶液中含 0.2~3.2 μg 甲醛。若采样流量为 1 L/min,采样体积为 20 L,则测定浓度范围为 0.01~0.16 mg/m³。

4. 仪器及设备

①恒流采样器:流量范围 0~1 L/min,流量稳定。

②多孔玻板吸收管:10 mL 容量、棕色。

③具塞比色管:10 mL。

④可见光分光光度计。

5. 试剂

除非另有说明,分析时均使用符合国家标准的分析电试剂,所用水为新制备的超纯水或蒸馏水。

①吸收液:称取 1 g 三乙醇胺,0.25 g 偏重亚硫酸钠和 0.25 g 乙二胺四乙酸二钠溶于水中,并稀释至 1 000 mL。

②0.5% 4-氨基-3-联氨-5-巯基-1,2,4-三氮杂茂(AHMT)溶液:称取 0.25 g AHMT 溶于 0.5 mol/L 盐酸中,并稀释至 50 mL,此试剂置于棕色瓶中,可保存半年。

③氢氧化钾溶液,$c(KOH) = 5$ mol/L:称取 28.0 g 氢氧化钾溶于 100 mL 水中。

④1.5% 高碘酸钾溶液:称取 1.5 g 高碘酸钾溶于 0.2 mol/L 氢氧化钾溶液中,并稀释至 100 mL,于水浴上加热溶解,备用。

⑤碘溶液,$c(I_2) = 0.100\ 0$ mol/L:称量 40 g 碘化钾,溶于 25 mL 水中,加入 12.7 g 碘。待碘完全溶解后,用水定容至 1 000 mL。移入棕色瓶中,暗处储存。

⑥氢氧化钠溶液,$c(NaOH) = 1$ mol/L:称量 40 g 氢氧化钠,溶于水中,并稀释至 1 000 mL。

⑦硫酸溶液,$c(H_2SO_4) = 0.5$ mol/L:取 28 mL 浓硫酸缓慢加入水中,冷却后,稀释至 1 000 mL。

⑧硫代硫酸钠标准溶液,$c(Na_2S_2O_3) = 0.100\ 0$ mol/L:称取 25 g 硫代硫酸钠,溶于 1 000 mL 新煮沸并冷却的水中,此溶液浓度 0.1 mol/L。加入 0.2 g 无水碳酸钠,储存于棕色试剂瓶中,放置 1 周后,再标定其准确浓度。

⑨0.5% 淀粉溶液:将 0.5 g 可溶性淀粉,用少量水调成糊状后,再加入 100 mL 沸水,并煮沸 2~3 min 至溶液透明。冷却后,加入 0.1 g 水杨酸或 0.4 g 氯化锌保存。

⑩甲醛标准贮备溶液:取 2.8 mL 含量为 36%~38% 甲醛溶液,放入 1 L 容量瓶中,加 0.5 mL 硫酸并用水稀释至刻度,摇匀。准确浓度用碘量法标定。

⑪甲醛标准溶液:用时取上述甲醛贮备液,用吸收液稀释成 1.00 mL 含 2.00 μg 甲醛。

二、实训操作

1.采样

用一个多孔玻板吸收管,加入 5 mL 吸收液①,标记吸收液液面位置,以 1.0 L/min 流量,采气 20 L,并记录采样时的温度和大气压力。采样后,样品在室温下 24 h 内分析(流量校准参考模块三的"任务一　二氧化硫的测定")。

2.甲醛标准贮备溶液标定

吸取 20 mL 甲醛标准贮备液⑩置于 250 mL 碘量瓶中,加 0.1 mol/L 碘溶液⑤20 mL 和 1 mol/L 氢氧化钠溶液⑥15 mL,静置 15 min 后,加入 20 mL 0.5 mol/L 的硫酸溶液⑦,再静置 15 min,用 0.100 0 mol/L 硫代硫酸钠溶液⑧滴定至溶液呈现淡黄色时,加入 1 mL 0.5% 淀粉溶液⑨,继续滴定至刚使蓝色消失为终点,记录所用硫代硫酸钠溶液体积 V_2。同时,用水代替试剂空白滴定,记录空白滴定消耗硫代硫酸钠标准溶液的体积 V_1。

甲醛标准贮备液浓度可计算为

$$\rho_1 = \frac{(V_1 - V_2) \times c \times 15.0}{20} \tag{4.1}$$

式中　ρ_1——甲醛标准贮备液的浓度,mg/mL;

　　　　V_1——空白滴定消耗硫代硫酸钠标准溶液的体积,mL;

　　　　V_2——滴定甲醛溶液消耗硫代硫酸钠标准溶液的体积,mL;

　　　　c——硫代硫酸钠标准溶液的摩尔浓度,mol/L;

　　　　15.0——甲醛(1/2 HCHO)摩尔质量,g/mol;

　　　　20——所取甲醛标准贮备液取样体积,mL。

3.标准曲线的绘制

取 7 支 10 mL 具塞比色管,按表 4.5 配制标准色列。然后向各管中加入 1 mL 5 mol/L 氢氧化钾溶液③,1.0 mL 0.5% AHMT 溶液②,盖上管塞,轻轻颠倒混匀 3 次,放置 20 min。加入 0.3 mL 1.5% 高碘酸钾溶液④,充分振摇,放置 5 min。用 10 mm 比色皿,在波长 550 nm 下,以水作参比,测定各管吸光度。以甲醛含量为横坐标,吸光度为纵坐标,绘制标准曲线。

表 4.5　甲醛标准色列

管号	0	1	2	3	4	5	6
标准溶液/mL	0	0.1	0.2	0.4	0.8	1.2	1.6
吸收液/mL	2.0	1.9	1.8	1.6	1.2	0.8	0.4
甲醛含量/μg	0	0.2	0.4	0.8	1.6	2.4	3.6

4.样品的测定

采样后,补充吸收液到采样前的体积。准确吸取 2 mL 样品溶液于 10 mL 比色管中,按绘制标准曲线的操作步骤测定吸光度。

5.空白的测定

在每批样品测定的同时,用 2 mL 未采样的吸收液,按相同步骤作试剂空白值测定。

6.数据处理及结果表示

空气中甲醛的质量浓度可计算为

$$\rho = \frac{(A-A_0) \times B_g}{V_0} \times \frac{V_1}{V_2} \qquad (4.2)$$

式中　ρ——空气中甲醛的质量浓度,mg/m³;

　　　　A——样品溶液的吸光度;

　　　　A_0——空白溶液的吸光度;

　　　　B_g——用标准溶液绘制标准曲线得到的计算因子,μg/吸光度;

　　　　V_0——换算成标准状况下的采样体积,L;

　　　　V_1——采样时吸收液的体积,mL;

　　　　V_2——分析时取样品的体积,mL。

7.注意事项

①进行室内空气采样应避开通风口,距墙壁距离应大于 0.5 m,高度为 0.5~1.5 m。

②日光照射能使甲醛氧化。在采样时,要尽量选用棕色吸收管。在样品运输和存放过程中,都应采取避光措施。

三、技能训练

采用 AHMT 分光光度法测定教室内环境空气中甲醛的含量,结果参照《室内空气质量标准》(GB/T 18883—2022)和《民用建筑工程室内环境污染控制标准》(GB 50325—2020)的限量阈值进行分析,同时完善下列内容。

理论试题

①写出主要仪器设备。

②列出主要操作步骤。

③设计并绘制采样用数据记录表格和分析测定用数据记录表格。

④写出计算公式及结果。

任务二　氨的测定

【学习目标】
①掌握靛酚蓝分光光度法测定室内空气中氨的方法。
②能正确测定室内空气中氨的含量。
③能进行数据处理,并能判断结果的合理性。
④能正确地评价室内空气质量。
⑤能将理论与实践相结合,自主学习最新的国家标准和监测规范、方法标准,提高空气环境监测应用能力。
⑥具有环保意识和节约意识,不浪费药品试剂,不造成环境污染。

一、基本知识

1. 指标含义及测定意义

氨(NH_3)为无色、有强烈刺激气味的气体,极易溶于水、乙醇和乙醚,水溶液呈碱性。氨可燃,与空气混合含量在 16.5% ~ 26.8%(按体积)时,能形成爆炸性气体。氨在高温时,会分解成氨和氢,有还原作用。有催化剂存在时,可被氧化成一氧化氮。

氨是仅次于甲醛的第二大室内主要污染物,主要来源于混凝土防冻剂和生物性废物。另外,理发店使用的烫发水中也含有氨。

氨是一种碱性气体,碱性物质对组织的损害比酸性物质深而且严重。氨对人体的危害主要是对呼吸道、眼黏膜及皮肤有害,会出现流泪、头痛、头晕等症状。

2. 控制标准

《公共场所卫生指标及限值要求》(GB 37488—2019)规定,理发店、美容店室内空气中氨浓度限值为 0.50 mg/m³,其他场所室内空气中氨浓度限值为 0.20 mg/m³;《室内空气质量标准》(GB/T 18883—2022)规定,氨 1 h 平均浓度限值为 0.20 mg/m³;《民用建筑工程室内环境污染控制标准》(GB 50325—2020)规定,Ⅰ类民用建筑工程氨浓度限值为 0.15 mg/m³,Ⅱ类民用建筑工程氨浓度限值为 0.20 mg/m³。

3.测定方法及原理

(1)测定方法

室内空气中氨的测定方法有靛酚蓝分光光度法[《公共场所卫生检验方法 第 2 部分:化学污染物》(GB/T 18204.2-2014)]、纳氏试剂分光光度法[《环境空气和废气 氨的测定 纳氏试剂分光光度法》(HJ 533-2009)]、次氯酸钠-水杨酸分光光度法[《环境空气 氨的测定 次氯酸钠-水杨酸分光光度法》(HJ 534-2009)]和离子选择电极法[《空气质量 氨的测定 离子选择电极法》(GB/T 14669-1993)]等。《室内空气质量标准》(GB/T 18883—2022)推荐的方法为靛酚蓝分光光度法、纳氏试剂分光光度法和离子选择电极法,《民用建筑工程室内环境污染控制标准》(GB 50325—2020)推荐的方法是靛酚蓝分光光度法。下面介绍靛酚蓝分光光度法测定室内空气中氨。

GB/T 18204.2—2014

HJ 533—2009

HJ 534—2009

GB/T 14669—1993

(2)测定原理

空气中氨被稀硫酸吸收,在亚硝基铁氰化钠及次氯酸钠存在下,与水杨酸生成蓝绿色的靛酚蓝染料,根据着色深浅,比色定量测定氨含量。

该方法既适用于公共场所空气中氨浓度的测定,也适用于居住区空气和室内空气中氨浓度的测定。该方法操作便捷,对人员毒害性小,是测定空气中氨浓度的仲裁方法。

测定范围:10 mL 样品溶液中含 0.5~10 mg 氨。按本法规定的条件采样 10 min,样品可测浓度范围为 0.1~2 mg/m³。

检测下限:0.5 mg/10 mL,若采样体积为 5 L 时,最低检出浓度为 0.01 mg/m³。

4.仪器及设备

①大型气泡吸收管:有 10 mL 刻度线,出气口内径为 1 mm,与管底距离应为 3~5 mm。

②空气采样器:流量范围 0~2 L/min,流量稳定。使用前后,用皂膜流量计校准采样系统的流量,误差应小于±5%。

③具塞比色管:10 mL。

④可见分光光度计。

5.试剂

除非另有说明,分析时均使用符合国家标准的分析纯试剂和按以下方法制备的无氨蒸馏水。

①无氨蒸馏水:在普通蒸馏水中,加少量的高锰酸钾至浅紫红色,再加少量氢氧化钠至呈

碱性。蒸馏,取其中间蒸馏部分的水,加少量硫酸溶液呈微酸性,再蒸馏一次即可。

②吸收液,$c(H_2SO_4) = 0.005$ mol/L:量取 2.8 mL 浓硫酸加入水①中,并稀释至 1 L。临用时再稀释 10 倍。

③水杨酸溶液,$\rho[C_6H_4(OH)COOH] = 50$ g/L:称取 10.0 g 水杨酸和 10.0 g 柠檬酸钠($Na_3C_6O_7 \cdot 2H_2O$),加水约 50 mL,再加 55 mL 氢氧化钠溶液[$c(NaOH) = 2$ mol/L],用水①稀释至 200 mL。此试剂稍有黄色,室温下可稳定 1 个月。

④亚硝基铁氰化钠溶液,$\rho = 10$ g/L:称取 1.0 g 亚硝基铁氰化钠[$Na_2Fe(CN)_5 \cdot NO \cdot 2H_2O$],溶于 100 mL 水①中。贮于冰箱中可稳定 1 个月。

⑤次氯酸钠溶液,$c(NaClO) = 0.05$ mol/L(待标定):取 1 mL 次氯酸钠试剂原液,根据碘量法标定其浓度,用氢氧化钠溶液[$c(NaOH) = 2$ mol/L]稀释成 0.05 mol/L 的溶液。贮于冰箱中可保存 2 个月。

⑥氨标准贮备液,$\rho(NH_3) = 1.00$ g/L:称取 0.314 2 g 经 105 ℃ 干燥 1 h 的氯化铵(NH_4Cl),用少量水溶解,移入 100 mL 容量瓶中,用吸收液②稀释至刻度。此溶液 1.00 mL 含 1.00 mg 氨。

⑦氨标准工作液,$\rho(NH_3) = 1.00$ mg/L:临用时,将标准贮备液⑥用吸收液稀释成 1.00 mL 含 1.00 μg 氨。

二、实训操作

1. 采样

用一个内装 10 mL 吸收液②的大型气泡吸收管,以 0.5 L/min 流量采气 5 L,及时记录采样点的温度及空气压力。采样后,样品在室温下保存,于 24 h 内分析。

2. 次氯酸钠溶液标定

称取 2 g 碘化钾(KI)于 250 mL 碘量瓶中,加水 50 mL 溶解,加 1.00 mL 次氯酸钠(NaClO)试剂,再加 0.5 mL 盐酸溶液[50%(V/V)],摇匀,暗处放置 3 min。用硫代硫酸钠标准溶液[$c(1/2NaS_2O_3) = 0.100$ mol/L]滴定析出碘,至溶液呈黄色时,加 1 mL 新配制的淀粉指示剂(5 g/L),继续滴定至蓝色刚刚退去,即为终点,记录所用硫代硫酸钠标准溶液体积,并计算次氯酸钠溶液的浓度为

$$c_{NaClO} = \frac{c_{1/2NaS_2O_3} \times V}{1.00 \times 2} \tag{4.3}$$

式中　c_{NaClO}——次氯酸钠试剂的浓度,mol/L;

$c_{1/2NaS_2O_3}$——硫代硫酸钠标准溶液的浓度,mol/L;

V——硫代硫酸钠标准使用液体积,mL。

3. 标准曲线的绘制

取 10 mL 具塞比色管 7 支,按表 4.6 制备标准系列。

表4.6　氨标准系列

管号	0	1	2	3	4	5	6
标准工作液/mL	0	0.50	1.00	3.00	5.00	7.00	10.00
吸收液/mL	10.00	9.50	9.00	7.00	5.00	3.00	0
氨含量/μg	0	0.50	1.00	3.00	5.00	7.00	10.00

　　在各管中加入0.50 mL水杨酸溶液③,再加入0.10 mL亚硝基铁氰化钠溶液④和0.10 mL次氯酸钠溶液⑤,混匀,室温下放置1 h。用1 cm比色皿,于波长697.5 nm处,以水作参比,测定各管溶液的吸光度。以氨含量(μg)作横坐标,吸光度为纵坐标,绘制标准曲线。

　　标准曲线的斜率应为0.081±0.003吸光度/mg氨,以斜率的倒数作为样品测定计算因子B_g(μg/吸光度)。

4.样品及空白的测定

　　将样品溶液转入具塞比色管中,用少量的水洗吸收管,合并,使总体积为10 mL。再按制备标准曲线的操作步骤测定样品的吸光度。在每批样品测定的同时,用10 mL未采样的吸收液作试剂空白测定。如果样品溶液吸光度超越标准曲线范围,则取部分样品溶液,用吸收液稀释后再显色分析。计算样品浓度时,要考虑样品溶液的稀释倍数。

5.数据处理及结果表示

　　空气中氨的质量浓度可计算为

$$\rho = \frac{(A-A_0) \times B_g}{V_0} \times k \tag{4.4}$$

式中　ρ——空气中氨的质量浓度,mg/m^3;

　　　A——样品溶液的吸光度;

　　　A_0——空白溶液的吸光度;

　　　B_g——计算因子,μg/吸光度;

　　　V_0——标准状况下的采样体积,L;

　　　k——样品溶液的稀释倍数。

6.注意事项

　　①为了使显色反应比较完全,需加入稍微过量的显色剂。

　　②该方法测定空气中氨的浓度时,Ca^{2+}、Mg^{2+}、Fe^{3+}、Mn^{2+}、Al^{3+}等阳离子有干扰,可被柠檬酸络合消除;另外,2 μg以上的苯胺有干扰;H_2S允许量为30 μg。

三、技能训练

　　采用靛酚蓝分光光度法测定教室内环境空气中氨的含量,结果参照《室内空气质量标准》(GB/T 18883—2022)和《民用建筑工程室内环境污染控制标准》(GB 50325—2020)的限量阈值进行分析,同时完善下列内容。

　　①写出主要仪器设备。

　　②列出主要操作步骤。

　　③设计并绘制采样用数据记录表格和分析测定用数据记录表格。

　　④写出计算公式及结果。

理论试题

任务三　氡的测定

> **【学习目标】**
> ①了解室内空气中氡的来源及危害。
> ②熟悉氡采样器活性炭盒的结构组成。
> ③掌握活性炭盒法测定室内空气中氡的方法。
> ④能将理论与实践相结合,自主学习最新的国家标准和监测规范、方法标准,提高空气环境监测应用能力。
> ⑤具备精益求精、科学严谨、实事求是、团结协作的精神。

一、基本知识

1. 指标含义及测定意义

　　氡是一种放射性的惰性气体,化学性质不活泼,无色无味,易被脂肪、橡胶、硅胶、活性炭吸附,能溶于煤油、甲苯、血、水、CS_2。氡的半衰期较短,衰变过程中有 α、β 放射性的子体产物,如钋-218、铅-214、铋-214、钋-214,这些子体粒子吸附在空气飘尘上形成气溶胶。

　　室内氡的主要来源:从建材中析出(如天然石材),从房基土壤中析出,由通风从户外空气中进入室内,供水及用于取暖和厨房设备的天然气中释放。

　　氡被国际卫生组织列为致癌物。氡是放射性气体,当人体吸入后,氡衰变过程产生的 α 粒子可对人的呼吸系统造成辐射损伤,诱发肺癌。暴露在高浓度氡中,机体会出现血细胞的变化,如外周血液中红细胞增加、中性粒细胞减少、淋巴细胞增多、血管扩张、血压下降等。氡对人体脂肪有很高的亲和力,特别是神经系统与氡结合会使痛觉缺失。

2. 控制标准

　　氡污染来源于天然存在的放射性气体,完全避开氡的照射是不可能的,在符合室内氡标准的情况下,氡对人体的危害可忽略,即氡气浓度小于 100 Bq/m³(新房),而旧房氡气浓度小于 200 Bq/m³。《室内空气质量标准》(GB/T 18883—2022)规定,室内空气中氡的限值为 300 Bq/m³;《民用建筑工程室内环境污染控制标准》(GB 50325—2020)规定,Ⅰ类、Ⅱ类民用建筑工程氡浓度限值均为 150 Bq/m³。

3. 测定方法及原理

（1）测定方法

室内氡的浓度很不稳定，如果测量方法选择不当或操作不当，得到的结果会与实际情况有很大的出入，用这样的结果评价房屋中的氡水平会导致严重的偏离，甚至会造成不必要的损失。选择测定方法取决于测量的目的和被测场所的类型。《环境空气中氡的测量方法》（HJ 1212—2021）规定了测定环境中氡的四种常用方法，分别为活性炭盒法、径迹蚀刻法、脉冲电离室法、静电收集法。其中，活性炭盒法是目前测量室内环境空气中氡最常用的被动式累计测量装置。它能测量出采样期间内平均氡浓度，采样周期为 2 ~ 7 d，探测下限可达 6 Bq/m³。

HJ 1212—2021

（2）测定原理

空气扩散进入炭床内，其中的氡被活性炭吸附，同时衰变，新生的子体便沉积在活性炭内。用 γ 能谱仪测量活性炭盒的氡子体特征 γ 射线峰（或峰群）强度，根据特征峰的面积计算出氡浓度。也可用液体闪烁仪测量，将吸附在活性炭上的氡解吸到闪烁液中，然后用闪烁计数器进行 α/β 测量。γ 能谱仪和液体闪烁仪与普通放射性测量实验室相同。

4. 仪器及设备

①活性炭盒：塑料或金属制成，直径 6 ~ 10 cm、高 3 ~ 5 cm 的圆柱形小盒，内装 25 ~ 100 g 活性炭，盒的敞开面用滤膜封住，固定活性炭并且允许氡进入炭盒。活性炭盒结构示意如图 4.2 所示。

常见的测氡仪

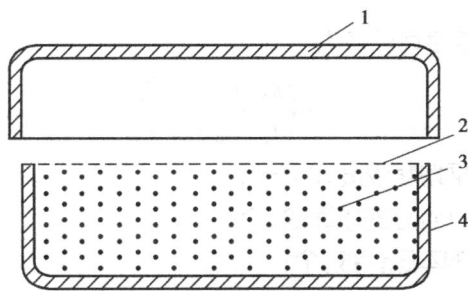

图 4.2 活性炭盒结构示意图
1—密封盖；2—滤膜；3—活性炭；4—炭盒

②活性炭：椰壳活性炭制成粒度为 8 ~ 16 目（或 10 ~ 24 目）、比表面积为 1 300 ~ 1 400 m²/g 的颗粒。

③烘箱。

④天平：测量精度为 0.000 1 g，最大量程 200 g。

⑤滤膜：合成纤维滤膜。

⑥测量仪器：γ 能谱仪[HPGe、Ge（Li）、NaI（Tl）探测器（晶体直径 75 mm×75 mm）均可]、液体闪烁能谱仪或热释光仪。

二、实训操作

1. 样品盒的制备

①将选定的活性炭放入烘箱内,120 ℃下烘烤 5~6 h,放入磨口玻璃瓶中备用。
②装样:称取一定量烘烤后的活性炭装入活性炭盒中,并盖上滤膜。
③称量样品盒的总质量。
④将样品盒密封,与外部空气隔绝。

2. 现场采样

①在采样点打开样品盒的密封包装,放置在距地面 50 cm 以上的桌子或架子上,敞开面朝上,其上面 20 cm 内不得有其他物体,被动采样 3~7 d。
②采样终止时,将样品盒再密封好,记录采样时间,送回实验室待测。

3. 样品的测定

采样停止 3 h 后尽快测量。测量时几何条件与刻度时保持一致。
①称量,以计算水分吸收量。
②将活性炭盒在 γ 能谱仪上计数,测量氡子体的 γ 射线特征峰面积。

4. 数据处理及结果表示

室内环境空气中氡的浓度可计算为

$$c_{\mathrm{Rn}}=\left(\frac{n_{\mathrm{N}}}{t_{\mathrm{g}}}-\frac{n_{\mathrm{N_0}}}{t_0}\right)\times\frac{f_{\mathrm{d}}}{F_{\mathrm{c}}} \tag{4.5}$$

式中　c_{Rn}——采样期间内平均氡浓度,Bq/m³;

n_{N}——特征峰(群峰)对应的净计数,个;

$n_{\mathrm{N_0}}$——特征峰对应的本底计数,个;

t_{g}——样品测量时间,s;

t_0——本底测量时间,s;

f_{d}——衰变修正系数,无量纲。

5. 注意事项

①要在选定的场所内平行放置两个采样器,平行采样,数量不低于放置总数的 10%,对平行采样器进行同样的处理分析。由平行样得到的测量值相对标准偏差应小于 20%。
②制备样品时,取出一部分探测器作空白样品,其数量不低于使用总数的 5%。空白探测器除不暴露于采样点外,与现场探测器进行同样处理。空白样品的结果即为该探测器的本底值。

三、技能训练

采用活性炭盒法测定教室内环境空气中氡的含量,结果参照《室内空气质量标准》(GB/T 18883—2022)和《民用建筑工程室内环境污染控制标准》(GB 50325—2020)的限量阈值进行分析,同时完善下列内容。

①写出主要仪器设备。

②列出主要操作步骤。

③写出计算公式及结果。

理论试题

任务四　苯系物的测定

> **【学习目标】**
> ①了解室内空气中苯系物的来源及危害。
> ②掌握气相色谱法测定室内空气中苯系物的方法和原理。
> ③能准确测定室内空气中苯系物的含量,并进行室内空气质量评价。
> ④能进行数据处理,并能判断结果的合理性。
> ⑤能判断并解决测定结果的异常现象。
> ⑥能判断检测过程中的安全事项,确保操作安全。
> ⑦具有环保意识和节约意识,不浪费药品试剂,不造成环境污染。
> ⑧具有较强的集体意识和团队协作精神,具备敬业精神、诚实守信的职业素养。

一、基本知识

1. 指标含义及测定意义

苯系物即芳香族有机化合物,为苯及衍生物的总称,主要包括苯、甲苯、乙苯、二甲苯、三甲苯、苯乙烯、苯酚、苯胺、氯苯、硝基苯等。其中,前四种为代表性物质。苯及同系物都为无色透明油状液体,具有强烈的芳香味,易挥发,易燃有毒。

苯系物曾作为油漆类的溶解剂被广泛使用,现在已明令禁用,但生产厂家和装饰公司为降低成本,违规使用现象较为普遍。其主要来源有机物溶剂,如油漆、涂料、填缝胶、黏合剂等;建筑材料,如人造板、隔热板、塑料板材等;装饰材料,如壁纸、地板革、地毯、化纤窗帘等;生活办公用品,如油墨、复写纸、复印机、打印机等。

苯系物能引起急躁不安、头痛、不舒服等神经性问题,影响人的健康及工作效率。苯已被世界卫生组织确定为强致癌物质,对眼睛、皮肤和上呼吸道有刺激作用,长期吸入会导致再生障碍性贫血(血癌),女性尤其敏感,对生殖功能也有一定影响,可导致胎儿先天性畸形。

2. 控制标准

在环境空气及室内空气监测中,主要测定的是苯、甲苯、乙苯、邻二甲苯、间二甲苯、对二甲苯、异丙苯及苯乙烯等化合物。《室内空气质量标准》(GB/T 18883—2022)规定,室内空气中苯的 1 h 平均浓度限值为 0.03 mg/m³,甲苯和二甲苯的 1 h 平均浓度限值为 0.20 mg/m³。《民用建筑工程室内环境污染控制标准》规定,Ⅰ类民用建筑工程苯浓度限值为 0.06 mg/m³、甲苯浓度限值为 0.15 mg/m³、二甲苯浓度限值为 0.20 mg/m³;Ⅱ类民用建筑工程苯浓度限值为 0.09 mg/m³、甲苯和二甲苯浓度限值均为 0.20 mg/m³。

3. 测定方法及原理

(1)测定方法

苯系物的测定方法主要是气相色谱法。该方法可同时分别测定苯、甲苯和二甲苯,但不能直接测定室内空气样品,必须用吸附剂进行浓缩。根据解吸方法不同,可分为溶剂解吸和热解吸两种。因为溶剂解吸使用的二硫化碳溶剂毒性较大,不利于分析人员的健康,应慎用,所以优先选用热解吸法。目前,国家标准规定的测定苯系物的方法有《环境空气 苯系物的测定 固体吸附/热脱附-气相色谱法》(HJ 583—2010)和《环境空气 苯系物的测定 活性炭吸附/二硫化碳解吸-气相色谱法》(HJ 584—2010)。下面以固体吸附/热脱附-气相色谱法介绍室内空气中苯系物的测定。

HJ 583—2010

HJ 584—2010

该方法适用于环境空气及室内空气中苯、甲苯、乙苯、邻二甲苯、间二甲苯、对二甲苯、异丙苯及苯乙烯的测定,也适用于常温下低浓度废气中苯系物的测定。当采样体积为 1 L 时,苯、甲苯、乙苯、邻二甲苯、间二甲苯、对二甲苯、异丙苯及苯乙烯的方法检出限和测定下限见表4.7。

表 4.7　固体吸附/热脱附-气相色谱法方法检出限和测定下限　　单位:mg·m⁻³

组分	毛细管柱气相色谱法		填充柱气相色谱法	
	方法检出限	测定下限	方法检出限	测定下限
苯	$5.0×10^{-4}$	$2.0×10^{-3}$	$5.0×10^{-4}$	$2.0×10^{-3}$
甲苯	$5.0×10^{-4}$	$2.0×10^{-3}$	$1.0×10^{-3}$	$4.0×10^{-3}$
乙苯	$5.0×10^{-4}$	$2.0×10^{-3}$	$1.0×10^{-3}$	$4.0×10^{-3}$
对二甲苯	$5.0×10^{-4}$	$2.0×10^{-3}$	$1.0×10^{-3}$	$4.0×10^{-3}$
间二甲苯	$5.0×10^{-4}$	$2.0×10^{-3}$	$1.0×10^{-3}$	$4.0×10^{-3}$
邻二甲苯	$5.0×10^{-4}$	$2.0×10^{-3}$	$1.0×10^{-3}$	$4.0×10^{-3}$
异丙苯	$5.0×10^{-4}$	$2.0×10^{-3}$	$1.0×10^{-3}$	$4.0×10^{-3}$
苯乙烯	$5.0×10^{-4}$	$2.0×10^{-3}$	$1.0×10^{-3}$	$4.0×10^{-3}$

(2)测定原理

用填充聚2,6-二苯基对苯醚(Tenax)采样管,在常温条件下,富集环境空气或室内空气中的苯系物,采样管连入热脱附仪,加热后将吸附成分导入带有氢火焰离子化检测器(FID)的气相色谱仪进行分析。

4. 仪器及设备

①气相色谱仪:配有 FID 检测器。

②色谱柱。

填充柱:材质为硬质玻璃或不锈钢,长 2 m,内径 3~4 mm,内填充涂附 2.5% 邻苯二甲酸二壬酯(DNP)和 2.5% 有机皂土-34(bentane)的 Chromsorb G·DMCS(80~100 目)。

毛细管柱:固定液为聚乙二醇(PEG-20M),30 m×0.32 mm,膜厚 1.00 μm 或等效毛细管柱。

③热脱附装置:具有一级脱附或二级脱附功能,购买专业厂家产品或自己制作均可。热脱附单元能连续调温,最高温度能达到 300 ℃。当温度达到设定值后,温度可保持恒定。采样管装到热脱附仪上后,采样管两端及整个系统不漏气。与气相色谱仪连接的传输线温度应能保持在 100 ℃ 以上。具有冷冻聚焦功能的热脱附仪也适用。

④老化装置:温度在 200~400 ℃ 可控,同时保持一定的氮气流速。

⑤样品采集装置:无油采样泵,流量范围 0.01~0.1 L/min 和 0.1~0.5 L/min,流量稳定。

⑥采样管:采样管的材料为不锈钢或硬质玻璃,内填不少于 200 mg 的 Tenax(60~80 目)吸附剂(或其他等效吸附剂),两端用孔隙小于吸附剂粒径的不锈钢网或石英棉固定,防止吸附剂掉落。管内吸附剂的位置至少离管入口端 15 mm,填装吸附剂的长度不能超过加热区的尺寸。采样管可直接购买,也可自己填装。

⑦温度计:精度 0.1 ℃。

⑧气压表:精度 0.01 kPa。

⑨微量进样器:1~5 μL。

⑩一般实验室常用仪器和设备。

5. 试剂

除非另有说明,分析时均使用符合国家标准的分析纯化学试剂。

①甲醇:色谱纯。

②标准贮备液:取适量色谱纯的苯、甲苯、乙苯、邻二甲苯、间二甲苯、对二甲苯、异丙苯及苯乙烯配制于一定体积的甲醇①中,也可使用有证标准溶液。

③载气:氮气,纯度 99.999%,用净化管净化。

④燃烧气:氢气,纯度 99.99%。

⑤助燃气:空气,用净化管净化。

二、实训操作

1. 采样管的准备

新填装的采样管应用老化装置或具有老化功能的热脱附仪老化,老化流量为 50 mL/min,

温度为 350 ℃,时间为 120 min;使用过的采样管应在 350 ℃下老化 30 min 以上。老化后的采样管两端立即用聚四氟乙烯帽密封,放在密封袋或保护管中保存。密封袋或保护管存放于装有活性炭的盒子或干燥器中,4 ℃保存。老化后的采样管应在两周内使用。

2. 样品的采集

①采样前,应对采样器进行流量校准。在采样现场,将一只采样管与空气采样装置相连,调整采样装置流量,此采样管仅作为调节流量用,不用做采样分析。

②常温下,将老化后的采样管去掉两侧的聚四氟乙烯帽,按照采样管上流量方向与采样器相连,检查采样系统的气密性。以 10 ~ 200 mL/min 的流量采集空气 10 ~ 20 min。若现场空气中含有较多颗粒物,可在采样管前连接过滤头。同时,记录采样器流量、当前温度和气压。20 ℃下,苯系物各组分在填装有 200 mg 的 Tenax-TA 吸附管中的安全采样体积见表 4.8。

表 4.8　苯系物的安全采样体积

组分	安全采样体积/L	组分	安全采样体积/L
苯	6.2	二甲苯	300
甲苯	38	异丙苯	480
乙苯	180	苯乙烯	300

③采样完毕前,再次记录采样流量,取下采样管,立即用聚四氟乙烯帽密封,4 ℃避光密闭保存,30 d 内分析。

3. 现场空白样品的采集

将老化后的采样管运输到采样现场,取下聚四氟乙烯帽后重新密封,不参与样品采集,并同已采集样品的采样管一同存放。每次采集样品,都应采集至少一个现场空白样品。

4. 填充柱的制备

称取有机皂土 0.525 g 和 DNP 0.378 g,置入圆底烧瓶中,加入 60 mL 苯,于 90 ℃水浴中回流 3 h,再加入 Chromsorb G · DMCS 载体 15 g 继续回流 2 h 后,将固定相转移至培养皿中,在红外灯下边烘烤边摇动至松散状态,再静置烘烤 2 h 后即可装柱。

将色谱柱的尾端(接检测器一端)用石英棉塞住,接真空泵,柱的另一端通过软管接一漏斗,开动真空泵后,使固定相慢慢通过漏斗装入色谱柱内,边装边轻敲色谱柱使填充均匀,填充完毕后,用石英棉塞住色谱柱另一端。

填充好的色谱柱需在 150 ℃下,以 20 ~ 30 mL/min 的流速通载气,连续老化 24 h。

5. 仪器的选择

①当选用的热脱附装置只具有一级脱附功能时,宜选用带有填充柱的气相色谱仪。填充柱气相色谱参考条件如下。

a. 热脱附仪。载气流速:50 mL/min;阀温:100 ℃;传输线温度:150 ℃;脱附温度:250 ℃;脱附时间:3 min。

b. 填充柱气相色谱。载气流速:50 mL/min;进样口温度:150 ℃;检测器温度:150 ℃;柱温:65 ℃;氢气流量:40 mL/min;空气流量:400 mL/min。

②当选用的热脱附装置具有二级脱附功能时,应选用带有毛细管柱的气相色谱仪。

选择毛细管柱时,根据二级脱附聚焦管的推荐热脱附流量选择毛细管柱内径。一般情况下,聚焦管推荐热脱附流量低于2.0 mL/min 时,可选用内径0.25 mm 的毛细管柱;当聚焦管推荐热脱附流量大于2.0 mL/min 时,可选用内径0.32 mm 以上的毛细管柱。固定液为聚乙二醇,膜厚大于1.0 μm 的毛细管柱对该方法的目标组分有较好的分离。

二级热脱附、毛细管柱气相色谱参考条件如下。

a. 热脱附仪。采样管初始温度:40 ℃;聚焦管初始温度:40 ℃;干吹温度:40 ℃;干吹时间:2 min;采样管脱附温度:250 ℃;采样管脱附时间:3 min;采样管脱附流量:30 mL/min;聚焦管脱附温度:250 ℃;聚焦管脱附时间:3 min;传输线温度:150 ℃。

b. 毛细管柱气相色谱。柱箱温度:80 ℃恒温;柱流量:3.0 mL/min;进样口温度:150 ℃;检测器温度:250 ℃;尾吹气流量:30 mL/min;氢气流量:40 mL/min;空气流量:400 mL/min。

6. 校准曲线的绘制

分别取适量的标准贮备液②,用甲醇①稀释并定容至1.00 mL,配制质量浓度依次为5、10、20、50、100 μg/mL 的校准系列。

将老化后的采样管连接于其他气相色谱仪的填充柱进样口,或类似于气相色谱填充柱进样口功能的自制装置,设定进样口(装置)温度为50 ℃,用注射器注射1.0 μL 标准系列溶液,用100 mL/min 的流量通载气5 min,迅速取下采样管,用聚四氟乙烯帽将采样管两端密封,得到5、10、20、50、100 ng 校准曲线系列采样管。将校准曲线系列采样管按吸附标准溶液时气流相反方向连接入热脱附仪分析,根据目标组分质量和响应值绘制校准曲线。

若热脱附仪带有液体标准物质进样口,可直接注射一定量的标准溶液,用以校准曲线的绘制。填充柱参考色谱图如图4.3 所示,毛细管柱参考色谱图如图4.4 所示。

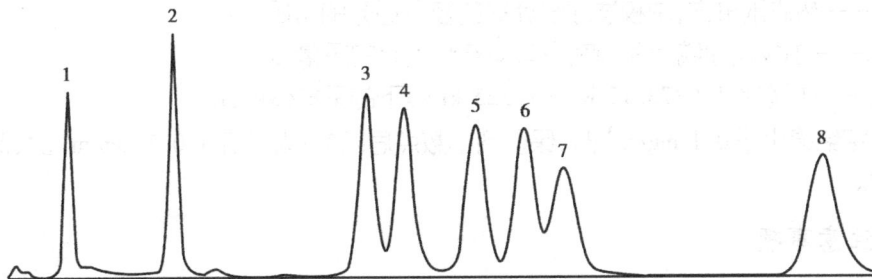

图4.3　填充柱色谱图

1—苯;2—甲苯;3—乙苯;4—对二甲苯;5—间二甲苯;

6—邻二甲苯;7—异丙苯;8—苯乙烯

7. 样品的测定

将样品采样管安装在热脱附仪上,样品管内载气流的方向与采样时的方向相反,调整仪器分析条件,目标组分脱附后,经气相色谱仪分离,由FID 检测。记录色谱峰的保留时间和相应值。

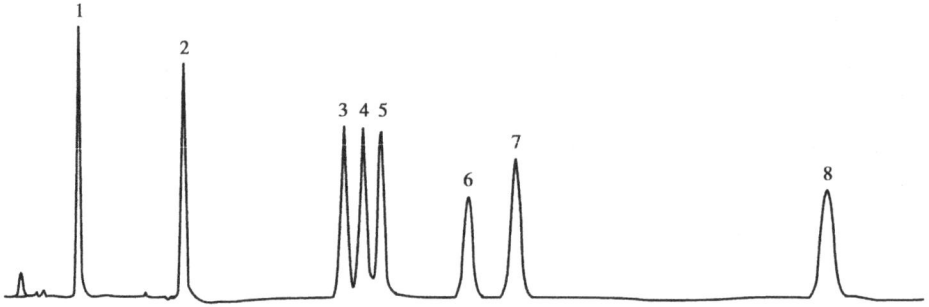

图 4.4　毛细管柱色谱图

1—苯；2—甲苯；3—乙苯；4—对二甲苯；5—间二甲苯；
6—异丙苯；7—邻二甲苯；8—苯乙烯

（1）定性分析

根据保留时间定性。

（2）定量分析

根据校准曲线计算目标组分的含量。

8. 空白试验

现场空白管与已采样的样品管同批测定，分析步骤同"样品的测定"。

9. 数据处理及结果表示

气体中目标化合物浓度可计算为

$$\rho = \frac{W - W_0}{V_{nd} \times 1\ 000} \tag{4.6}$$

式中　ρ——气体中被测组分的质量浓度，mg/m^3；

　　　W——热脱附进样，由校准曲线计算的被测组分的质量，ng；

　　　W_0——由校准曲线计算的空白管中被测组分的质量，ng；

　　　V_{nd}——标准状况（273.15 K，101.325 kPa）下的采样体积，L。

当测定结果小于 0.1 mg/m^3 时，保留到小数点后四位；大于等于 0.1 mg/m^3 时，保留三位有效数字。

10. 注意事项

①采样前，应充分老化采样管，以去除 Tenax 采样管的样品残留，残留量应小于校准曲线最低点的 1/4。

②在运输和储存过程中，采样管应密闭保存。

③现场空白样品中，目标化合物的残留量应小于样品的 1/4。当数据可疑时，应对本批数据进行核实和检查。

④采样前后的流量相对偏差应在 10% 以内。

⑤每批样品至少采集一组平行样品，平行样品采集流量为样品采集流量的 20%～40%，采样体积相同。平行样品中，目标化合物的检出量相对偏差应小于 25%，否则应减小样品采样流量。如减小流量后相对偏差仍大于 25%，应更换采样管或重新填充采样管。

⑥每批样品至少采集一个第二采样管。第二采样管应串联在样品采样管后，其目标化合物检出量应小于样品采样管中目标化合物检出量的 20%，否则应更换采样管或减小采样体积。

⑦每批样品分析时应带一个中间浓度校核点，中间浓度校核点测定值与校准曲线相应点浓度的相对误差应不超过 20%。若超出允许范围，应重新配制中间浓度点标准溶液，若还不能满足要求，应重新绘制校准曲线。

三、技能训练

采用固体吸附/热脱附-气相色谱法测定教室内环境空气中苯系物的含量，结果参照《室内空气质量标准》（GB/T 18883—2022）和《民用建筑工程室内环境污染控制标准》（GB 50325—2020）的限量阈值进行分析，同时完善下列内容。

①写出主要仪器设备。

②列出主要操作步骤。

③写出计算公式及结果。

理论试题

任务五　TVOC 的测定

> 【学习目标】
> ①了解室内空气中 TVOC 的来源及危害。
> ②掌握热解吸/毛细管气相色谱法测定室内空气中 TVOC 的方法和原理。
> ③能正确使用气相色谱法进行室内空气 TVOC 的含量的测定。
> ④能判断并解决测定结果的异常现象。
> ⑤能将理论与实践相结合，自主学习最新的国家标准和监测规范、方法标准，提高空气环境监测应用能力。
> ⑥具有环保意识和节约意识，不浪费药品试剂，不造成环境污染。
> ⑦具备动手动脑，善学善思的学习态度。
> ⑧具有较强的集体意识和团队协作精神，具备敬业精神、诚实守信的职业素养。

一、基本知识

1. 指标含义及测定意义

世界卫生组织对总挥发性有机物（TVOC）的定义为熔点低于室温而沸点在 50～260 ℃的挥发性有机化合物的总称。而挥发性有机物（VOCs）主要成分为芳香烃、卤代烃和脂肪烃等，达 900 多种，具有强挥发性、特殊刺激性气味，在施工中大量挥发，使用中缓慢释放。

室外空气中 TVOC 来源于石油化工等工业排放和燃料燃烧及汽车尾气的排放。室内TVOC 不仅受室外空气污染的影响，还主要与复杂的室内装修材料释放、室内污染源排放、人为活动等密切相关,主要来自建筑材料、清洁剂、涂料、胶黏剂、化妆品及洗涤剂等。

当 TVOC 浓度为 3.0~25 mg/m³ 时会产生刺激和不适,与其他因素联合作用时可能出现头痛;当 TVOC 浓度大于 25 mg/m³ 时,除头痛外,可能出现其他的神经毒性作用。常见的症状有眼睛不适、浑身赤热、干燥、头痛、疲倦、喉部不适等。

2. 控制标准

《室内空气质量标准》(GB/T 18883—2022)规定,室内空气中 TVOC 的 8 h 平均浓度限值为 0.60 mg/m³。《民用建筑工程室内环境污染控制标准》规定,Ⅰ类民用建筑工程 TVOC 浓度限值为 0.45 mg/m³,Ⅱ类民用建筑工程 TVOC 浓度限值为 0.50 mg/m³。

3. 测定方法及原理

(1)测定方法

常用的 TVOC 测定方法是《环境空气 挥发性有机物的测定 吸附管采样-热脱附/气相色谱-质谱法》(HJ 644—2013)规定的固体吸附管采样,然后加热解吸,用毛细管气相色谱法测定的方法。该方法适用于环境空气中 35 种挥发性有机物(VOCs)的测定,也适用于其他非极性或弱极性挥发性有机物的测定。当采样体积为 2 L 时,方法检出限为 0.3~1.0 μg/m³,测定下限均为 1.2~4.0 μg/m³。

HJ 644—2013

目标物检出限和测定下限

(2)测定原理

采用固体吸附剂富集环境空气中挥发性有机物,将吸附管置于热脱附仪中,经气相色谱分离后,用质谱进行检测。通过与待测目标物标准质谱图相比较和保留时间进行定性,外标法或内标法定量。

4. 仪器及设备

①气相色谱仪:具毛细管柱分流/不分流进样口,能对载气进行电子压力控制,可程序升温。若配备柱箱冷却装置,可改善极易挥发目标物的出峰峰形,提高灵敏度。

②质谱仪:电子轰击(EI)电离源,1 s 内能从 35 amu 扫描至 270 amu,具 NIST 质谱图库、手动/自动调谐、数据采集、定量分析及谱库检索等功能。

③毛细管柱:30 m×0.25 mm,膜厚 1.4 μm(6% 腈丙基苯,94% 二甲基聚硅氧烷固定液),也可使用其他等效的毛细管柱。

④热脱附装置:具有二级脱附功能,聚焦管部分应能迅速加热(至少 40 ℃/s)。热脱附装置与气相色谱相连部分和仪器内气体管路均应使用硅烷化不锈钢管,并至少能在 50~150 ℃均匀加热。若采用具有冷聚焦功能的热脱附装置,能减小极易挥发目标物的损失,提高灵敏度。

⑤老化装置:最高温度应达到 400 ℃,最大载气流量至少能达到 100 mL/min,流量可调。

⑥采样器:双通道无油采样泵,双通道能独立调节流量并能在 10~500 mL/min 精确保持流量,液量误差应为±5%。

⑦校准流量计:能在 10~500 mL/min 内精确测定流量,流量精度 2%。宜采用电子质量流量计。

⑧微量注射器:5.0、25.0、50.0、100、250、500 μL。

⑨一般实验室常用仪器和设备。

5．试剂

①甲醇（CH_3OH）：农药残留分析纯级。

②标准贮备溶液，$\rho = 2\ 000$ mg/L：市售有证标准溶液。

③4-溴氟苯（BFB）溶液，$\rho = 25$ mg/L：市售有证标准溶液，或用高浓度标准溶液配制。

④吸附剂：Carbopack C（比表面积 10 m^2/g），40/60 目；Carbopack B（比表面积 100 m^2/g），40/60 目；Carboxen 1000（比表面积 800 m^2/g），45/60 目或其他等效吸附剂。

⑤吸附管：不锈钢或玻璃材质，内径 6 mm，内填装 Carbopack C、Carbopack B、Carboxen 1000，长度分别为 13、25、13 mm。或其他具有相同功能的产品。

⑥聚焦管：不锈钢或玻璃材质，内径不大于 0.9 mm，内填装吸附剂种类及长度与吸附管相同。或其他具有相同功能的产品。

⑦吸附管的老化和保存。

新购的吸附管（采集高浓度样品后的吸附管需进行老化。老化温度 350 ℃，老化流量 40 mL/min，老化时间 10～15 min。

吸附管老化后，立即密封两端或放入专用的套管内，外面包裹一层铝箔纸。包裹好的吸附管置于装有活性炭或活性炭硅胶混合物的干燥器内，并将干燥器放在无有机试剂的冰箱中，4 ℃保存，可保存 7 d。

聚焦管老化和保存方法同吸附管。

⑧载气：氦气，纯度 99.999%。

二、实训操作

1．采样前准备

（1）气密性检查

把一根吸附管（与采样所用吸附管同规格，此吸附管只用于气密性检查和预设流量用）连接到采样泵。打开采样泵，堵住吸附管进气端。若流量计流量归零，则采样装置气路连接气密性良好，否则应检查气路气密性。

（2）预设采样流量

调节流量到设定值。

若采样体积 2 L，则设定采样流量为 10～200 mL/min；当相对湿度大于 90% 时，应减小采样体积，但最少应不小于 300 mL。

2．采样

①取下检查好的吸附管，将一根新吸附管连接到采样泵上，按吸附管上标明的气流方向进行采样。在采集样品过程中，要注意随时检查调整采样流量，保持流量恒定。

②在吸附管后串联一根老化好的吸附管。每批样品应至少采集一根候补吸附管，用于监视采样是否穿透。

③样品采集完成后,应迅速取下吸附管,密封吸附管两端或放入专用的套管内,外面包裹一层铝箔纸,记录采样点位、时间、环境温度、空气压、流量及吸附管编号等信息,并运输到实验室进行分析。不能立即分析的样品按吸附管的老化和保存方法存放,7 d 内分析。

注:温度和风速会对样品采集产生影响,采样时,环境温度应小于40 ℃。风速大于 5.6 m/s时,采样时吸附管应与风向垂直放置,并在上风向放置掩体。

3. 现场空白样品的采集

将吸附管运输到采样现场,打开密封帽或从专用套管中取出,立即密封吸附管两端或放入专用的套管内,外面包裹一层铝箔纸。同已采集样品的吸附管一同存放并带回实验室分析。每次采集样品,都应至少带一个现场空白样品。

4. 仪器分析前准备

(1)仪器参考条件

①热脱附仪参考条件。传输线温度:130 ℃;吸附管初始温度:35 ℃;聚焦管初始温度:35 ℃;吸附管脱附温度:325 ℃;吸附管脱附时间:3 min;聚焦管脱附温度:325 ℃;聚焦管脱附时间:5 min;一级脱附流量:40 mL/min;聚焦管老化温度:350 ℃;干吹流量:40 mL/min;干吹时间:2 min。

②气相色谱仪参考条件。进样口温度:200 ℃;载气:氮气;分流比:5∶1;柱流量(恒流模式):1.2 mL/min;升温程序:初始温度30 ℃,保持 3.2 min,以 11 ℃/min 升温到 200 ℃,保持3 min。

为消除水分的干扰和检测器的过载,可根据情况设定分流比。某线热脱附仪具有样品分流功能,可按厂商建议或具体情况进行设定。

③质谱参考条件。扫描方式:全扫描;扫描范围:35~270 amu;离子化能量:70 eV;接口温度:280 ℃。其余参数参照仪器使用说明书进行设定。

为提高灵敏度,也可选用选择离子扫描方式进行分析。

(2)仪器性能检查

用微量注射器移取 1.0 μL BFB 溶液,直接注入气相色谱仪进行分析,用四级杆质谱得到的 BFB 关键离子丰度应符合表 4.9 中规定的标准,否则需对质谱仪的参数进行调整或者考虑清洗离子源。

表 4.9　BFB 关键离子丰度标准

质量	离子丰度标准	质量	离子丰度标准
50	质量 95 的 8%~40%	174	大于质量 95 的 50%
75	质量 95 的 30%~80%	175	质量 174 的 5%~9%
95	基峰,100%相对丰度	176	质量 174 的 93%~101%
96	质量 95 的 5%~9%	177	质量 176 的 5%~9%
173	小于质量 174 的 2%	—	—

5. 校准曲线的绘制

用微量注射器分别移取 25.0、50.0、125、250、500μL 的标准贮备溶液②至 10 mL 容量瓶中,用甲醇①定容,配制目标物浓度分别为 5.00、10.0、25.0、50.0、100 mg/L 的标准系列。用微量注射器移取 1.0 μL 标准系列溶液注入热脱附仪中,按照仪器参考条件,从低浓度到高浓度依次进行测定,绘制校准曲线。

若所用热脱附仪没有"液体进样制备标准系列"的功能,可用以下方式制备:把老化好的吸附管连接于气相色谱仪填充柱进样口上,设定进样口温度为 50 ℃,用微量注射器移取 1.0 μL 标准系列溶液注射到气相色谱仪进样口,用 100 mL/min 的流量通载气 5 min,迅速取下吸附管,制备成目标物含量分别为 5.00、10.0、25.0、50.0、100 ng 的标准系列管。也可直接购买商化的标准样品管制备校准曲线。

(1)用最小二乘法绘制校准曲线

以目标物质量(ng)为横坐标,对应的响应值为纵坐标,绘制校准曲线。校准曲线的相关系数应大于等于 0.99。

(2)用平均相对响应因子绘制校准曲线

标准系列第 i 点中目标物的相对响应因子(RRF)可计算为

$$RRF_i = \frac{A_i m_{IS}}{m_i A_{IS}} \tag{4.7}$$

式中 RRF_i——标准系列中第 i 点目标物的相对响应因子;

A_i——标准系列中第 i 点目标物定量离子的响应值;

m_i——标准系列中第 i 点目标物的质量,ng;

A_{IS}——内标物定量离子的响应值;

m_{IS}——内标物的质量,ng。

目标物的平均相对响应因子 $\overline{RRF}$ 可计算为

$$\overline{RRF} = \frac{\sum_{i=1}^{n} RRF_i}{n} \tag{4.8}$$

式中 $\overline{RRF}$——目标物的平均相对响应因子;

n——标准系列点数。

RRF 的标准偏差 SD 可计算为

$$SD = \sqrt{\frac{\sum_{i=1}^{n} (RRF_i - \overline{RRF})^2}{n-1}} \tag{4.9}$$

RRF 的相对偏差 RSD 可计算为

$$RSD = \frac{SD}{\overline{RRF}} \times 100\% \tag{4.10}$$

标准系列目标物相对响应因子 RRF 的相对标准偏差 RSD 应不大于20%。

注:当用内标法定量时,应在标准系列管及样品管中添加内标,推荐内标物为氟苯,氯苯-d5

和1,4-二氯苯-d4,内标浓度为25 mg/L,添加量为1.0 μL。

若标准系列中某个目标物相对响应因子RRF的相对标准偏差大于20%,则此目标物需用最小二乘法校准曲线进行校准。

标准色谱图目标物参考色谱图如图4.5所示。

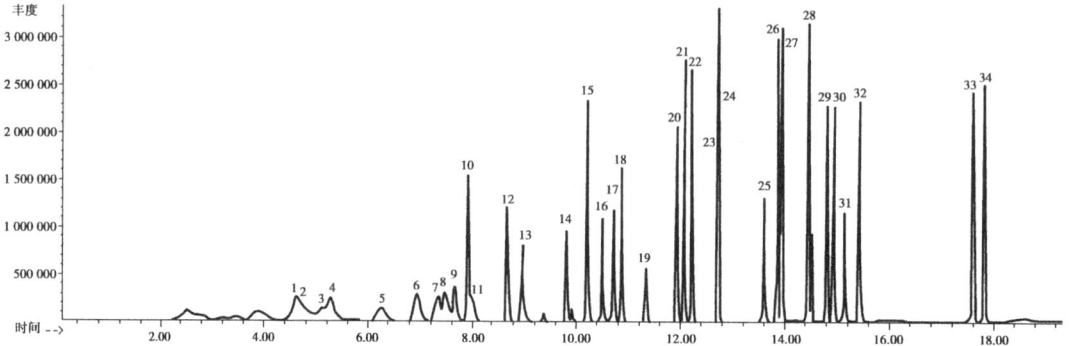

图4.5　目标物的总离子流色谱图

1—1,1-二氯乙烯;2—1,1,2-三氯-1,2,2-三氟乙烷;3—氟丙烯;4—二氯甲烷;5—1,1-二氯乙烷;
6—顺式-1,2-二氯乙烯;7—三氯甲烷;8—1,2-二氯乙烷;9—1,1,1-三氯乙烷;10—四氯甲烷;
11—苯;12—三氯乙烯;13—1,2-二氯丙烷;14—反式-1,3-二氯丙烯;15—甲苯;
16—顺式-1,3-二氯丙烯;17—1,1,2-三氯乙烷;18—四氯乙烯;19—1,2-二溴乙烷;20—氯苯;
21—乙苯;22—间,对二甲苯;23—邻二甲苯;24—苯乙烯;25—1,1,2,2-四氯乙烷;
26—4-乙基甲苯;27—1,3,5-三甲基;28—1,2,4-三甲基苯;29—1,3-二氯苯;
30—1,4-二氯苯;31—苄基氯;32—1,2-二氯苯;33—1,2,4-三氯苯;34—六氯丁二烯

6.样品的测定

将采样完的吸附管迅速放入热脱附仪中,按照仪器参考条件进行热脱附,载气流经吸附管的方向应与采样时气体进入吸附管的方向相反。样品中目标物随脱附气进入色谱柱进行测定。分析完成后,取下吸附管进行老化和保存。若样品浓度较低,吸附管可不必老化。

7.空白试验

按与"样品的测定"相同步骤分析现场空白样品。

8.数据处理及结果表示

(1)定性分析

以保留时间和质谱图比较进行定性。

(2)定量分析

根据目标物第一特征离子的响应值进行计算。当样品中目标物的第一特征离子有干扰时,可使用第二特征离子定量。

①吸附管中目标物质量的计算。

a.外标法。当采用最小二乘法绘制校准曲线时,样品中目标物质量 m(ng)通过相应的校准曲线计算。

b.内标法。当采用平均相对响应因子进行校准时,样品中目标物的质量可计算为

$$m = \frac{A_x m_{IS}}{A_{IS}\, \overline{RRF}}$$ (4.11)

式中　m——试料中目标物的质量，ng；

A_x——目标物定量离子的响应值；

A_{IS}——与目标物相对应内标定量离子的响应值；

m_{IS}——内标物的质量，ng；

$\overline{RRF}$——目标物的平均相对响应因子。

②TVOC 的计算。

环境空气中待测目标物的质量浓度可计算为

$$\rho = \frac{m}{V_{nd}}$$ (4.12)

式中　ρ——环境空气中目标物的质量浓度，$\mu g/m^3$；

M——样品中目标物的质量，ng；

V_{nd}——标准状态(273.15 K，101.325 kPa)下的采样体积，L。

当测定结果小于 100 $\mu g/m^3$ 时，保留到小数点后一位；当测定结果大于等于 100 $\mu g/m^3$ 时，保留三位有效数字。

当使用该方法中规定的毛细管柱时，峰序号为 22 的目标物测定结果为间二甲苯和对二甲苯之和。

9. 注意事项

①采集样品前，应抽取 20% 的吸附管进行空白检验。当采样数量少于 10 个时，应至少抽取两根。空白管中相当于 2 L 采样量的目标物浓度应小于检出限，否则应重新老化。

②每次分析样品前应用一根空白吸附管代替样品吸附管，用于测定系统空白，系统空白小于检出限后才能分析样品。

③每 12 h 应作一个校准曲线中间浓度校核点，中间浓度校核点测定值与校准曲线相应点浓度的相对误差应不超过 30%。

④现场空白样品中单个目标物的检出量应小于样品中相应检出量的 10% 或与空白吸附管检出量相当。

⑤吸附管中残留的 VOCs 对测定的干扰较大，严格执行老化和保存程序能使此干扰降到最低。

⑥新购的吸附管应标记唯一性代码和表示样品气流方向的箭头，并建立吸附管信息卡片，记录包括吸附管填装或购买日期、最高允许使用温度和使用次数等信息。

三、技能训练

采用吸附管采样-热脱附/气相色谱-质谱法测定教室内环境空气中 TVOC 的含量，结果参照《室内空气质量标准》（GB/T 18883—2022）和《民用建筑工程室内环境污染控制标准》（GB 50325—2020）的限量阈值进行分析，同时完善下列内容。

理论试题

①写出主要仪器设备。

②列出主要操作步骤。

③写出计算公式及结果。

任务六　细菌总数的测定

【学习目标】

①了解室内空气中细菌总数的来源及危害。

②掌握撞击法测定室内空气中细菌总数的方法和原理。

③学会撞击式空气微生物采样器的使用方法。

④能准确测定室内空气中细菌总数的含量。

⑤能判断并解决测定结果的异常现象。

⑥具有环保意识和节约意识,不浪费药品试剂,不造成环境污染。

⑦保持实验环境及实验台面和仪器的干净、整洁、有序,符合规范要求。

一、基本知识

1.指标含义及测定意义

在通风不良、人员拥挤的环境中,室内空气中可能会有较多的微生物存在。常见的室内微生物细菌有大肠杆菌、金黄色葡萄球菌、芽细胞、绿脓杆菌及螨虫等。这些细菌的传播是引起各种疾病的根源,如感冒、过敏性肺炎、鼻炎、骨髓炎、哮喘、败血症、菌血症以及各式化脓性感染等,特别是尘螨,是人体支气管哮喘病的一种过敏原。

2.控制标准

微生物指标是评价室内空气质量的重要标准。空气中微生物质量的好坏往往以细菌总数指标来衡量。《室内空气质量标准》(GB/T 18883—2022)规定,室内空气中细菌总数的限值为1 500 CFU/m^3。

3.测定方法及原理

(1)测定方法

根据采样技术不同,目前室内空气中细菌总数的测定方法有两种:一种是撞击法,另一种是自然沉降法。撞击法因能采集悬浮在空气中的微生物颗粒,并不受环境气流影响,采样量准确,灵敏度高,其采集空气样品更合理、稳定、科学,国内已开始推广用此法监测空气中的细菌总数。下面介绍撞击法测定室内空气中的细菌总数。

(2)测定原理

采用撞击式空气微生物采样器采样,通过抽气动力作用,使空气通过狭缝或小孔而产生高速气流,悬浮在空气中的带菌粒子撞击到营养琼脂平板上,经(36±1)℃、48 h 培养后,计算出每立方米空气中所含的细菌总数。

4. 仪器及设备

①六级筛孔撞击式微生物采样器。

②高压蒸气灭菌器。

③恒温培养箱。

④冰箱。

⑤平皿(直径9 cm)。

⑥制备培养基用一般设备,如量筒、锥形瓶、pH 计或精密 pH 试纸等。

⑦撞击式空气微生物采样器。采样器的基本要求是:对空气中细菌捕获率达95%;操作简单,携带方便,性能稳定,便于消毒。

5. 营养琼脂培养基

(1)成分

营养琼脂培养基的成分见表4.10。

表4.10　营养琼脂培养基的成分

成分	含量	成分	含量
蛋白胨	10 g	琼脂	20 g
牛肉浸膏	3 g	蒸馏水	1 000 mL
氯化钠	5 g		

(2)制法

将蛋白胨、牛肉浸膏、氯化钠、琼脂溶于蒸馏水中,加热溶解,校正 pH 值为 7.2~7.6,过滤分装,121 ℃,20 min 高压灭菌。冷却到45 ℃时,制成平板备用。营养琼脂平板的制备参照采样器使用说明。

二、实训操作

1. 采样

选择有代表性的房间和位置设置采样点。将采样器消毒,以 28.3 L/min 流量采集 10 min。采样器使用按仪器使用说明进行。

2. 保存

将采集后的营养琼脂平板储存于 4 ℃,尽快返回实验室进行培养。

3. 分析

将带菌营养琼脂平板置于(36±1)℃恒温箱中,培养 48 h,菌落计数,并根据采样器的流量和采样时间,换算成每立方米空气中的细菌数。以 CFU/m³ 报告结果。

4.数据处理及结果表示

细菌总数浓度可计算为

$$c = \frac{\sum_{i=1}^{6} N_i \times 1\ 000}{v \times t} \tag{4.13}$$

式中　c——细菌总数浓度,CFU/m³;

　　　N_i——平皿菌落数,CFU;

　　　v——每级采样流量,L/min;

　　　t——采样时间,min。

测定结果按全部采样点中细菌总数测定值中的最大值给出。

5.注意事项

①制作营养琼脂平板要无菌操作,培养基要严格按规定要求。

②采样器要按规定做好消毒处理,并按仪器使用说明进行采样。一般情况下,采样量为30~150 L,应根据所使用仪器性能和室内空气微生物污染程度,酌情增加或减少空气采样量。

三、技能训练

采用撞击法测定教室内环境空气中细菌总数的含量,结果参照《室内空气质量标准》(GB/T 18883—2022)的限量阈值进行分析,同时完善下列内容。

①写出主要仪器设备。

②列出主要操作步骤。

③写出计算公式及结果。

理论试题

任务七　新风量的测定

【学习目标】

①了解室内空气新风量的测定意义。

②掌握室内空气中新风量的测定方法。

③具有环保意识和健康意识。

④具备精益求精、科学严谨、实事求是、团结协作的精神。

一、基本知识

1.指标含义及测定意义

新风量是指在门窗关闭的状态下,单位时间内由空调系统通道、房间的缝隙进入室内的空气总量,单位为 m^3/h。室内新风量的不足是产生不良建筑物综合征(sick building syndrome,SBS)的一个重要原因,主要表现为眼、鼻和咽喉部的刺激症状,皮肤和黏膜干燥,红斑,精神疲劳,头痛及高频率上呼吸道感染及咳嗽,以及嗓子嘶哑、气喘、痒和非特异性过敏反应等。一般来说,新风量越多越有利于人体健康,但新风量超过一定限度时,冷热负荷过多消耗,带来不利影响。

2.控制标准

《室内空气质量标准》(GB/T 18883—2022)规定,室内空气新风量应不小于 $30\ m^3/(h\cdot 人)$,即空间为 $30\ m^3$ 的房间中只有一人时至少每小时要换气一次。

3.测定方法及原理

(1)测定方法

室内新风量的测定方法有风口风速和风量的测定方法和示踪气体浓度衰减法等。《室内空气质量标准》(GB/T 18883—2022)推荐用《公共场所卫生检验方法 第1部分:物理因素》(GB/T 18204.1—2013)中的示踪气体法和风管法。下面介绍示踪气体法。

(2)测定原理

示踪气体法即示踪气体浓度衰减法,是在待测室内通入适量示踪气体,通风时因室内外空气交换,示踪气体的浓度呈指数衰减,根据浓度随时间变化的值,计算出室内的新风量。

4.仪器及设备

①袖珍或轻便型气体浓度测定仪。

②直尺或卷尺、电风扇。

③示踪气体:无色、无味、使用浓度无毒、安全、环境本底低、易采样、易分析的气体,装于10 L气瓶中,气瓶应有安全的阀门。示踪气体环境本底及毒性水平见表4.11。

表4.11　示踪气体环境本底及毒性水平

气体名称	毒性水平	环境本底水平/$(mg\cdot m^{-3})$
一氧化碳(CO)	人吸入 50 mg/m^3,1 h无异常	$0.125\sim1.25$
二氧化碳(CO_2)	作业场所时间加权允许浓度9 000 mg/m^3	600
六氟化硫(SF_6)	小鼠吸入48 000 mg/m^3,1 h无异常	低于检出限
一氧化氮(NO)	小鼠 LC_{50} 1090 mg/m^3	0.4
三氟溴甲烷($CBrF_3$)	作业场所标准6 100 mg/m^3	低于检出限

二、实训操作

1. 测定并计算室内空气总量

①用尺测量并计算出室内容积 V_1（m^3）。

②用尺测量并计算出室内物品（桌、沙发、柜、床、箱等）总体积 V_2（m^3）。

③室内空气体积可计算为

$$V = V_1 - V_2 \tag{4.14}$$

式中　V——室内空气体积，m^3；

　　　V_1——室内容积，m^3；

　　　V_2——室内物品总体积，m^3。

2. 测定前准备工作

①按仪器使用说明校正仪器，校正后待用。

②打开电源，确认电池、电压正常。

③归零调整及感应确认，归零工作需要在清净的环境中调整，调整后即可进行采样测定。

3. 采样与测定

首先关闭门窗，在室内通入适量的示踪气体后，将气源移至室外，同时用电风扇搅动空气 3 ~ 5 min，使示踪气体分布均匀，示踪气体的初始浓度应达到至少经过 30 min，衰减后仍高于仪器最低检出限。

然后打开测量仪器电源，在室内中心点记录示踪气体浓度，并根据示踪气体浓度衰减情况，测量从开始至 30 ~ 60 min 时间段示踪气体浓度，在此时间段内测量次数不少于 5 次。

最后调查检测区域内设计人流量和实际最大人流量。

4. 数据处理及结果表示

换气次数可计算为

$$A = \frac{\ln(c_1 - c_0) - \ln(c_t - c_0)}{t} \tag{4.15}$$

式中　A——换气次数，单位时间内由室外进入到室内的空气总量与该室内空气总量之比；

　　　c_0——示踪气体的环境本底浓度，mg/m^3 或%；

　　　c_1——测量开始时示踪气体浓度，mg/m^3 或%；

　　　c_t——时间为 t 时示踪气体浓度，mg/m^3 或%；

　　　t——测定时间，h。

根据室内空气体积及空气交换换气次数，新风量可计算为

$$Q = \frac{A \times V}{P} \tag{4.16}$$

式中　Q——新风量，单位时间内每人平均占有由室外进入室内的空气量，$m^3/$（人·h）；

A——换气次数;

V——室内空气体积,m^3;

P——取设计人流量与实际最大人流量两个数中的高值,人。

三、技能训练

采用示踪气体法测定教室内的新风量,结果参照《室内空气质量标准》(GB/T 18883—2022)的限量阈值进行分析,同时完善下列内容。

①写出主要仪器设备。

②列出主要操作步骤。

③写出计算公式及结果。

理论试题

模块五

污染源监测

单元一 污染源监测准备

➤ 问题导读

污染源包括固定污染源和流动污染源。固定污染源指燃煤燃油的锅炉、窑炉以及石油化工、冶金、建材等生产过程中产生的废气通过排气筒向空气中排放的污染源。它们排放的废气中既包含固态的烟尘和粉尘,也包含气态和气溶胶态的多种有害物质。流动污染源是指流动设施或无固定位置排放污染物的发生源。汽车、柴油机车等交通运输工具是主要的流动污染源,其排放废气中含有烟尘和某些有害物质。两种污染源都是空气污染物的主要来源。

污染源监测的目的是检查污染源排放废气中的有害物质是否符合排放标准的要求;评价净化装置的性能和运行情况及污染防治措施的效果;为空气质量管理与评价提供依据。本部分内容主要介绍固定污染源监测的相关内容。

一、监测准备要求

(一)监测方案的制订

监测方案的内容应包括污染源概况,监测目的,评价标准,监测内容,监测项目,采样位置,采样频次及采样时间,采样方法和分析测定技术,监测报告要求,以及质量保证措施等。对工艺过程较为单一、经常性重复的监测任务,监测方案可适当简化。

(二)监测条件的准备

所需仪器设备必须检定合格。测试前,还应进行校准和气密性检验等。

(三)对污染源的工况要求

专人负责工况监督,对主要产品产量、主要原材料或燃料消耗量的计量和调查统计,以及与相应设计指标的比对,核算生产设备的实际运行负荷和负荷率。对于验收监测的工况规定,《建设项目竣工环境保护验收技术指南 污染影响类》强调"验收监测应当在确保主体工程工况稳定、环境保护设施运行正常的情况下进行,并如实记录监测时的实际工况以及决定或影响工况的关键参数,如实记录能够反映环境保护设施运行状态的主要指标"。

二、设定采样点位置和数目

固定污染源采样点的位置和数目设置,主要取决于烟道的走向、形状和截面积大小等。正确选择采样位置,确定适当采样点数目,是决定能否获得有代表性的烟气样品和尽可能节约人力、物力的一项重要工作。

(一)采样断面的位置

采样位置应避开对测试人员操作有危险的场所。采样断面的位置应尽量设在烟道气流平稳的管段中(垂直管段),避开弯头、变径管、三通管及阀门等易产生涡流的阻力构件,一般设在阻力构件下游大于 6 倍管道直径处或上游大于 3 倍管道直径处。采样断面烟气流速最好在 5 m/s 以上。此外,还应注意操作地点的方便、安全。高位测定时,应设置带拉杆的工作平台。

HJ/T 397—2007

(二)采样点的位置和数目

《固定源废气监测技术规范》(HJ/T 397—2007)和《固定污染源监测质量保证与质量控制技术规范(试行)》(HJ/T 373—2007)规定,根据烟道断面形状、尺寸大小和流速分布情况确定采样点的位置和数目。

HJ/T 373—2007

1. 圆形烟道

在选定的采样断面上设两个相互垂直的直径线,将该断面分成适当数量等面积同心圆环,各采样点设在各环等面积中心线与呈垂直相交的两条直径线的交点上,其中一条直径线应在预期浓度变化最大的平面内,如图 5.1 所示。

如果采样断面上流速分布较均匀,可设一个采样孔,采样点数减半,当烟道断面直径小于 0.3 m,且流速均匀时,可取断面中心作为采样点。

不同直径的圆形烟道的等面积环数、测量直径数及采样点数见表 5.1,原则上采样点不超过 20 个。采样点距烟道内壁的距离如图 5.1 所示,按表 5.2 确定。当采样点距烟道内壁的距离小于 25 mm 时,取 25 mm。

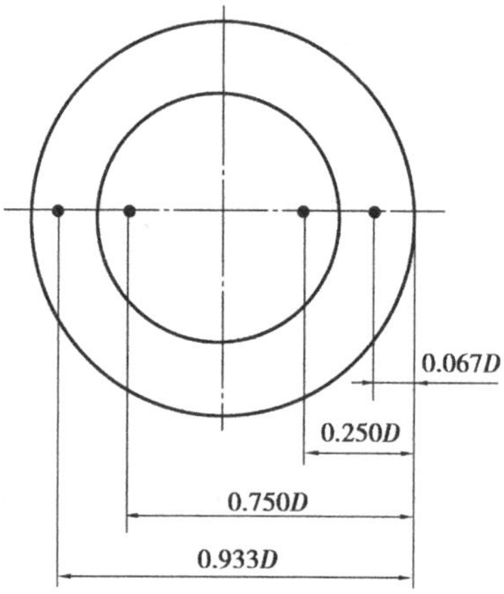

图 5.1 圆形烟道采样点布设及其距烟道内壁距离

表 5.1 圆形烟道分环及采样点数确定

烟道直径/m	等面积环数/个	测量直径数/个	采样点数/个
<0.3	—	—	1
0.3~0.6	1~2	1~2	2~8
0.6~1.0	2~3	1~2	4~12
1.0~1.2	3~4	1~2	6~16
2.0~4.0	4~5	1~2	8~20
>4.0	5	1~2	10~20

表 5.2　圆形烟道采样点距烟道内壁的距离(以烟道直径 D 计)

环数/个	采样点号									
	1	2	3	4	5	6	7	8	9	10
1	0.146	0.854	—	—	—	—	—	—	—	—
2	0.067	0.250	0.750	0.933	—	—	—	—	—	—
3	0.044	0.146	0.296	0.704	0.854	0.956	—	—	—	—
4	0.033	0.105	0.194	0.323	0.677	0.806	0.895	0.967	—	—
5	0.026	0.082	0.146	0.226	0.342	0.658	0.774	0.854	0.918	0.974

2. 矩形烟道

将烟道断面分成一定数目的等面积矩形小块,各小块中心即为采样点位置。小矩形数目可根据烟道断面面积大小确定。矩形烟道的分块和测点数见表 5.3。

表 5.3　矩形烟道的分块和测点数

烟道断面积/m²	等面积小块长边长度/m	测点总数/个
<0.1	<0.32	1
0.1~0.5	<0.35	1~4
0.5~1.0	<0.50	4~6
1.0~4.0	<0.67	6~9
4.0~9.0	<0.75	9~16
>9.0	≤1.0	16~20

每个断面上的采样点数目原则上不超过 20 个。当烟道断面积为 0.1、流速分布较均匀时,可取断面中心为采样点。采样孔应设在包括各采样点在内的延长线上,如图 5.2 所示。

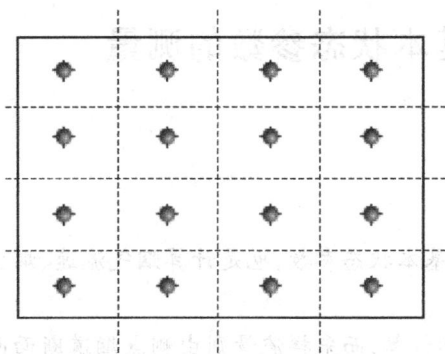

图 5.2　矩形烟道采样点布设　　图 5.3　拱形烟道采样点布设

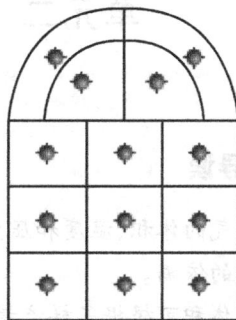

3. 拱形烟道

这种烟道的上部为半圆形,下部为矩形。因此,可分别按圆形和矩形烟道的布点方法确定采样点的位置和数目,如图5.3所示。在满足测压管和采样管可达到各采样点位置的情况下,要尽可能少开采样孔。采样孔的内径应不小于80 mm。当采集有毒或高温烟气且采样点处烟气呈正压时,采样孔应设置防喷装置;采样点处烟气呈负压时,应保证采样孔密封。

➤ 同步练习

一、填空题

1.污染源包括_____和_____。

2.固定污染源监测时采样断面的位置应尽量设在烟道气流平稳的管段中,避开弯头、变径管、三通管及阀门等易产生涡流的阻力构件,一般设在阻力构件下游大于_____管道直径处或上游大于_____管道直径处。

3.烟道气测定时,采样点的位置和数目主要根据烟道断面_____、_____和_____确定。

二、选择题

1.固定污染源监测时采样断面的流速最好在(　　)m/s以上。

A.1　　　　B.2　　　　C.4　　　　D.5

2.圆形烟道的采样点数,原则上不超过(　　)个。

A.10　　　B.20　　　C.40　　　D.50

3.当烟道断面直径小于(　　)m且流速均匀时,可取断面中心作为采样点。

A.0.1　　　B.0.2　　　C.0.3　　　D.0.5

4.当矩形烟道断面小于0.1 m^2时,可设(　　)个测点数。

A.1　　　　B.2　　　　C.3　　　　D.4

三、简答题

1.简述污染源监测的目的和要求。

2.简述圆形烟道、矩形烟道和拱形烟道的布点方法。

单元二　烟气基本状态参数的测量

➤ 问题导读

烟道排气的体积、温度和压力是烟气的基本状态参数,也是计算烟气流速、烟尘浓度和有害物质浓度的依据。

烟气的体积可根据采样流量和采样时间计算,而采样流量则由测点烟道断面面积和烟气流速计算得到,烟气流速又是由烟气温度和压力决定的,所以只要计算出烟气温度和压力,就可确定其他参数。

烟道气监测采样系统由采样装置、收集装置、冷凝和干燥装置、流量测量和控制装置、采样动力装置等组成,如图5.4所示。此外,还配有测量状态参数的装置,如压力、温度和湿度测量装置。

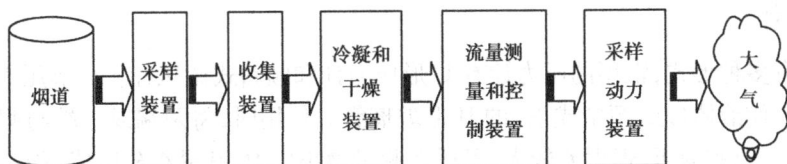

图5.4　烟道气采样系统示意图

一、压力测定

烟气压力分为全压 P_t、静压 P_s 和动压 P_v。静压是单位体积气体具有的势能,表现为气体在各个方向上作用于器壁的压力;动压是单位体积气体具有的动能,是使气体流动的压力;全压是气体在管道中流动具有的总能量。三者的关系为

$$P_t = P_s + P_v$$

因此,只要测出三项中的任意两项,即可求出第三项。

(一)测定压力的装置及仪器

烟气压力测定装置包括皮托管和压力计。

1.皮托管

常用的皮托管有两种,即标准皮托管和 S 形皮托管。它们都可同时测出全压和静压。

标准皮托管(图5.5)是一个具有90°弯管的双层同心不锈钢管,有测定全压 P_t 和静压 P_s 的接口。测量时,进气管口朝向烟气流动方向。标准皮托管具有较高的精度,其校正系数近似为1,但由于测孔小,易被烟尘堵塞,因此只适用于测量含尘量少的烟气压力,或作校正其他皮托管使用。

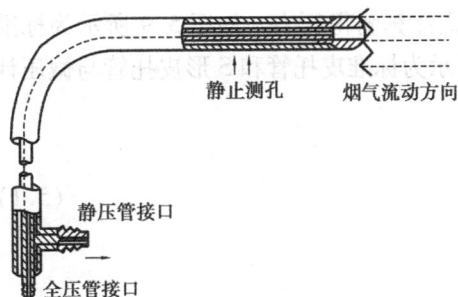

图5.5　标准皮托管　　　　　图5.6　S 形皮托管

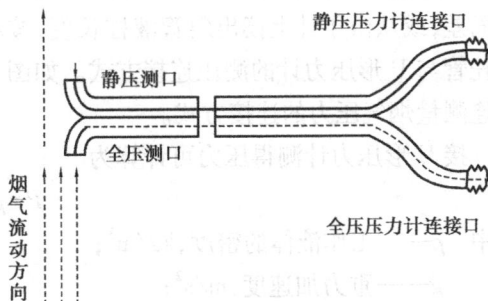

S 形皮托管(图5.6)由两根同样的不锈钢管组成。其测量端有两个大小相等、方向相反的开口。测量时,一个管口正对气流承受烟气的全压,另一个背向气流承受气体的静压。由于绕流的影响,背向气流开口所测得的静压比实际值更小。因此,S 形皮托管在使用前要用

标准皮托管进行校正。因开口较大,故适用于测烟尘含量较高的烟气压力。

2.压力计

压力计有多种形式,常用的压力计有 U 形压力计和倾斜式微压计。U 形压力计(图 5.7)是一个内装工作液体(水、酒精或汞)的 U 形玻璃管。使用时,将两端或一端与测压管系统连接,可同时测全压和静压,但误差较大,不适宜测量微小压力,其最小分压值不得大于 10 Pa。

倾斜式微压计的构造如图 5.8 所示。其一端为面积较大的容器,另一端为截面积较小的玻璃管,内装工作液体(酒精或汞),用于微小压力的测量,只能测动压,精度不低于 2%。

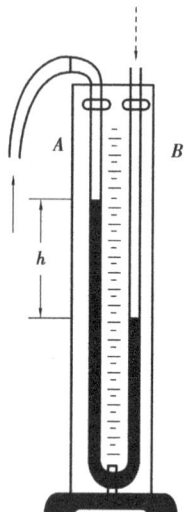

图 5.7　U 形压力计

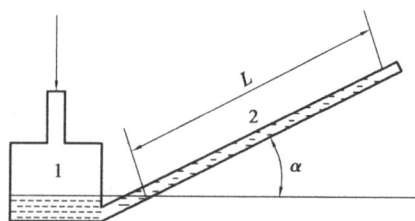

图 5.8　倾斜式微压计示意图
1—容器;2—玻璃管

(二)测压方法

首先把仪器调整到水平状态,检查液柱内是否有气泡,并将液面调至零点;然后将皮托管与压力计连接,把测压管的测压口伸进烟道内测点上,并对准气流方向,从 U 形压力计上读出液面差,或从微压计上读出斜管液柱长度,按相应公式计算测得压力。如图 5.9 所示为标准皮托管与 U 形压力计的测压连接方式。如图 5.10 所示为标准皮托管和 S 形皮托管与微压计相连测量烟气压力的连接方式。

按 U 形压力计测得压力可计算为

$$P = \rho \times g \times h \tag{5.1}$$

式中　ρ——工作液体的密度,kg/m^3;

　　　g——重力加速度,m/s^2;

　　　h——U 形压力计两液面高度差,m。

按倾斜式微压计测得压力可计算为

$$P = L \times \left(\sin \alpha + \frac{f}{F} \right) \times \rho \times g \tag{5.2}$$

式中　L——斜管内液柱长度,m;

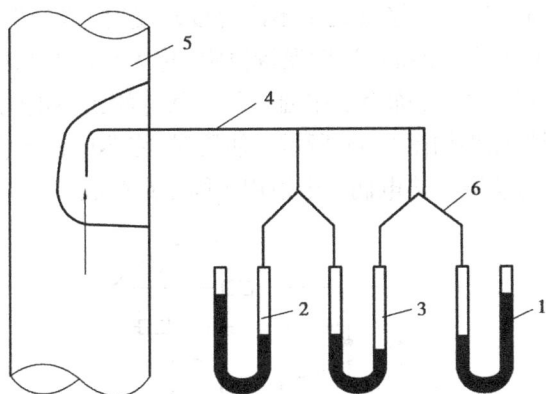

图 5.9　标准皮托管与 U 形压力计的测压连接方法
1—测全压;2—测静压;3—测动压;4—皮托管;5—烟道;6—橡皮管

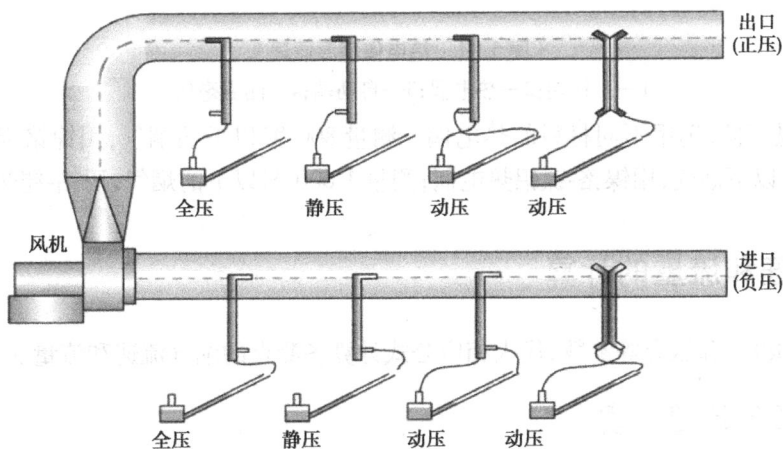

图 5.10　标准皮托管和 S 形皮托管与微压计相连测压连接方法

a——斜臂与水平面夹角,(°);

f——斜管截面积,mm^2;

F——容器截面积,mm^2。

其他符号含义同式(5.1)。

二、温度的测定

(一)玻璃水银温度计

玻璃水银温度计适用于直径小、温度不高的烟道。测量时,应将温度计水银球部放在靠近烟道中心位置,5 min 后即可读数。注意读数时,不要将温度计抽出烟道外。

(二)热电偶测温毫伏计

热电偶测温毫伏计也称电阻温度计,适用于直径大、温度高的烟道。测温原理是将两根不同的金属线连成闭合回路,当两接点处于不同温度环境时,便产生热电势,两接点温差越大,热电势越大。如果热电偶一个接点温度保持恒定(称为自由端),则热电偶的热电势大小便完全决定于另一个接点的温度(称为工作端),用毫伏计测出热电偶的热电势,可得知工作端所处的环境温度。测量原理如图5.11所示。使用时,将热电偶工作端插入烟道中心位置附近,等指针稳定时,方可读数。热电偶一般适用于固定点测温。

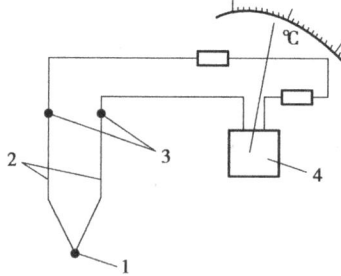

图 5.11   热电偶测温原理

1—工作端;2—热电偶;3—自动端;4—测温毫伏计

根据测温高低,选用不同材料的热电偶。测量 800 ℃ 以下的烟气,用镍铬-康铜热电偶;测量 1 300 ℃ 以下烟气,用镍铬-镍铝热电偶;测量 1 600 ℃ 以下的烟气,用铂-铑热电偶。

三、流速和流量的计算

把测得的温度和压力等参数,代入相应公式计算各测点的烟气流速和流量。

(一)烟气流速计算

在测出烟气的温度、压力等参数后,计算各测点的烟气流速 v_s 为

$$v_s = K_p \times \sqrt{\frac{2P_v}{\rho}} \qquad (5.3)$$

式中 v_s——烟气流速,m/s;

K_p——皮托管校正系数;

P_v——烟气动压,Pa;

ρ——烟气密度,kg/m³。

烟道断面上各测点烟气平均流速可计算为

$$\bar{v}_s = \frac{v_1 + v_2 + \cdots + v_n}{n} \qquad (5.4)$$

(二)烟气流量计算

烟气流量可计算为

$$Q_s = 3\ 600\bar{v}_s S \qquad (5.5)$$

式中 Q_s——烟气流量,m³/h;

S——测定断面面积,m^2。

标准状态下干烟气流量可计算为

$$Q_{sn}=Q_s\times(1-X_w)\times\frac{P_a+P_s}{101\ 325}\times\frac{273}{273+t_s}\qquad(5.6)$$

式中 Q_{sn}——标准状态下干烟气流量,m^3/h;

$\quad\quad P_s$——烟气静压,Pa;

$\quad\quad P_a$——空气压,Pa;

$\quad\quad X_w$——烟气含湿量体积分数,%;

$\quad\quad t_s$——烟气温度,℃。

➤ 同步练习

一、填空题

1.烟道气监测采样系统由_____装置、_____装置、_____装置、_____装置及_____装置等组成。

2.烟气压力分为_____、_____和_____。

3.测定烟气压力的装置包括_____和_____。

二、选择题

1.U形压力计可同时测全压和静压,但误差较大,不适宜测量微小压力,其最小分压值不得大于( )Pa。

A.10　　　　　　B.20　　　　　　C.40　　　　　　D.50

2.标准皮托管的校正系数近似为( )。

A.0.8　　　　　　B.1　　　　　　C.1.2　　　　　　D.1.5

三、判断题

1.全压、动压和静压都是正值。 ( )

2.S形皮托管适用于烟尘浓度较大的情况采样。 ( )

3.标准皮托管适用于任何情况下的烟气压力的测定,还可作校正其他皮托管使用。 ( )

4.烟气的体积可根据采样流量和采样时间来计算。 ( )

5.只要计算出烟气温度和压力,其他参数都可计算得出。 ( )

四、简答题

1.烟道气监测的基本参数有哪些?测定基本参数的目的是什么?

2.简述标准皮托管和S形皮托管的特点。通常使用什么类型的皮托管?

3.如何进行烟气压力的测定?

单元三　烟气中主要成分的测量

➤ 问题导读

　　燃烧产生烟气中的成分多而复杂,主要组分有 N_2、O_2、CO_2 及水蒸气等,特别是氧含量的测定,能判断燃烧状态和燃烧工况,对提高燃煤锅炉利用率有很重要的指导意义。除水蒸气外的各种成分可采用奥氏气体分析仪吸收法和仪器分析法测定。

一、采样

　　由于气态、蒸气态分子在烟道内分布均匀,不需要多点采样,烟道内任何一点的气样都具有代表性。采样时,可取靠近烟道中心的一点作为采样点。烟气采样装置需设置烟尘过滤器(在采样管头部安装阻挡尘粒的滤料)、保温和加热装置(防止烟气中的水分在采样管中冷凝,使待测污染物溶于水中产生误差)、除湿器。为防止腐蚀,采样管多采用不锈钢制作。分析所需气量较少时,可利用注射器烟气采样装置采样,如图 5.12 所示。

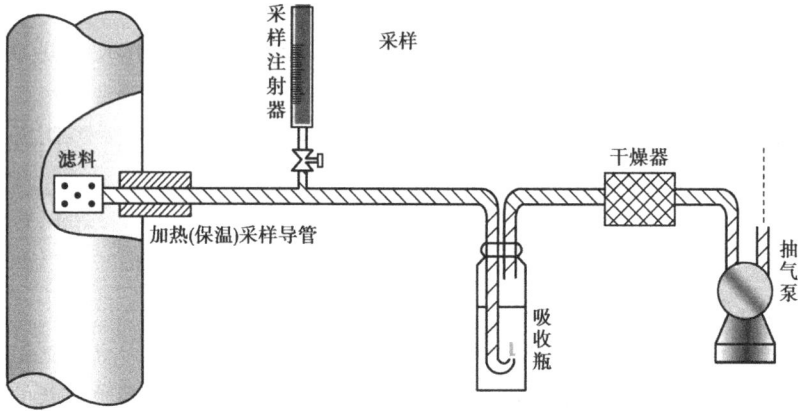

图 5.12　注射器烟气采样装置

二、主要气体组分的测定

　　烟气中主要气体组分为 N_2、O_2、CO_2、CO 及和水蒸气等,可采用奥氏气体分析仪吸收法和仪器分析法测定。

　　奥氏气体分析仪吸收法的方法原理如下:采用不同的气体吸收液对烟气中的不同组分进行吸收,根据吸收前后烟气体积的变化,计算待测组分的含量。奥氏气体分析仪如图 5.13 所示。它是一套测量气体被吸收前后体积变化的装置。

　　该装置中有一个量气管和若干个吸收瓶,吸收瓶中分别装有吸收 CO_2 的 KOH 溶液,吸收 O_2 的焦性没食子酸(邻苯三酚)溶液,吸收 CO 的 $[Cu(NH_3)_2]^-$ 溶液。测定时,按 CO_2、O_2、CO

的顺序分别进行吸收,并由量气管测出气体的总体积和每次吸收前后烟气体积的变化,可计算出各组分的含量,即

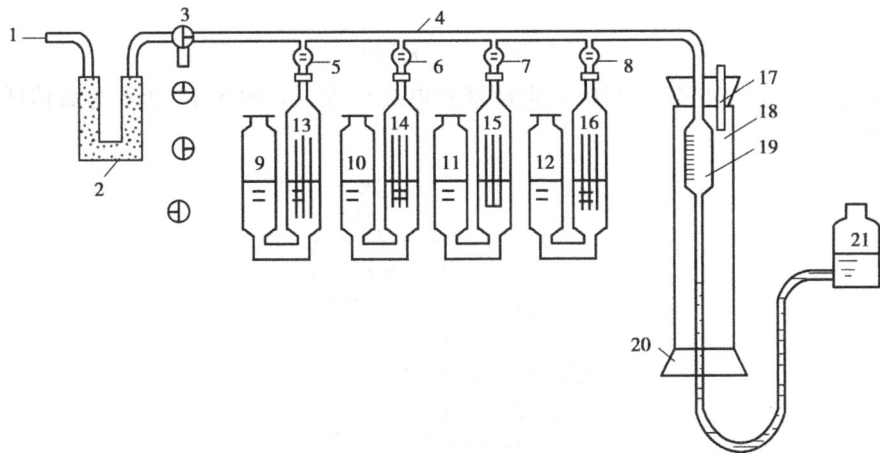

图5.13 奥氏气体分析仪

1—进气管;2—干燥器;3—三通旋塞;4—梳形管;5,6,7,8—旋塞;9,10,11,12—缓冲瓶;
13,14,15,16—吸收瓶;17—温度计;18—水套管;19—量气管;20—胶塞;21—水准瓶

$$C_i = \frac{V_1 - V_2}{V} \times 100\% \tag{5.7}$$

式中 V_1、V_2——吸收 i 组分前后的体积;

V——测定气样体积。

CO_2、O_2、CO 被吸收测定后,剩余的主要是 N_2,所以还可计算出 N_2 的含量。

奥氏气体分析仪法也存在干扰。例如,KOH 除吸收 CO_2,还吸收 SO_2、H_2S 等;$[Cu(NH_3)_2]^-$溶液除吸收 CO,还吸收乙烯等。但在烟气中,SO_2 等含量远小于烟气的主要组分。因此,SO_2 等气体的干扰可忽略不计,但在测定时,一定要按上述顺序进行吸收,否则将会产生很大的误差。

三、氧含量测定

烟气含氧量是烟气主要成分之一。除了上述用奥氏气体分析仪测定氧含量外,烟气氧含量分析还有电化学法(如定电位电解法、氧化锆法)、物理分析法(如磁性测氧法)等,这里介绍定电位电解法。

被测气体中的氧气,通过传感器半透膜充分扩散进入铅镍合金-空气电池内。经电化学反应产生电能,其电流大小遵循法拉第定律,与参加反应的氧原子摩尔数成正比,放电形成的电流经过负载形成电压,测量负载上的电压大小得到氧含量数值。传感器工作时的化学反应如下

阴极

$$O_2 + 2H_2O + 4e^- \longrightarrow 4OH^-$$

阳极
$$2Pb+4OH^- \longrightarrow 2PbO+2H_2O+4e^-$$
总反应
$$2Pb+O_2 \longrightarrow 2PbO$$

定电位电解传感器主要由电解槽、电解液和电极组成。如图 5.14 所示为氧传感器工作原理示意图。

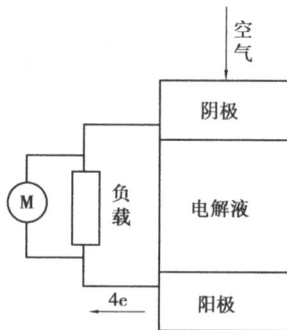

空气

阴极

负载 电解液

M

4e 阳极

图 5.14　氧传感器工作原理示意图

测试时，按仪器使用说明书的要求连接气路，并对气路系统进行漏气检查，开启仪器气泵。当仪器自检完毕，表明工作正常后，将采样管置入被测烟道中心或靠近中心处，待 3 min 后读取稳定的氧含量数据。

测试结果应以质量浓度表示。如果仪器显示值以 $\times 10^{-6}$ 表示浓度，应将其换算为标准状态下的质量浓度，即

$$氧(O_2, mg/m^3) = 1.67 \times 10^{-6} \tag{5.8}$$

> **同步练习**

一、填空题

1. 烟气中气体成分测定时，采样装置需设置＿＿＿＿、＿＿＿＿和＿＿＿＿。

2. 奥氏气体分析仪有若干吸收瓶用来吸收各种气体，装有 KOH 溶液的吸收瓶吸收＿＿＿＿，装有焦性没食子酸(邻苯三酚)溶液的吸收瓶吸收＿＿＿＿，装有 $[Cu(NH_3)_2]^-$ 溶液的吸收瓶吸收＿＿＿＿。

3. 定电位电解传感器主要由＿＿＿＿、＿＿＿＿和＿＿＿＿组成。

二、选择题

1. 奥氏气体分析仪可分析烟气中的(　　)成分。

A. N_2　　　　　B. O_2　　　　　C. CO_2　　　　　D. 水蒸气

2. 奥氏气体分析仪法也存在干扰，KOH 溶液除吸收 CO_2，还吸收(　　)等。

A. SO_2　　　　　B. H_2S　　　　　C. CH_4　　　　　D. C_2H_4

三、判断题

1. 奥氏气体分析仪吸收法可测定烟气中所有成分的含量。　　　　　　　　　　（　　）

2. 进行烟气成分测定，分析所需气量较少时，也可用注射器采样。　　　　　　（　　）

3.测定氧含量除了用奥氏气体分析仪,还可用定电位电解法。　　　　（　）

4.奥氏气体分析仪测定烟气中各成分时,吸收顺序可任意进行。　　　　（　）

四、简答题

1.烟气中氧含量的分析方法有哪些?

2.简述奥氏气体分析仪吸收烟气中各种成分的方法原理。

单元四　烟气中含湿量的测定

> ## 问题导读

烟气中的水蒸气含量较高,变化范围较大。为便于比较,在污染源统一监测分析方法中规定,以除去水蒸气后标准状态下的干烟气为基准表示烟气中有害物质的测定结果。烟气中水蒸气的测定方法有重量法、冷凝法和干湿球法等。

一、重量法

从烟道采样点抽取一定体积的烟气,使之通过装有吸湿剂的吸湿管,则烟气中的水蒸气被吸湿剂吸收,吸湿管的增重即为所采烟气中的水蒸气质量,然后代入公式计算含湿量。

重量法的测量装置如图 5.15 所示。采气管由硬质玻璃或合金制成;过滤器装在采气管伸入的一端,作用是防止烟尘混入;保温或加热装置是为了防止水蒸气冷凝所造成的误差。吸湿管为 M 形管,由硬质玻璃制成,内装吸湿剂类型有 $CaCl_2$、CaO、Al_2O_3、P_2O_5、硅胶、过氯酸镁等。选择吸湿剂的原则是吸湿剂只吸收烟气中的水蒸气,而不吸收其他气体,对以 O_2、N_2、CO、SO_2、CO_2 为主的烟气采用 $CaCl_2$ 或 P_2O_5 为宜。

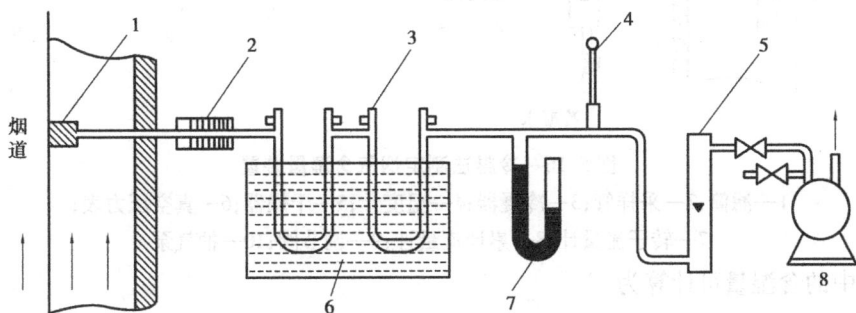

图 5.15　重量法测定烟气含湿量装置

1—过滤器;2—保温或加热器;3—吸湿管;4—温度计;5—流量计;
6—冷却器;7—U 形压力计;8—抽气泵

测量时,将颗粒状吸湿剂装入 M 形管中(吸湿剂上面要填充少量的玻璃棉,防止吸湿剂溅出),在天平上称其质量,连接好装置,开动抽气泵采样,采样后记录 P、Q 等参数,再称吸湿管的质量。

烟气的含湿量可计算为

$$X_w = \frac{1.24 G_m}{V_d \times \dfrac{273}{273+t_r} \times \dfrac{P_a+P_r}{101.325} + 1.24 G_m} \times 100\% \qquad (5.9)$$

式中　X_w——烟气中水蒸气的体积百分数(含湿量);

　　　P_r——流量计前烟气表压,kPa;

　　　P_a——空气压,kPa;

　　　V_d——测量状态下抽取干烟气的体积,L;

　　　t_r——流量计前烟气温度,℃;

　　　G_m——吸湿管采样后增重,g;

　　　1.24——标准状态下 1g 水蒸气的体积,L/g。

二、冷凝法

从烟道采样点抽取一定量的气体,通过冷凝器,测定烟气通过冷凝器前后所得到的冷凝水的质量;同时,测定通过冷凝器后烟气的温度,查出该温度下气体的饱和蒸气压,计算出从冷凝器出口排出烟气中的含水量。冷凝水质量与冷凝器出口排出烟气中的含水量之和,即为烟气中水蒸气的含量。

冷凝法测定烟气中水蒸气的装置如图 5.16 所示。

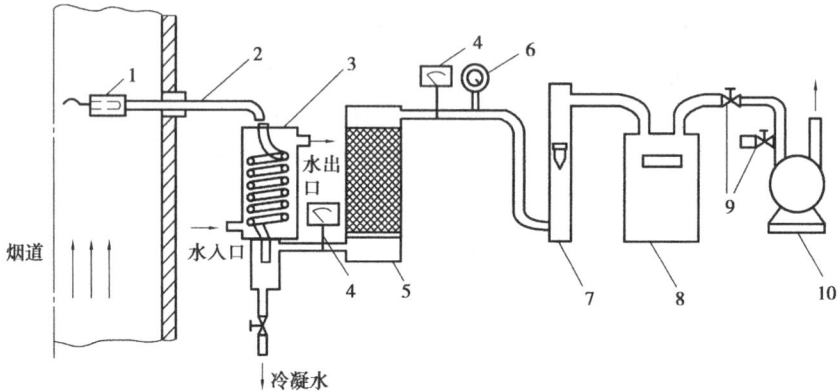

图 5.16　冷凝法测定烟气含湿量装置

1—滤筒;2—采样管;3—冷凝器;4—温度计;5—干燥器;6—真空压力表;

7—转子流量计;8—累计流量计;9—调节阀;10—抽气泵

烟气中的含湿量可计算为

$$X_w = \frac{1.24 G_w + V_s \times \dfrac{P_z}{P_a+P_r} \times \dfrac{273}{273+t_r} \times \dfrac{P_a+P_r}{101.325}}{V_s \times \dfrac{273}{273+t_r} \times \dfrac{P_a+P_r}{101.325} + 1.24 G_w} \times 100\% \qquad (5.10)$$

式中　G_w——冷凝器中冷凝水质量,g;

　　　P_z——冷凝器出口烟气中饱和水蒸气压,kPa,可根据冷凝器出口气体温度 t_r 查"不同温度下水的饱和蒸气压"得知;

　　　V_s——测量状态下抽取烟气的体积,L。

其他符号含义同式(5.9)。

三、干湿球法

气体在一定流速下经干湿球温度计,根据干湿球温度计读数及有关压力,计算排气中水分含量。

> **同步练习**

一、填空题

1. 烟气中含湿量的测定方法有_____、_____和_____。

2. 重量法测量烟气中含湿量时,对以 O_2、N_2、CO、SO_2、CO_2 为主的烟气,吸湿管内装吸湿剂一般以_____或_____为宜。

二、简答题

1. 简述重量法测量烟气中含湿量的方法原理。

2. 为什么要对烟气含湿量进行测定?

单元五　烟气中有害组分的测定

> **问题导读**

烟气中有害组分可分为烟尘和气态污染物。后者主要为碳氧化物、氮氧化物、硫氧化物、硫化氢、苯、挥发物、氟化物、汞等。这些污染物的含量因净化效果的不同而有很大的差异。因此,其测定方法的选择根据有害组分的含量而定。分析方法也要根据待测物的含量确定。当含量较低时,可选用空气中分子态污染物质的测定方法;含量较高时,多选用化学分析法。

一、烟气中有害气体的测定

(一)采样方法

烟气中有害气体种类较多,一般是通过采样管将样品抽到装有吸收液的吸收瓶或装有固体吸收剂的吸收管累积采样,也可用真空瓶、注射器或采气袋直接采样,样品溶液或气态样品经化学分析或仪器分析测定污染物含量。

(二)分析测定方法

分析测定方法根据待测物的含量确定。当含量较低时,选用空气中分子态污染物质的测定方法;含量较高时,多选用化学分析法,如烟气中高浓度 SO_2 可用碘量法测定。表5.4列出了《空气和废气监测分析方法》中推荐的部分有害组分的测定方法。

表5.4　烟气有害组分测定方法

组分	测定方法	测定范围/(mg·m⁻³)
CO	非分散红外吸收法	$60 \sim 1.5 \times 10^5$
SO₂	甲醛吸收-盐酸副玫瑰苯胺分光光度法	$2.5 \sim 500$
	碘量法	$100 \sim 6\,000$
	定电位电解法	$15 \sim 11\,440$
NO_x	盐酸萘乙二胺分光光度法	$2.4 \sim 280$
	紫外分光光度法	$34 \sim 1\,730$
	定电位电解法	$1.34 \sim 5\,360$
氯化氢	硫氰酸汞分光光度法	$3.0 \sim 24$
	硝酸银容量法	>40
硫酸雾	铬酸钡分光光度法	$5 \sim 120$
	离子色谱法	$0.3 \sim 500$
氟化物	离子选择电极法	$1 \sim 1\,000$
	氟试剂分光光度法	$0.1 \sim 50$
氯气	甲基橙分光光度法	$0.52 \sim 200$
	碘量法	>35
氰化氢	异烟酸-吡唑啉酮分光光度法	$0.29 \sim 8.8$
光气	苯胺紫外分光光度法	$1.2 \sim 20$
	碘量法	$50 \sim 25\,000$
沥青烟	重量法	$17.0 \sim 2000$
硫化氢	气相色谱法	$0.000\,2 \sim 0.001$
铅及其化合物	火焰原子吸收分光光度法	$0.05 \sim 50$
	石墨炉原子吸收分光光度法	$0.000\,025 \sim 0.000\,25$
汞及其化合物	冷原子吸收分光光度法	$0.01 \sim 30$
	原子荧光分光光度法	$\geqslant 0.000\,003$
镉及其化合物	火焰原子吸收分光光度法	$0.000\,05 \sim 0.001$
	石墨炉原子吸收分光光度法	$0.5 \times 10^{-6} \sim 10 \times 10^{-6}$
	对-偶氮苯重氮氨基偶氮苯磺酸分光光度法	$\geqslant 0.000\,1$
铬酸雾	二苯基碳酰二肼分光光度法	$0.001\,8 \sim 30.3$
砷及其化合物	新银盐分光光度法	$1 \times 10^{-5} \sim 3 \times 10^{-4}$
	二乙氨基二硫代甲酸银光度法	$3.5 \times 10^{-5} \sim 2.5 \times 10^{-3}$
	原子荧光分光光度法	$\geqslant 3 \times 10^{-6}$

二、烟尘浓度的测定

烟尘浓度的测定方法有过滤称重法、光电透射法、β 射线吸收法及林格曼烟气黑度图法。在此介绍过滤称重法和林格曼烟气黑度图法。

(一)过滤称重法

抽取一定体积烟气通过已知质量的捕尘装置(如滤筒),根据捕尘装置采样前后的质量差和采样体积计算烟尘的浓度。

1.烟尘样品采集

烟尘采样管必须能耐高温和耐腐蚀,常见的有玻璃纤维滤筒采样管和刚玉滤筒采样管(图 5.17)。前者适用于 400 ℃以下,后者适用于 850 ℃以下。采样管的头部装有采样嘴,为了不致扰动进气口内外的气流,采样嘴的前端都做成锐角形,夹持在采样管中的滤筒就是采集烟尘的捕集器。

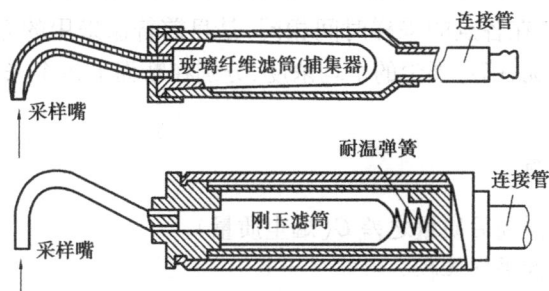

图 5.17　烟尘采样管

2.等速采样法

烟道内粉尘分布是不均匀的,为了测出具有代表性的粉尘浓度,监测时必须注意两点:一是多点采样计算平均值确定烟尘浓度;二是必须采用等速采样。控制烟气进入采样嘴的速度与采样点烟气流速相等时进行采样,这种方法称为等速采样法。采样时,将烟尘采样管插入烟道中,使采样嘴置于测点上,正对气流,当采样嘴吸气速度与测点处烟气流速相同时抽取气样,如图 5.18 所示。

等速采样时维持等速的方法很多,见表 5.5。可根据不同测量情况选用其中一种方法。

表 5.5　不同等速采样法的适用条件

采样方法	适用条件
普通型采样管法 (预测流速法)	适用于工况比较稳定的污染源采样,尤其是在烟道气流流速低、高温、高湿、高粉尘浓度的情况下,均有较好的适应性
皮托管平行测速采样法	当工况发生变化时,可根据所测得的流速等参数值,及时调节采样流量,保证颗粒物的等速采样条件
动压平衡型等速采样管法	工况发生变化时,它通过双联倾斜式微压计的指示,可及时调节采样流量,保证等速采样条件
静压平衡型等速采样管法	用于测量低含尘浓度的排放源,操作简单方便

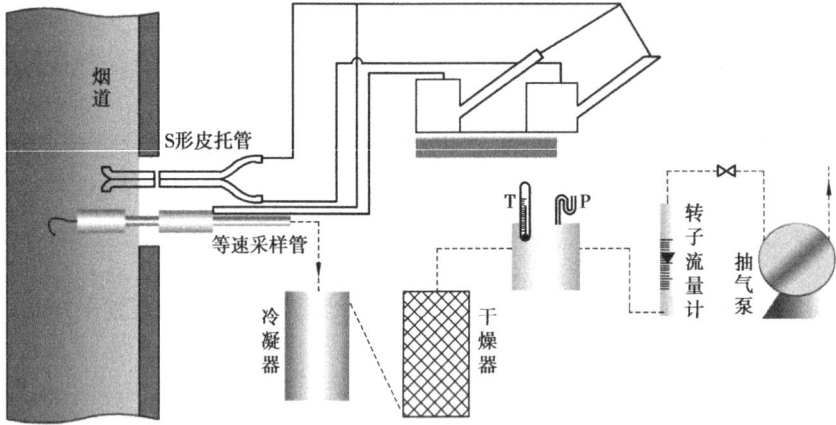

图 5.18　动压平衡型等速管法采样装置

3. 移动采样和定点采样

移动采样是为了测定烟道断面上烟气中烟尘的平均浓度,用同一个尘粒捕集器在已确定的各采样点上移动采样,在各点的采样时间相同,是目前普遍采用的方法。定点采样是为了了解烟道内烟尘的分布状况,确定烟尘的平均浓度,分别在断面上每个采样点采样,即每个采样点采集一个样品。

4. 烟尘浓度的计算

①计算采样滤筒采样前后质量之差 G(烟尘质量)。

②计算标准状态下的采样体积。

在采样装置流量计前装有冷凝器和干燥器的情况下,干烟气的采样体积可计算为

$$V_{nd} = 0.27 \times Q' \sqrt{\frac{P_a + P_r}{M_{sd} \times (273 + t_r)}} \times t \tag{5.11}$$

式中　V_{nd}——标准状态下干烟气体积,L;

　　　Q'——采样流量,L/min;

　　　M_{sd}——干烟气气体相对分子质量,kg/kmol;

　　　t_r——转子流量计前气体温度,℃;

　　　t——采样时间,min;

　　　P_a——空气压力,kPa;

　　　P_r——转子流量计前烟气表压,kPa。

当干烟气的气体分子量近似于空气时,V_{nd} 计算式可简化为

$$V_{nd} = 0.05 \times Q' \sqrt{\frac{P_a + P_r}{273 + t_r}} \times t \tag{5.12}$$

③烟尘浓度计算。

移动采样时,烟尘浓度可计算为

$$\rho = \frac{G}{V_{nd}} \times 10^6 \tag{5.13}$$

式中 ρ——烟气中烟尘浓度,mg/m^3;

G——测得烟尘质量,g;

V_{nd}——标准状态下干烟气体积,L。

定点采样时,烟尘浓度可计算为

$$\bar{\rho}=\frac{\rho_1 v_1 S_1+\rho_2 v_2 S_2+\cdots+\rho_n v_n S_n}{v_1 S_1+v_2 S_2+\cdots+v_n S_n} \tag{5.14}$$

式中 $\bar{\rho}$——烟气中烟尘平均浓度,mg/m^3;

$v_1,v_2,\cdots,v_n$——各采样点烟气流速,m/s;

$\rho_1,\rho_2,\cdots,\rho_n$——各采样点烟气中烟尘浓度,$mg/m^3$;

$S_1,S_2,\cdots,S_n$——各采样点所代表的截面积,m^2。

应当注意的是,尘粒在烟道中的分布是不均匀的。因此,在报告烟尘浓度的测定结果时,应取测定断面上各点烟尘浓度的平均值。

5.烟气污染物基准含氧量排放浓度折算方法

实测的锅炉颗粒物、二氧化硫、氮氧化物、汞及其化合物等的排放浓度,应折算为基准氧含量排放浓度,并以此作为判断排放是否达标的依据,即

$$\rho=\rho'\times\frac{21-\varphi_{O_2}}{21-\varphi'_{O_2}} \tag{5.15}$$

式中 ρ——空气污染物基准氧含量排放浓度,mg/m^3;

ρ'——实测的空气污染物排放浓度,mg/m^3;

φ'_{O_2}——实测的氧含量;

φ_{O_2}——基准氧含量,按国家标准的规定执行,见表5.6。

表5.6 国家标准规定的基准含氧量

标准名称	标准号	设备类型	基准氧含量/%
火电厂大气污染物排放标准	GB 13223—2011	燃煤锅炉	6
		燃油锅炉及燃气锅炉	3
		燃气轮机组	15
锅炉大气污染物排放标准	GB 13271—2014	燃煤锅炉	9
		燃油、燃气锅炉	3.5

(二)林格曼烟气黑度图法

林格曼烟气黑度图法是林格曼在19世纪末提出的方法,是将排放源出口烟尘浓度与某一标准浓度进行比较,凭视觉判断烟尘浓度的测定方法。较为普及的标准浓度规格为林格曼烟尘浓度表。该表一般在14 cm×21 cm的白纸上描述一定比例的方格黑线图。白纸上黑条格在整个矩形面积上所占面积的百分数大致为0%、20%、40%、60%、80%、100%,由此将烟尘浓度相应分为0～5级(图5.19)。观测时,将林格曼烟气黑度图置于观察者与烟囱之间(图5.20),观察者距烟囱约40 m,距林格曼烟气黑度图约15 m,将观测到的烟囱出口处的烟

气黑度与林格曼烟气黑度图比较,可读出烟尘的浓度。烟尘浓度与林格曼烟气黑度图之间的关系见表5.7。

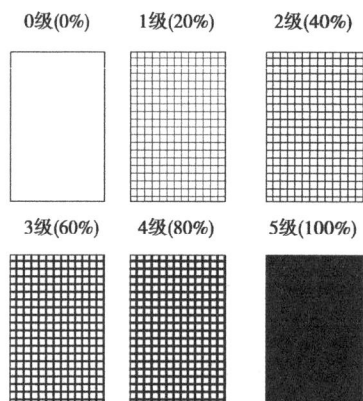

图5.19   林格曼烟气黑度示意图

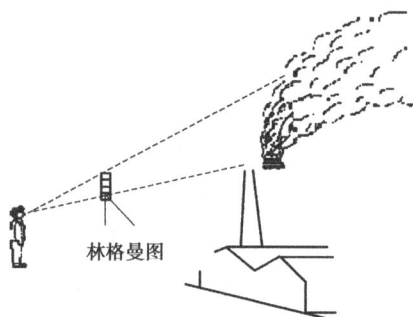

图5.20   观测烟气示意图

表5.7   林格曼烟气黑度煤烟浓度与烟气中的烟尘浓度关系

黑条格面积占总面积百分数/%	林格曼烟气黑度级数	烟气外观特点	相当于烟气中含尘量 /($g \cdot m^{-3}$)
0	0	全白	0
20	1	微灰	0.25
40	2	灰	0.70
60	3	深灰	1.20
80	4	灰黑	2.30
100	5	全黑	4.0~5.0

由于烟气的视觉黑度是反射光作用,它不仅取决于烟气本身的黑度,同时还与天空的均匀性和亮度、风速和烟囱的直径大小、形状及观察时照射光线的角度有关,而且视觉黑度与尘粒中有害物质的含量之间的关系难以找到精确对应关系。因此,这种方法不能取代其他的测定方法,但因这一方法简单易行,成本低廉,故在许多国家被列为常用的烟尘浓度监测方法之一,我国也将其列为固定污染源烟气监测内容之一。

▶ **同步练习**

一、填空题

1.定点采样是指_____。

2.移动采样是指_____。

3.烟气中有害组分可分为烟尘和气态污染物,后者主要有_____。

4.烟气中有害成分的分析方法要根据待测物的含量确定。当含量较低时,可选用_____的测定方法;含量较高时,多选用_____。

5.常见的烟尘采样管有_____采样管和_____采样管。

6.实测的锅炉_____、_____、_____及_____等的排放浓度,应折算为基准氧含量排放浓度。

二、判断题

1.测定烟尘浓度时必须等速采样,而测定烟气浓度时无须等速采样。　　　　　(　　)

2.烟尘浓度在水平烟道和垂直烟道中的分布都是相同的。　　　　　　　　　(　　)

3.当烟道断面流速和固态污染物浓度分布不均匀时,通常采用多点采样法。　(　　)

4.烟尘采样时,应在排气筒水平烟道上优先选择采样点,因为这样比较方便。　(　　)

5.玻璃纤维滤筒采样管比刚玉滤筒采样管耐高温。　　　　　　　　　　　　(　　)

三、简答题

1.什么是等速采样? 测定烟尘浓度时,为什么要采用等速采样法?

2.简述林格曼黑度法测定烟尘浓度的方法原理。

3.简述不同烟尘采样方法的适应条件。

任务一　固定污染源烟气黑度的测定

> 【学习目标】
> ①了解烟气黑度的含义和测定意义。
> ②掌握林格曼烟气黑度图法测定烟气中烟尘含量的方法和原理。
> ③能正确用林格曼烟气黑度图法测定烟气中烟尘含量。
> ④具有环保意识和节约意识,培养保护环境空气的使命感。
> ⑤具备认真负责、科学严谨、实事求是、团结协作的精神。

一、基本知识

1.指标含义及测定意义

烟气黑度是以人的感官对烟气的反应强弱作为控制指标的。尽管用林格曼烟气黑度图法可根据烟气的视觉黑度进行监测,但很难确定烟气的视觉黑度与其中有害物质含量之间的精确对应关系,也不能取代污染物排放量和排放浓度的实际监测。但是,测定烟气黑度的方法简便易行,成本低廉,是一种很适合的燃煤烟气监测手段。

2.测定方法及原理

（1）测定方法

根据使用的测量装置和仪器不同,所使用的测量方法也不一样。测定烟气黑度的方法有林格曼烟气黑度图法、测烟望远镜法和光电测烟仪法。《固定污染源排放烟气黑度的测定 林格曼烟气黑度图法》(HJ/T 398—2007)适用于固定污染源排放的灰色或黑色烟气在排放口处黑度的监测,不适用于其他颜色烟气的监测。

（2）测定原理

煤烟中的烟尘含量与煤烟黑度成正比。把林格曼烟气黑度图放在适当的位置上，由具有资质的观察者目视观察，把林格曼烟气黑度图同烟囱排放的烟气进行黑度比较，确定林格曼烟气黑度级数，测定固定污染源排放烟气的黑度，从而了解排放烟气中的烟尘含量。

3.仪器及设备

①林格曼烟气黑度图（图5.19）。
②烟气黑度图支架。
③计时器（或秒表），精度1 s。
④风向、风速测定仪。

二、实训操作

1.选定观测位置

①在白天进行观测，观察者与烟囱的距离应足以保证对烟气排放情况的清晰观察。把林格曼烟气黑度图安置在固定支架上，图片面向观察者，尽可能使图位于观察者至烟囱顶部的连线上，并使图与烟气有相似的天空背景。图距观察者应有足够的距离，以使图上的线条看起来融合在一起，从而使每个方块有均匀的黑度，对绝大多数观察者这一距离约为15 m。

②观察者的视线应尽量与烟羽飘动的方向垂直。观察烟气的仰视角不应太大，一般情况下不宜大于45°，尽量避免在过于陡峭的角度下观察（图5.20）。

③观察烟气黑度力求在比较均匀的天空光照下进行。如果在太阳光照射下观察，应尽量使照射光线与视线成直角，光线不应来自观察者的前方或后方。雨雪天、雾天及风速大于4.5 m/s时，不应进行观察。

2.观测

①观察烟气的部位应选择在烟气黑度最大的地方，该部位应没有冷凝水蒸气存在。观察时，将烟囱排出烟气的黑度与林格曼烟气黑度图进行比较，记录下烟气的林格曼级数。如烟气黑度处于两个林格曼级之间，可估计一个0.5或0.25林格曼级数。每分钟观测4次，观察者不宜一直盯着烟气观测，而应看几秒后停几秒，每次观测（包括观看和间歇时间）约15 s，连续观测烟气黑度的时间不少于30 min。

②观察混有冷凝水汽的烟气，当烟囱出口处的烟气中有可见的冷凝水汽存在时，应选择在离开烟囱口一段距离看不到水汽的部位观察。

③观察含有水蒸气的烟气，当烟气中的水蒸气在离开烟囱出口的一段距离后，冷凝并且变为可见。这时，应选择在烟囱口附近水蒸气尚未形成可见的冷凝水汽的部位观察。

④观察烟气宜在比较均匀的天空照明下进行，如在阴天的情况下观测，由于天空背景较暗，读数时应根据经验取稍偏低的级数（减去0.25级或0.5级）。

3. 记录

（1）现场情况记录

观察者应按现场观测数据记录表格的要求，填写观测日期、被测单位、设备名称、净化设施等内容，并将烟囱距观测点的距离、烟囱位于观测点的方向、风向和风速、天气状况以及烟羽背景的情况逐一填入表内。

（2）现场观测记录

烟气黑度的观测值，按"数据处理及结果表示②"的规定，每次观测 15 s 记录一个读数，填入观测记录表格，见表 5.8。每个读数都应反映 15 s 内黑度的平均值。连续观测烟气黑度 30 min，进行 120 次观测，记录 120 个读数①。

表 5.8　烟气黑度观测记录表

被测单位					观测日期	
设备名称					净化设施	
分	秒				观测点位置与观测条件	
	0	15	30	45		
0					烟囱距离＿＿＿＿ m;烟囱所在方向＿＿＿＿;	
1					烟囱高度＿＿＿＿ m;烟囱出口形状＿＿＿＿;	
2					风向＿＿＿＿;风速＿＿＿＿ m/s。	
3					天气状况：□晴朗 □少云 □多云 □阴天	
4					烟羽背景：□无云 □薄云 □白云 □灰云	
5					备注：	
烟气黑度(林格曼级)：						
6					观测值累计次数及时间	
7					观测开始时间：＿＿＿＿时＿＿＿＿分;	
8					观测结束时间：＿＿＿＿时＿＿＿＿分;	
9					5 级：＿＿＿＿次,累计时间＿＿＿＿ min;	
10					≥4 级：＿＿＿＿次,累计时间＿＿＿＿ min;	
11					≥3 级：＿＿＿＿次,累计时间＿＿＿＿ min;	
12					≥2 级：＿＿＿＿次,累计时间＿＿＿＿ min;	
13					≥1 级：＿＿＿＿次,累计时间＿＿＿＿ min;	
14					<1 级：＿＿＿＿次,累计时间＿＿＿＿ min。	
⋮						
烟气黑度(林格曼级)：						

观测人：　　　　　　　　　　　　　　校核人：

---

① 对烟气排放十分稳定的污染源，可酌情减少观测频次，每分钟观测 2 次，每 30 s 记录一个读数，连续观测 30 min，进行 60 次观测，记录 60 个读数。

4. 数据处理及结果表示

①按林格曼黑度级别将观测值分级,分别统计每一黑度级别出现的累计次数和时间。

②除在观测过程中出现 5 级林格曼黑度时,烟气黑度按 5 级计,不必继续观测外,其他情况都必须连续观测 30 min。分别统计每一黑度级别出现的累计时间,烟气黑度按 30 min 内出现累计时间超过 2 min 的最大林格曼黑度级计。

③按表 5.9 确定烟气黑度级数。

表 5.9 林格曼黑度级数确定原则

林格曼黑度级数	确定原则
5 级	30 min 内出现 5 级林格曼黑度时
4 级	30 min 内出现 4 级及以上林格曼黑度的累计时间超过 2 min
3 级	30 min 内出现 3 级及以上林格曼黑度的累计时间超过 2 min
2 级	30 min 内出现 2 级及以上林格曼黑度的累计时间超过 2 min
1 级	30 min 内出现 1 级及以上林格曼黑度的累计时间超过 2 min
<1 级	30 min 内出现小于 1 级林格曼黑度的累计时间超过 28 min

5. 注意事项

①应使用符合规范要求的林格曼烟气黑度图,并注意保持图面的整洁。在使用过程中,如果林格曼烟气黑度图被污损或褪色,应及时更换新的图片。

②凭视觉所鉴定的烟气黑度是反射光的作用。所观测到的烟气黑度读数,不仅取决于烟气本身的黑度,同时还与天空的均匀性和亮度、风速、烟囱的大小结构(出口断面的直径和形状)及观测时照射光线和角度有关。在现场观测时,对这些因素应充分注意。

③一般用林格曼烟气黑度图鉴定黑色烟气效果较好,对含有较多的水汽或其他结晶物质的白色烟气,效果较差。

④林格曼 0 级的白色图片可提供一个有关照明的指标,用于发现图上的任何遮阴、照明不均匀。它还可帮助发现图上的污点。

⑤在观测过程中,要认真做好观测记录,按要求填写记录表,计算观测结果。

⑥除排放标准另有规定或有特殊要求的监测外,一般污染源烟气黑度观测,应在生产设备和环保设施正常稳定运行的工况下进行。

三、技能训练

采用《固定污染源排放烟气黑度的测定 林格曼烟气黑度图法》(HJ/T 398—2007)测定某固定污染源烟尘浓度,结果参照环保部门公布的环境空气质量指数日报中 PM_{10} 或 $PM_{2.5}$ 的数据,同时完善下列内容。

①写出主要仪器设备。

②列出主要操作步骤。

③设计并绘制测定用观测记录表格和分析测定用数据表格。

④判定结果。

理论试题

任务二 固定污染源废气中颗粒物的测定

【学习目标】
①掌握重量法测定固定污染源废气中低浓度颗粒物的方法和原理。
②能规范使用烟尘采样器进行采样,能正确用重量法测定烟气中颗粒物的含量。
③能判断并解决测定结果的异常现象。
④能将理论与实践相结合,自主学习最新的国家标准和监测规范、方法标准,提高空气环境监测分析应用能力。
⑤具有环保意识和节约意识,测定过程中要节约使用试剂药品,要有保护环境空气的使命感。
⑥具备认真负责、科学严谨、实事求是、团结协作的精神。

一、基本知识

1.指标含义及测定意义

固定污染源排气中的颗粒物指的是燃料和其他物质在燃烧、合成、分解以及各种物料在机械处理中所产生的悬浮于排放气体中的固体和液体颗粒状物质。这是污染源监测中的常规指标,是污染源监测的主要任务之一。2017年底生态环境部发布了固定污染源排气中烟尘低浓度新标,这是对烟尘检测的一次巨大革新,直接决定了很多有组织排气筒烟尘采样必须执行新标准。

2.测定方法及原理

(1)测定方法

生态环境部和各地方政府发布的污染源排气中颗粒物的测定方法各有不同,《固定污染源废气 低浓度颗粒物的测定 重量法》(HJ 836—2017)适用于各类燃煤、燃油、燃气锅炉、工业窑炉、固定式燃气轮机以及其他固定污染源废气中颗粒物的测定,是测定固定污染源废气中低浓度颗粒物的重量法,适用于浓度不超过 50 mg/m³,若测定结果大于 50 mg/m³ 时,表述为">50 mg/m³"。当采样体积为 1m³ 时,方法检出限为 1.0 mg/m³。

(2)测定原理

采用烟道内过滤的方法,使用包含过滤介质的低浓度采样头,将颗粒物采样管由采样孔插入烟道中,利用等速采样原理抽取一定量的含颗粒物的废气,根据采样头上所捕集到的颗粒物量和同时抽取的废气体积,计算出废气中颗粒物浓度。

3.仪器及设备

(1)废气水分含量的测定装置

水分含量的测定有重量法、冷凝法和干湿球法,还有仪器法。本任务选择用重量法测定装置,如图 5.15 所示。

（2）废气温度、压力、流速的测定装置

可选用水银温度计或热电偶温度计。废气压力测定装置如图5.10所示，流速计算见式（5.3）、式（5.4）。

（3）废气颗粒物的采样装置

颗粒物采样装置由组合式采样管、冷却和干燥系统、抽气泵单元和气体计量系统以及连接管线组成。常见的采样管及采样头结构如下。

①采样管。采样管由耐腐蚀、耐热材料制造。有足够的强度和长度，并有刻度标志，以便在合适的点位上采样。组合式采样管示例图如图5.21所示。采样头由采样头固定装置上部装入，使用采样头压盖旋紧固定，当烟温超过260 ℃时，应采用金属密封垫圈。为保证在湿度较高、烟温较低的情况下正常采样，应选择具备加热采样头固定装置功能的采样管。为避免静电对采样器的影响，采样器应配有接地线。采样管部件孔径的任何变化均应平滑过渡，避免突变。

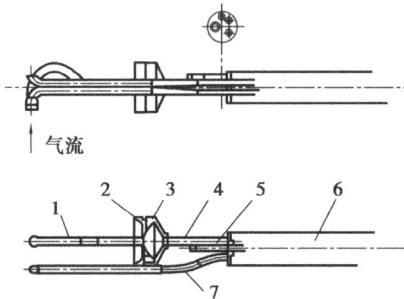

图5.21　组合式采样管示例图

1—采样头；2—采样头压盖；3—密封类垫圈；4—抽气管；
5—测温元件；6—保护套管；7—S形皮托管

②采样头。采样头由前弯管（含采样嘴）、滤膜、不锈钢托网及密封铝圈组成。前弯管应由钛或不锈钢等高强度材质制成，采样嘴的弯管半径大于等于内径1.5倍。前弯管、滤膜及不锈钢托网通过密封铝圈装配在一起。采样头上应有唯一编号，以保证采样的记录。采样头的前弯管表面应平滑，连接点应尽可能少，内表面应方便清洁。每个采样头在运输和存储过程中应单独存储，避免污染。

采样头在装配好后，整体应密封良好。采样头结构图如图5.22所示。

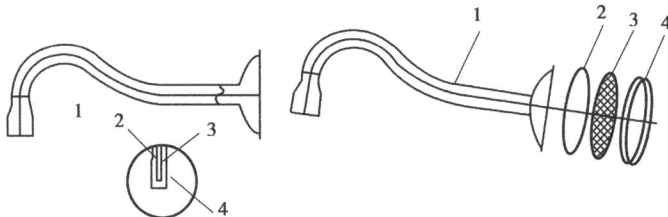

图5.22　采样头结构图

1—前弯管；2—滤膜（φ47）；3—不锈钢托网（φ47）；4—密封铝圈

③采样嘴。采样嘴入口角度应不大于45°，入口边缘厚度应不大于0.2 mm，入口直径应

至少包括 4.0、5.0、6.0、8.0、10.0、12.0 mm 6 种,偏差应不大于±0.1 mm。采样嘴应满足以下要求:选择耐腐蚀、耐高温、不易变形的材质;上游不得有任何零部件;下游或一侧允许有其他零部件,但应避免零部件对采样口的气流产生扰动;有恒定的内径,采样嘴最小长度应为采样嘴内径,或至少为 10 mm(取两者较大的尺寸);距离采样嘴顶端 50 mm 以内,采样设备部件外径的任何变化均应以锥形平滑过渡;采样嘴堵套宜采用聚四氟乙烯等无静电吸附、耐腐蚀、易清洗的材质。

(4)分析称重设备

①烘箱、马弗炉:精度为±5 ℃。

②恒温恒湿设备:温度控制范围为 15~30 ℃,控温精度为±1 ℃,相对湿度控制范围为(50±5)% RH。

③电子天平:分辨率为 0.01 mg,天平量程应与被称重部件的质量相符。

④温度计:测量范围-30~50 ℃,精度:±5 ℃。

⑤湿度计:测量范围(10%~100%)RH,精度:±5% RH。

4.试剂及材料

①丙酮:干残留量 10 mg/L,$\rho(CH_3COCH_3) = 0.788$ g/mL。

②滤膜:滤膜直径为(47±0.25)mm,应满足以下要求。

a.最大期望流速下,对直径为 0.3 μm 的标准粒子,滤膜的捕集效率应大于 99.5%;对直径为 0.6 μm 的标准粒子,滤膜的捕集效率应大于 99.9%。

b.选择石英材质或聚四氟乙烯材质滤膜,滤膜材质不应吸收或与废气中的气态化合物发生化学反应,在最大的采样温度下应保持热稳定,并避免质量损失。

二、实训操作

1.采样前准备

(1)现场准备

采样前,应根据采样平面的基本情况和监测要求,确定现场的测量系列、采样时间和采样嘴直径。

确定现场工况、采样点位和采样孔、采样平台、工作电源、照明及安全设施符合监测要求。

(2)采样设备的清洗与平衡

在去离子水介质中用超声波清洗前弯管、密封铝圈和不锈钢托网,清洗 5 min 后再用去离子水冲洗干净,以去除各部件上可能吸附的颗粒物。

将上述部件放置在烘箱内烘烤,烘烤温度 105~110 ℃,至少烘干 1 h。

石英材质滤膜应烘焙 1 h,烘焙温度为 180 ℃或大于烟温 20 ℃(取两者较高的温度)。

冷却后,将滤膜和不锈钢托网用密封铝圈同前弯管封装在一起,放入恒温恒湿设备平衡至少 24 h。

(3)采样头准备

选定处理平衡后的采样头,在恒温恒湿设备内称重,每个样品称量两次,每次称量间隔应大于 1 h，两次称量结果间最大偏差应在 0.20 mg 以内。记录称量结果，以两次称量的平均值作为称量结果。当同一采样头两次称量中的质量差大于 0.20 mg 时，可将相应采样头再平衡至少 24 h 后称量；如果第二次平衡后称量的质量同上次称量的质量差仍大于 0.20 mg，可将相应采样头再平衡至少 24 h 后称量；如果第三次平衡后称量的质量同上次称量的质量差仍大于 0.20 mg，在确认平衡称量仪器和操作正确后，此采样头作废。

称量好的采样头、采样嘴用聚四氟乙烯材质堵套塞好后装进防静电密封袋或密封盒内，放入样品箱。

（4）其他准备

①按照流量准确度的要求对颗粒物采样装置瞬时流量准确度、累计流量准确度进行校准。对组合式采样管皮托管系数，应保证每半年校准一次。当皮托管外形发生明显变化时，应及时检查校准或更换。

②准备监测所需采样仪器、安全设备及记录表格等。

③根据现场实际测量的烟道尺寸选择采样平面，确定采样点数目。

④记录现场基本情况，并清理采样孔处的积灰。

⑤将采样头装入组合式采样管，固定，记录采样头编号。

⑥检查系统是否漏气，如发现漏气，应再分段检查，堵漏，直至合格。

2. 样品采集

①采样系统连接。用橡胶管将组合采样管的皮托管与主机的相应接嘴连接，将组合采样管的烟尘取样管与洗涤瓶和干燥瓶连接，再与主机的相应接嘴连接。

②仪器接通电源，自检完毕后，输入日期、时间、空气压及管道尺寸等参数。仪器计算出采样点数目和位置，将各采样点的位置在采样管上做好标记。

③打开烟道的采样孔，清除孔中的积灰。

④仪器压力测量进行零点校准后，将组合采样管插入烟道中，测量各采样点的温度、动压、静压、全压及流速。

⑤含湿量测定装置按图 5.15 连接，记录相关数据。

⑥记下滤筒的编号，将已恒重的滤筒装入采样管内，旋紧压盖，注意采样嘴与皮托管全压测孔方向一致。

⑦设定每点的采样时间，输入滤筒编号，将组合采样管插入烟道中，密封采样孔。

⑧使采样嘴及皮托管全压测孔正对气流，位于第一个采样点。启动抽气泵，开始采样。第一点采样时间结束，仪器自动发出信号，立即将采样管移至第二采样点继续进行采样。以此类推，顺序在各点采样。采样过程中，采样器自动调节流量保持等速采样。

⑨采完最后一个点后，将采样管后的胶管迅速堵住，同时停机，并将采样嘴背对气流，从烟道中小心地取出采样管，注意不要倒置。用镊子将滤筒取出，放入专用的容器中保存。

⑩用仪器保存或打印出采样数据。

⑪每次至少采 3 个样，取平均得出烟尘浓度。也可按照相应仪器操作方法使用微电脑平行自动采样，采样过程中采样嘴的吸气速度与测点处的气流速度应基本相等，相对误差小于 10%。当烟气中水分影响采样正常进行时，应开启采样管上采样头固定装置的加热功能。加

热应保证采样顺利进行,温度应不超过 110 ℃。

⑫结束采样后,取下采样头,用聚四氟乙烯材质堵套塞好采样嘴,将采样头放入防静电的盒或密封袋内,再放入样品箱。运回实验室妥善保存,避免污染。

3. 采集全程序空白

采样过程中,采样嘴应背对废气气流方向,采样管在烟道中放置时间和移动方式与实际采样相同。全程序空白应在每次测量系列过程中进行一次,并保证至少一天一次。为防止在采集全程序空白过程中空气或废气进入采样系统,必须断开采样管与采样器主机的连接,密封采样管末端接口。

4. 同步双样

每个样品均应采集同步双样。当同步双样位于不同采样孔时,两个样品的测量点应位于同一采样平面内,各对应测定点的流速应基本相同。同步双样对应的各测定点、测量步骤和测量时间应相同,如果其中一个样品停止采样,另一个也必须停止采样,直到查清停止采样的原因。

5. 测定分析

(1)废气水分、温度、压力、流速的测定分析

采用重量法测定废气中水分,按式(5.9)计算烟气含湿量。

按规定获取烟气温度、压力及流速的参数。

(2)废气中颗粒物的测定

①对采样后的采样头用蘸有丙酮的石英棉对采样头外表面进行擦拭清洗,清洗过程应在通风橱中进行。清洗后,在烘箱内烘烤采样头,烘烤温度为 105～110 ℃,时间 1 h。待采样头干燥冷却后放入恒温恒湿设备平衡至少 24 h。应保证采样前后的恒温恒湿设备平衡条件不变。

②处理平衡后的采样头,在恒温恒湿设备内用天平称重,称重步骤和要求同“采样头准备”。采样前后采样头质量之差,即为所取的颗粒物量 m。

③应对称重后的采样头进行检查,检查是否存在滤膜破损或其他异常情况。若存在异常情况,则样品无效。

6. 数据处理及结果表示

(1)颗粒物浓度

颗粒物浓度可计算为

$$C_{nd} = \frac{m}{V_{nd}} \times 10^6 \tag{5.16}$$

式中　C_{nd}——颗粒物浓度,mg/m³;

　　　m——样品所得颗粒物量,g;

　　　V_{nd}——标准状态下干采气体积,L。

计算结果保留到小数点后一位。

（2）同步双样浓度

同步双样浓度可计算为

$$C_{nd} = \frac{m_1 + m_2}{V_{nd1} + V_{nd2}} \times 10^6 \tag{5.17}$$

式中　C_{nd}——颗粒物浓度，mg/m^3；

　　　m_1、m_2——同步双样分别所得颗粒物量，g；

　　　V_{nd1}、V_{nd2}——同步双样分别对应的标准状态下干采气体积，L。

（3）同步双样采样浓度相对偏差

同步双样采样浓度相对偏差可计算为

$$相对偏差（\%） = \frac{|C_{nd1} + C_{nd2}|}{C_{nd1} + C_{nd2}} \times 100\% \tag{5.18}$$

式中　C_{nd1}、C_{nd2}——同步双样分别对应的颗粒物浓度，mg/m^3。

（4）同步双样采样浓度允许的最大相对偏差

当 $C_{nd} > 10\ mg/m^3$ 时，最大相对偏差为 10%。

当 $1\ mg/m^3 < C_{nd} \leqslant 10\ mg/m^3$ 时，最大相对偏差应在 25% ~ 10% 按浓度线性计算得出，即

$$最大相对偏差（\%） = 25 - \frac{5}{3}(C_{nd} - 1) \tag{5.19}$$

当 $C_{nd} = 1\ mg/m^3$ 时，最大相对偏差为 25%。

7. 注意事项

①仪器与设备均应符合要求，按规定进行校准。

②采样前后平衡及称量时，应保证环境温度和湿度条件一致。

③保证同一称量部件在采样前后称量为同一天平。

④采样前后，放置、安装、取出、标记、转移采样部件时，应戴无粉尘、抗静电的一次性手套。

⑤采样过程中，采样断面最大流速和最小流速比应不大于 3:1。

⑥现场应及时清理采样管，减少样品沾污。

⑦任何低于全程序空白增重的样品均无效。全程序空白增重除以对应测量系列的平均体积应不超过排放限值的 10%。

⑧在现场条件允许的前提下，尽可能选取入口直径大的采样嘴。

⑨样品采集时，应保证每个样品的增重不小于 1 mg，或采样体积不小于 1 m^3。

⑩颗粒物浓度低于方法检出限时，对应的全程序空白增重应不高于 0.5 mg，失重应不多于 0.5 mg。

⑪测定同步双样时，同步双样的相对偏差应不大于允许的最大相对偏差。

三、技能训练

采用重量法测定某固定污染源烟尘浓度，结果参照《大气污染物综合排放标准》（GB 16297—1996）及其他相关行业固定污染源排放标准进行分析，同时完善下列内容。

①写出主要仪器设备。

②列出主要操作步骤。

③设计并绘制测定用观测记录表格和分析测定用数据表格。

④判定结果。

理论试题

模块六

环境空气质量自动监测

单元一　环境空气自动监测系统

➤ 问题导读

环境空气质量自动监测是在监测点位采用连续自动监测仪器对环境空气质量进行连续的样品采集、处理、分析的过程。环境空气质量自动监测分为环境空气气态污染物（SO_2、NO_2、O_3、CO）连续自动监测和环境空气颗粒物（PM_{10} 和 $PM_{2.5}$）连续自动监测。

"十四五"期间，全国共布设 1 734 个国家城市环境空气质量监测点位，其中空气质量评价点 1 614 个、清洁对照点 120 个（不参与评价）。监测范围覆盖 339 个地级及以上城市（含直辖市、地级市、地区、自治州和盟）。监测项目为六项基本污染物（SO_2、NO-NO_2-NO_x、O_3、CO、PM_{10} 和 $PM_{2.5}$）和气象五参数（温度、湿度、气压、风向、风速），评价依据为《环境空气质量标准》（GB 3095—2012）及修改单、《环境空气质量评价技术规范（试行）》（HJ 663—2013）、《受沙尘天气过程影响城市空气质量评价补充规定》。

一、环境空气质量自动监测系统

（一）自动监测系统构成

环境空气连续自动监测系统由空气质量监测子站、中心计算机室、质量保证实验室及系统支持实验室构成（图 6.1）。

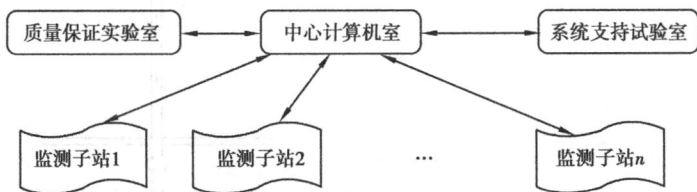

图 6.1　环境空气质量自动监测系统基本构成

监测子站的主要功能：监测子站由子站站房、采样装置、监测仪器、校准设备、数据采集与传输设施及辅助设备等组成。监测子站可对环境空气质量和气象状况（包括气温、气压、湿度、风向及风速等）进行连续自动监测，采集、处理和存储监测数据，并定时向中心计算机传输监测数据和设备工作状态信息。

中心计算机室主要功能：通过有线或无线通信设备收集各子站的监测数据和设备工作状态信息，并对所收取的监测数据进行判别和存储；对采集的监测数据进行统计处理、分析；对监测子站的监测仪器进行远程诊断和校准。

质量保证实验室主要功能：对监测仪器和设备进行量值传递、校准和性能审核，并对检修后的监测仪器设备进行校准和性能测试。

系统支持实验室主要功能：对系统仪器设备进行日常维护、保养，并对发生故障的仪器设备进行检修与更换。

（二）采样装置

①在使用多台点式监测仪器的监测子站中,除 PM_{10} 和 $PM_{2.5}$ 监测仪器单独采样,气态污染物(SO_2、NO_2、CO、O_3)监测用多台仪器可共用一套多支路集中采样装置进行样品采集。多支路集中采样装置有两种形式,如图 6.2 和图 6.3 所示。

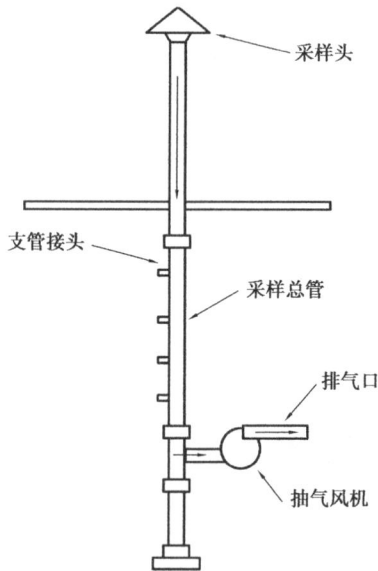

图 6.2　采样装置结构示意图(1)

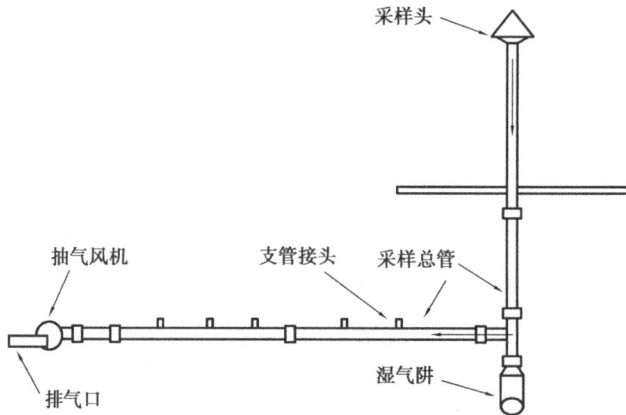

图 6.3　采样装置结构示意图(2)

②采样装置应连接紧密,避免漏气。采样装置总管入口应防止雨水和粗大的颗粒物落入,同时应避免鸟类、小动物和大型昆虫进入。采样头的设计应保证采样气流不受风向影响,稳定进入总管。

③采样装置的制作材料,应选用不与被监测污染物发生化学反应和不释放有干扰物质的材料。一般以聚四氟乙烯或硼硅酸盐玻璃等作为制作材料;对只用于监测 SO_2 和 NO_2 的采样

总管,也可选用不锈钢材料。

监测仪器与支管接头连接的管线也应选用不与被监测污染物发生化学反应和不释放有干扰物质的材料。

④采样总管内径选择为 1.5~15 cm,总管内的气流应保持层流状态,采样气体在总管内的滞留时间应小于 20 s,同时所采集气体样品的压力应接近大气压。支管接头应设置于采样总管的层流区域内,各支管接头之间间隔距离大于 8 cm。

⑤为了防止因室内外空气温度的差异而致使采样总管内壁结露对监测物质吸附,采样总管应加装保温套或加热器,加热温度一般控制为 30~50 ℃。

⑥监测仪器与支管接头连接的管线长度不能超过 3 m,同时应避免空调机的出风直接吹向采样总管和与仪器连接的支管线路。

⑦监测分析仪器与支管接头连接的管线应安装孔径不大于 5 μm 的聚四氟乙烯滤膜。

⑧监测仪器与支管接头连接的管线,连接总管时应伸向总管接近中心的位置。

⑨在不使用采样总管时,可直接用管线采样,但采样管线应选用不与被监测污染物发生化学反应和不释放有干扰物质的材料,采样气体滞留在采样管线内的时间应小于 20 s。

⑩在监测子站中,虽然 PM_{10} 和 $PM_{2.5}$ 单独采样,但为防止颗粒物沉积于采样管管壁,采样管应垂直,并尽量缩短采样管长度;为防止采样管内冷凝结露,可采取加温措施,加热温度一般控制为 30~50 ℃。

二、监测点位

环境空气质量监测点位主要有环境空气质量评价城市点、环境空气质量评价区域点、环境空气质量背景点、污染监控点及路边交通点。

(一)环境空气质量评价城市点

以监测城市建成区的空气质量整体状况和变化趋势为目的而设置的监测点,参与城市环境空气质量评价。其设置的最少数量由城市建成区面积和人口数量确定。每个环境空气质量评价城市点代表范围一般为半径 500~4 000 m,有时也可扩大到半径 4 km 至几十千米(如对空气污染物浓度较低,其空间变化较小的地区)的范围。

(二)环境空气质量评价区域点

以监测区域范围空气质量状况和污染物区域传输及影响范围为目的而设置的监测点,参与区域环境空气质量评价。其代表范围一般为半径几十千米。

(三)环境空气质量背景点

以监测国家或大区域范围的环境空气质量本底水平为目的而设置的监测点。其代表性范围一般为半径 100 km 以上。

(四)污染监控点

为监测本地区主要固定污染源及工业园区等污染源聚集区对当地环境空气质量的影响

而设置的监测点,代表范围一般为半径 100 ~ 500 m,也可扩大到半径 500 ~ 4 000 m(如考虑较高的点源对地面浓度的影响时)。

(五)路边交通点

为监测道路交通污染源对环境空气质量影响而设置的监测点,代表范围为人们日常生活和活动场所中受道路交通污染源排放影响的道路两旁及其附近区域。

环境空气质量监测点位布设原则、布设要求、布设数量以及监测点周围环境和采样口位置的具体要求详见模块三的单元一。

三、监测站房及辅助设施

(一)一般要求

①新建监测站房房顶应为平面结构,坡度不大于 10°,房顶安装护栏,护栏高度不低于 1.2 m,并预留采样管安装孔。站房室内使用面积应不小于 15 m²。监测站房应做到专室专用。

②监测站房应配备通往房顶的 Z 字形梯或旋梯,房顶平台应有足够的空间放置参比方法比对监测的采样器,满足比对监测的需求,房顶承重应大于等于 250 kg/m²。

③站房室内地面到天花板的高度应不小于 2.5 m,且距房顶平台高度不大于 5 m。

④站房应有防水、防潮、隔热、保温措施,一般站房内地面应离地表(或建筑房顶)有 25 cm 以上的距离。

⑤站房应有防雷和防电磁干扰的设施。

⑥站房为无窗或双层密封窗结构,有条件时,门与仪器房之间可设缓冲间,以保持站房内温湿度恒定,防止将灰尘和泥土带入站房内。

⑦采样装置抽气风机排气口和监测仪器排气口的位置应设置在靠近站房下部的墙壁上,排气口离站房内地面的距离应在 20 cm 以上。

⑧在已有建筑物上建立站房时,应先核实该建筑物的承重能力。

⑨监测站房如采用彩钢夹芯板搭建,应符合相关临时性建(构)筑物设计和建造要求。

⑩监测站房的设置应避免对企业安全生产和环境造成影响。

⑪站房内环境条件:温度为 15 ~ 35 ℃,相对湿度不大于 85%,大气压为 80 ~ 106 kPa。

注:在低温、低压等特殊环境条件下,仪器设备的配置应满足当地环境条件的使用要求。

(二)配电要求

①站房供电系统应配有电源过压、过载保护装置,电源电压波动不超过 AC(220±22) V,频率波动不超过(50±1) Hz。

②站房应采用三相五线供电,入室处装有配电箱,配电箱内连接入室引线应分别装有 3 个单相 15 A 空气开关作为三相电源的总开关,分相使用。

③站房灯具安装以保证操作人员工作时有足够的亮度为原则,开关位置应方便使用。

④站房应依照电工规范中的要求制作保护地线,用于机柜、仪器外壳等的接地保护,接地

电阻应小于4 Ω。

⑤站房的线路要求走线美观,布线应加装线槽。

(三)辅助设施要求

①站房内安装的冷暖式空调机出风口不能正对仪器和采样管。

②站房应配备自动灭火装置。

③站房应安装有排气风扇,排风扇要求带防尘百叶窗。

④站房示意图如图6.4和图6.5所示 。

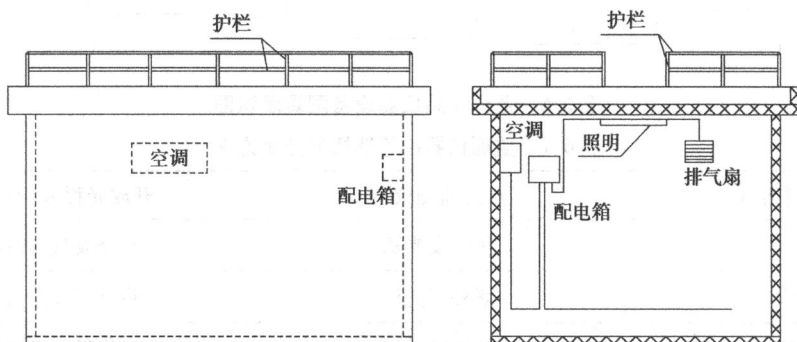

图6.4　站房示意图

图6.5　环境空气自动监测站房

四、仪器设备配置

环境空气质量自动监测子站主要是由采样装置、监测分析仪、校准设备、气象仪器、数据传输设备、子站计算机或数据采集仪以及站房环境条件保证设施(空调、除湿设备、稳压电源等)等组成。如图6.6所示为监测子站仪器设备配置示意图。

环境空气质量自动监测系统所配置监测仪器的分析方法见表6.1。

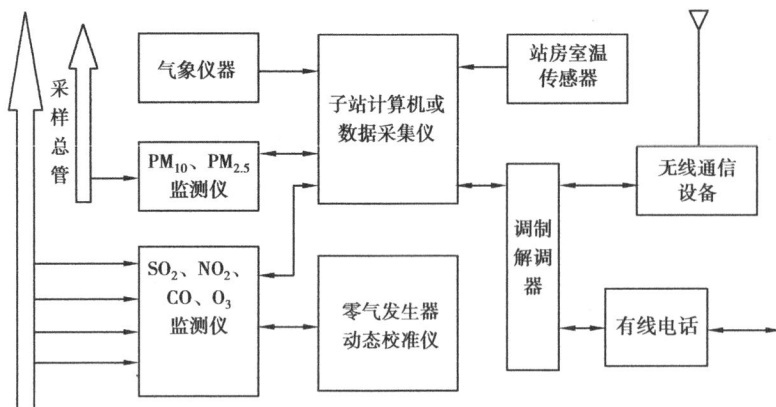

图 6.6　监测子站仪器设备配置示意图

表 6.1　监测仪器推荐选择的分析方法

监测项目	点式监测仪器	开放光程分析仪器
NO_2	化学发光法	差分吸收光谱法
SO_2	紫外荧光法	差分吸收光谱法
O_3	紫外吸收法	差分吸收光谱法
CO	非分散红外吸收法、气体滤波相关红外吸收法	—
PM_{10}、$PM_{2.5}$	微量振荡天平法(TEOM)、β 射线法	—

单元二　环境空气颗粒物连续自动监测

➤　问题导读

颗粒物是环境空气质量自动监测的主要监测指标之一,监测项目为 PM_{10} 和 $PM_{2.5}$,是反映我国环境空气质量水平,检验空气污染治理效果的主要依据之一。现行相关标准主要有《环境空气颗粒物(PM_{10} 和 $PM_{2.5}$)连续自动监测系统技术要求及检测方法》(HJ 653—2021)、《环境空气颗粒物(PM_{10} 和 $PM_{2.5}$)采样器技术要求及检测方法》(HJ 93—2013)及修改单、《环境空气颗粒物(PM_{10} 和 $PM_{2.5}$)连续自动监测系统安装和验收技术规范》(HJ 655—2013)及修改单、《环境空气颗粒物(PM_{10} 和 $PM_{2.5}$)连续自动监测系统运行和质控技术规范》(HJ 817—2018)等。这些标准规范了环境空气质量自动监测技术,为分析和评估颗粒物污染水平提供了保障。

一、仪器设备配置

颗粒物连续自动监测采样系统由采样头、采样管、采样泵及仪器主机组成,配备温度、湿度和压力检测器。其中，β射线法颗粒物监测仪器应包括动态加热系统，振荡天平法颗粒物监测仪器应包括滤膜动态测量系统。

二、系统日常运行维护要求

（一）基本要求

环境空气自动监测仪器应全年365 d（闰年366 d）连续运行，停运超过3 d，须报负责该点位管理的主管部门备案，并采取有效措施及时恢复运行。需要主动停运的，须提前报负责该点位管理的主管部门批准。

在日常运行中，因仪器故障需要临时使用备用监测仪器开展监测，或因设备报废需要更新监测仪器的，须于仪器更换后1周内报负责该点位管理的主管部门备案。

监测仪器主要技术参数（包括斜率、K值、K_0值、截距、灵敏度等）应与仪器说明书要求和系统安装验收时的设置值保持一致。如确需对主要技术参数进行调整，应开展参数调整试验和仪器性能测试，记录测试结果并编制参数调整测试报告。主要技术参数调整须报负责该点位管理的主管部门批准。

（二）日常维护

1. 监测站房及辅助设备日常巡检

应对子站站房及辅助设备定期每周至少巡检1次。巡检工作主要包括以下方面。

①检查站房内温度是否保持在（25±5）℃，相对湿度保持在80%以下，在冬、夏季节应注意站房内外温差，应及时调整站房温度或对采样管采取适当的温控措施，防止因温差造成采样装置出现冷凝水的现象。

②检查站房排风排气装置工作是否正常。

③检查采样头、采样管的完好性，及时对缓冲瓶内积水进行清理。

④各监测仪器工作参数和运行状态是否正常。振荡天平法仪器还应检查仪器测量噪声、振荡频率等指标是否在说明书规定的范围内。

⑤检查数据采集、传输与网络通信是否正常。

⑥检查各种运输工具、仪器耗材、备件是否完好齐全。

⑦检查空调、电源等辅助设备的运行状况是否正常，检查站房空调机的过滤网是否清洁，必要时进行清洗。

⑧检查各种消防、安全设施是否完好齐全。

⑨对站房周围的杂草和积水应及时清除。

⑩检查避雷设施是否正常，子站房屋是否有漏雨现象，气象杆是否损坏。

⑪记录巡检情况，巡检记录表见表6.2。

表6.2 空气监测子站巡检记录表

城市：   空气监测子站名称：

时间：	年 月 日		
序号	巡查内容	正常"√"	异常"√"
	站房外部及周边		
1	点位周围环境变化情况		
2	点位周围安全隐患		
3	点位周围道路、供电线路、通信线路、给排水设施完好或损坏状况		
4	站房外围的防护栏、隔离带有无损坏情况		
5	视频监控系统是否正常		
6	周围树木是否需要修剪		
7	站房防雷接地是否完好		
8	站房屋顶是否完好,有无漏雨		
	站房内部		
1	站房内部的供电、通信是否畅通		
2	站房内部给排水、供暖设施、空调工作状况		
3	各种消防、安全设施是否完好		
4	站房内有无气泵产生的异常声音		
5	站房内有无异常气味		
6	站房温度、湿度是否符合要求		
7	气体采样总管风扇工作是否正常		
8	气体采样总管及支管是否由于室外温差产生冷凝水		
9	站房排风扇是否正常运行		
10	稳压电源参数是否正常		
11	各电源插头、线板工作是否正常		
12	颗粒物采样头是否清洁,雨水瓶是否有积水		
13	仪器气泵工作是否正常		
14	干燥剂是否需更换(蓝色部分剩1/4~1/3时应及时更换)		
15	钢瓶气减压阀压力指示是否正常		
16	颗粒物分析仪纸带位置是否正常(如长度不足时应提前更换)		
17	振荡天平法仪器气水分离器是否有积水,必要时进行清理		
异常情况及处理说明：			

巡检人：   复核人：

2. 监测仪器设备日常维护

（1）采样系统

每月至少清洁一次采样头,若遇到重污染过程或沙尘天气,还应在污染过程结束后及时清洁采样头;在受到植物飞絮、飞虫影响的季节,应增加采样头的检查和清洁频次。清洁时,应完全拆开采样头和 $PM_{2.5}$ 切割器,用蒸馏水或无水乙醇清洁,完全晾干或用风机吹干后重新组装。组装时,应检查密封圈的密封情况。

每年对采样管路至少进行一次清洁,污染较重地区可增加清洁频次。采样管清洁后,必须进行气密性检查,并进行采样流量校准。

（2）监测仪器

① β 射线法仪器。

a. 每周按仪器使用说明书检查监测仪器的运行状况和状态参数是否正常。

b. 每周检查纸带。检查纸带位置是否正常,采样斑点是否圆滑、均匀、完整;检查纸带剩余长度,如长度不足时应提前更换。

c. 每月清洁一次 β 射线仪器的压头及纸带下的垫块,在污染较重的季节或连续污染天气后应增加清洁频次;应使用棉签棒蘸无水乙醇进行清洁。

d. 每月检查颗粒物监测仪器的加热装置是否正常工作,加热温度是否正常。

e. 每月对 β 射线仪器的时钟进行检查。如仪器与数据采集仪连接,应同时检查数据采集仪的时钟。

f. 仪器说明书规定的其他维护内容。

g. 每次巡检维护均要有记录,并定期存档。

② 振荡天平法仪器。

a. 每周按仪器使用说明书检查监测仪器的运行状况和状态参数是否正常。

b. 至少每月更换一次采样滤膜,如滤膜使用未到 1 个月而负载达到 80% 时也应更换,在高湿度条件下可适当提前更换;更换滤膜应严格依照操作步骤,轻轻按压,避免损坏锥形振荡器。

c. 在更换采样滤膜时,更换冷凝器中的清洁空气滤膜,每月至少更换一次清洁空气滤膜。

d. 每半年更换一次主路过滤器滤芯、旁路过滤器滤芯和气水分离器滤芯。污染较重时应及时更换滤芯。

e. 对加装滤膜动态测量系统的仪器,每年清洁一次基态/参比态气路切换阀;每年更换一次样品气体干燥器;当除湿性能下降,如当样品气体露点温度高于冷凝器设定值,或与冷凝器设定的温差持续小于 2 ℃,应及时更换样品气体干燥器。

f. 每月对振荡天平法仪器的时钟进行检查。如仪器与数据采集仪连接,应同时检查数据采集仪的时钟。

g. 仪器说明书规定的其他维护内容。

h. 每次巡检维护均要有记录,并定期存档。

三、故障检修

对出现故障的仪器设备应进行针对性的检查和维修。

①根据仪器厂商提供的维修手册要求,开展故障判断和检修。

②对在现场能够诊断明确且可通过简单更换备件解决的仪器故障,应及时检修并尽快恢复正常运行。

③对不能在现场完成故障检修的仪器,应送至系统支持实验室进行检查和维修,并及时采用备用仪器开展监测。

④每次故障检修完成后,应对仪器进行校准。

⑤每次故障检修完成后,应对检修、校准和测试情况进行记录并存档。

四、数据有效性判断

①监测系统正常运行时的所有监测数据均为有效数据,应全部参与统计。

②对仪器进行检查、校准、维护保养或仪器出现故障等非正常监测期间的数据为无效数据;仪器启动至仪器预热完成时段内的数据为无效数据。

③低浓度环境条件下监测仪器技术性能范围内的零值或负值为有效数据,应采用修正后的值 2 μg/m³ 参加统计。在仪器故障、运行不稳定或其他监测质量不受控情况下出现的零值或负值为无效数据,不参加统计。

④对缺失和判断为无效的数据,均应注明原因,并保留原始记录。

单元三　环境空气气态污染物连续自动监测

➤　问题导读

气态污染物也是环境空气质量自动监测的主要监测指标,监测项目为 SO_2、NO_2、O_3、CO,也是反映我国环境空气质量水平,检验空气污染治理效果的主要依据之一。2013 年,原环境保护部发布了《环境空气气态污染物(SO_2、NO_2、O_3、CO)连续自动监测系统技术要求及检测方法》(HJ 654—2013)和《环境空气气态污染物(SO_2、NO_2、O_3、CO)连续自动监测系统安装和验收技术规范》(HJ 193—2013)。2018 年生态环境部又发布了《环境空气气态污染物(SO_2、NO_2、O_3、CO)连续自动监测系统运行和质控技术规范》(HJ 818—2018)。这些标准的发布,规范了环境空气质量自动监测技术,为分析和评估气态污染物污染水平提供了保障。

一、仪器设备配置

环境空气气态污染物(SO_2、NO_2、O_3、CO)连续自动监测系统分为点式连续监测系统和开放光程连续监测系统。点式连续监测系统由采样装置、校准设备、分析仪器、数据采集及传输设备组成。开放光程连续监测系统由测量光路、校准单元、分析仪器、数据采集及传输设备等组成。基本仪器设备配置清单见表6.3。

表6.3　质量保证实验室基本仪器设备配置清单

编号	仪器名称	技术要求	数量	用途
1	与子站监测项目相同的监测分析仪器	与子站监测分析仪器的技术性能指标相同或优于子站监测分析仪器	1套	量值传递
2	标准气体	国家有证标准物质或标准样品	1套	量值传递
3	零气发生器	符合 HJ 654—2013 的相关要求	1套	量值传递
4	动态气体校准仪	符合 HJ 654—2013 的相关要求	1套	量值传递
5	臭氧校准仪	配置臭氧发生器、臭氧光度计及反馈装置	2套	量值传递
6	流量计	0~500 mL/min，1 级	2套	量值传递
7	流量计	0~5 L/min，1 级	2套	量值传递
8	流量计	0~20 L/min，1 级	2套	量值传递
9	标准温度计	1 级，分辨率达到±0.1 ℃	1个	量值传递
10	压力计	1 级	1块	气路检查
11	有毒气体泄漏报警器	能对 SO_2、NO_2、O_3、CO 等气体开展监测并报警	1套	实验室安全防护

二、系统日常运行维护要求

(一)基本要求

同"环境空气颗粒物连续自动监测"的基本要求。

(二)日常维护

1.子站日常巡检

与"环境空气颗粒物连续自动监测"子站日常巡检基本一致,还应包括以下三个方面。
①检查采样支管是否存在冷凝水,如果存在冷凝水应及时进行清洁干燥处理。
②检查标气钢瓶阀门是否漏气,检查标气消耗情况。
③对采样或监测光束有影响的树枝应及时进行剪除。

2.监测仪器设备日常维护

应对监测子站的仪器设备进行定期维护,主要内容包括以下方面。
①每日远程查看仪器工作状态量。发现异常时,应及时对仪器相关部件进行维护或

更换。

②根据仪器说明书的要求,定期检查、清洗仪器内部的滤光片、限流孔、反应室及气路管路等关键部件。重污染天气后,应及时检查和清洗。

③按仪器说明书的要求,定期更换监测仪器中的紫外灯、光电倍增管、制冷装置、转换炉、发射光源(氙灯)及抽气泵膜等关键零部件;更换后,应对仪器重新进行校准,并进行仪器性能测试。测试合格后,方可投入使用。

④仪器配备的干燥剂等应每周进行检查,及时更换。

⑤根据仪器说明书的要求,定期更换和清洁仪器设备中的过滤装置,采样支管与监测仪器连接处的颗粒物过滤膜一般情况下每两周更换 1 次,颗粒物浓度较高地区或浓度较高季节,应视颗粒物过滤膜实际污染情况加大更换频次。

⑥采样总管每年至少清洁 1 次,每次清洁后,应进行检漏测试。

⑦采样支管每半年至少清洁 1 次,必要时更换。

⑧每月按仪器说明书的要求对采样支管和仪器气路进行气密性检查。

⑨开放光程监测仪器每周至少进行 1 次系统自动检查、光路检查、氙灯风扇及光强检查。若发现光强明显偏低,应立即查明原因并及时排除故障。发射/接收端的前窗玻璃窗镜至少每个月清洗 1 次。清洁时,应避免损坏镜头表面的镀膜。一般情况下氙灯每 6 个月更换 1 次,最长更换周期不得超过 1 年。

三、故障检修

对出现故障的仪器设备应进行针对性的检查和维修,其中 4 条与"环境空气颗粒物连续自动监测"中的①、②、③、⑤相同,除此以外,对泵膜、散热风扇、气路接头或接插件等普通易损件维修后,应进行零/跨校准。对机械部件、光学部件、检测部件及信号处理部件等关键部件维修后,应进行校准和仪器性能测试。测试合格后,方可投入使用。

四、数据有效性判断

数据有效性判断如下。

①、②、④同"环境空气颗粒物连续自动监测"有效性判断。

③对每天进行自动检查/校准的仪器,发现仪器零点漂移或跨度漂移超出漂移控制限,从发现超出控制限的时刻算起,到仪器恢复至控制限以下时段内的监测数据为无效数据。

⑤对手工校准的仪器,发现仪器零点漂移或跨度漂移超出漂移控制限,从发现超出控制限时刻的前 24 h 算起,到仪器恢复到控制限以下时段内的监测数据为无效数据。

⑥在监测仪器零点漂移控制限内的零值或负值,应采用修正后的值参与统计。修正规则为:SO_2 修正值为 3 $\mu g/m^3$,NO_2 修正值为 2 $\mu g/m^3$,CO 修正值为 0.3 mg/m^3,O_3 修正值为 2 $\mu g/m^3$。在仪器故障、运行不稳定或其他监测质量不受控情况下出现的零值或负值为无效数据,不参与统计。

单元四　空气质量指数

➤ 问题导读

2012 年 2 月,原环境保护部发布了新修订的《环境空气质量标准》(GB 3095—2012),确定 SO_2、NO_2、PM_{10}、$PM_{2.5}$、O_3、CO 六项基本污染物,为了定量并用统一的标准评价六项基本污染物对环境空气的影响,同时发布了《环境空气质量指数(AQI)技术规定(试行)》(HJ 633—2012),规定了环境空气质量指数的分级方案、计算方法和环境空气质量级别与类别,以及空气质量指数日报和实时报的发布内容、发布格式和其他相关要求,用于向公众提供健康指引。

一、环境空气质量指数的定义

空气质量指数(AQI)是定量描述空气质量状况的无量纲指数。目前,我国计入空气质量指数的项目暂定为二氧化硫、二氧化氮、一氧化碳、臭氧、PM_{10} 及 $PM_{2.5}$。

HJ 633—2012

根据《环境空气质量指数(AQI)技术规定(试行)》(HJ 633—2012)规定,空气污染指数划分为 0～50、51～100、101～150、151～200、201～300、>300 这六档,对应于空气质量的六个级别,指数越大,级别越高,说明污染越严重,对人体健康的影响也越明显。AQI 分级及其相关信息参见表6.4。

表 6.4　空气质量指数及相关信息

空气质量指数	空气质量指数级别	空气质量指数类别及表示颜色		对健康的影响情况	建议采取的措施
0～50	一级	优	绿色	空气质量令人满意,基本无空气污染	各类人群可正常活动
51～100	二级	良	黄色	空气质量可接受,但某些污染物可能对极少数异常敏感人群健康有较弱影响	极少数异常敏感人群应减少户外活动
101～150	三级	轻度污染	橙色	易感人群症状有轻度加剧,健康人群出现刺激症状	儿童、老年人及心脏病、呼吸系统疾病患者应减少长时间、高强度的户外锻炼
151～200	四级	中度污染	红色	进一步加剧易感人群症状,可能对健康人群心脏、呼吸系统有影响	儿童、老年人及心脏病、呼吸系统疾病患者避免长时间、高强度的户外锻炼,一般人群适量减少户外运动

续表

空气质量指数	空气质量指数级别	空气质量指数类别及表示颜色	对健康的影响情况	建议采取的措施
201～300	五级	重度污染 紫色	心脏病及肺病患者症状显著加剧,运动耐受力降低,健康人群普遍出现症状	儿童、老年人和心脏病、肺病患者应停留在室内,停止户外运动,一般人群应减少户外运动
>300	六级	严重污染 褐红色	健康人群运动耐受力降低,有明显强烈症状,提前出现某些疾病	儿童、老年人和病人应当留在室内,避免体力消耗,一般人群应避免户外活动

二、空气质量指数及首要污染物确定

(一)空气质量指数的计算

空气质量指数的计算公式为

$$AQI = \max\{IAQI_1, IAQI_2, IAQI_3, \cdots, IAQI_n\} \tag{6.1}$$

式中 $IAQI_x$——空气质量分指数($x = 1, 2, \cdots, n$);

　　　　n——空气污染项目。

(二)空气质量分指数的计算

当某种污染物浓度 $BP_L \leqslant C_P \leqslant BP_H$ 时,采用内插法即可求得其空气质量分指数,相应公式为

$$IAQI_P = \frac{IAQI_{Hi} - IAQI_{Lo}}{BP_{Hi} - BP_{Lo}}(C_P - BP_{Lo}) + IAQI_{Lo} \tag{6.2}$$

式中 $IAQI_P$——污染物项目 P 的空气质量分指数;

　　　　C_P——污染物项目 P 的质量浓度值;

　　　　BP_{Hi}、BP_{Lo}——表 6.5 中与 C_P 最接近的标准浓度限值的高、低位值;

　　　　$IAQI_{Hi}$、$IAQI_{Lo}$——表 6.5 中 BP_{Hi},BP_{Lo} 分别对应的空气质量分指数。

(三)首要污染物及超标污染物的确定

当 IAQI>50 时,IAQI 最大的污染物为首要污染物;若 IAQI 最大的污染物为两项或以上,则并列为首要污染物。

当 IAQI>100 时,对应污染物为超标污染物。

三、技能训练

手机下载"环境空气质量发布"App,通过地图查看当地城市空气质量指数 IAQI 和六项基

本污染物实时浓度。依据实时发布的六项基本污染物实时浓度,分别计算空气质量指数 IAQI 值。若有首要污染物,试分析当地城市首要污染物来源及原因。

表6.5　空气质量分指数及对应的污染物项目浓度限值

空气质量分指数 IAQI	污染物项目浓度限值									
	二氧化硫(SO$_2$) 24 h 平均 /(μg·m^{-3})	二氧化硫(SO$_2$) 1 h 平均 /(μg·m^{-3})①	二氧化氮(NO$_2$) 24 h 平均 /(μg·m^{-3})	二氧化氮(NO$_2$) 1 h 平均 /(μg·m^{-3})①	颗粒物(粒径小于或等于 10 μm)24 h 平均 /(μg·m^{-3})	一氧化碳(CO)24 h 平均 /(mg·m^{-3})	一氧化碳(CO)1 h 平均 /(mg·m^{-3})①	臭氧(O$_3$)1 h 平均 /(μg·m^{-3})	臭氧(O$_3$)8 h 滑动平均 /(μg·m^{-3})	颗粒物(粒径小于或等于 10 μm)24 h 平均 /(μg·m^{-3})
0	0	0	0	0	0	0	0	0	0	0
50	50	150	40	100	50	2	5	160	100	35
100	150	500	80	200	150	4	10	200	160	75
150	475	650	180	700	250	14	35	300	215	115
200	800	800	280	1 200	350	24	60	400	265	150
300	1 600	②	565	2 340	420	36	90	800	800	250
400	2 100	②	750	3 090	500	48	120	1 000	③	350
500	2 620	②	940	3 840	600	60	150	1 200	③	500

注:①二氧化硫(SO$_2$)、二氧化氮(NO$_2$)和一氧化碳(CO)的 1 h 平均浓度限值仅用于实时报,在日报中需使用相应污染物的 24 h 平均浓度限值。
　②二氧化硫(SO$_2$)1 h 平均浓度值高于 800 μg/m³ 的,不再进行其空气质量分指数计算,二氧化硫(SO$_2$)空气质量分指数按 24 h 平均浓度计算的分指数报告。
　③臭氧(O$_3$)8 h 平均浓度值高于 800 μg/m³ 的,不再进行其空气质量分指数计算,臭氧(O$_3$)空气质量分指数按 1 h 平均浓度计算的分指数报告。

➤ 同步练习

一、简答题

1. 环境空气质量连续自动监测系统有哪些组成部分?

2. 环境空气质量监测点位有哪些?并解释。

3. 环境空气质量监测点位布点原则是什么?

4. 空气质量指数(AQI)分为几级?分别用什么颜色表示?其分别代表什么意思?

二、计算题

某市 2023 年 7 月 10 日测得空气中污染物浓度如下:PM$_{2.5}$ 120 μg/m³(24 h 平均),SO$_2$ 82 μg/m³,NO$_2$ 65 μg/m³,CO 1.8 mg/m³,O$_3$ 180 μg/m³(除 O$_3$ 为 8 h 平均滑动外,其余均为 24 h 平均)。试计算当天该市的空气质量指数 AQI。

参考文献

[1] 奚旦立. 环境监测[M]. 6 版. 北京:高等教育出版社,2024.

[2] 陈玉玲,王国庆. 大气监测[M]. 郑州:黄河水利出版社,2020.

[3] 李志霞. 环境监测:理论篇[M]. 3 版. 大连:大连理工大学出版社,2017.

[4] 王怀宇. 环境监测[M]. 2 版. 北京:高等教育出版社,2014.

[5] 彭娟莹. 空气环境监测[M]. 北京:化学工业出版社,2015.

[6] 张小广,徐静. 大气污染治理技术[M]. 2 版. 武汉:武汉理工大学出版社,2019.

[7] 姚运先,冯雨峰,杨光明. 室内环境监测[M]. 北京:化学工业出版社,2005.

[8] 李新. 室内环境与检测[M]. 北京:化学工业出版社,2006.

[9] 贺小凤. 室内环境检测实训指导[M]. 北京:中国环境科学出版社,2010.

[10] 谢玮平. 环境监测实训指导[M]. 北京:中国环境科学出版社,2008.

[11] 王卫红. 大气和废气监测[M]. 北京:中国劳动社会保障出版社,2016.

[12] 黄浩华. 空气环境监测技术[M]. 北京:化学工业出版社,2014.

[13] 许宁. 大气污染控制工程实验[M]. 北京:化学工业出版社,2018.

[14] 李国刚. 环境空气和废气污染物分析测试方法[M]. 北京:化学工业出版社,2013.

[15] 中国环境监测总站. 环境空气质量监测技术[M]. 北京:中国环境科学出版社,2013.

[16] 《空气和废气监测分析方法》编委会. 空气和废气监测分析方法[M]. 4 版. 北京:中国环境科学出版社,2003.

[17] 王瑞斌. 国家环境空气背景监测网络设计与监测技术应用[M]. 北京:中国环境科学出版社,2013.